有色金属行业职业技能培训用书

火法冶炼工岗位培训系列教材

反 射 炉 工

主　编　陈自江
副主编　张树峰　郑军福　姚　辉
　　　　舒　云　刘剑锋

北 京

冶金工业出版社

2013

内 容 简 介

本书共分13章，主要内容包括：金川公司及世界镍冶金的基本情况；镍的性质和主要用途；熔铸车间反射炉工艺、合金硫化炉工艺及水淬镍工艺的流程及生产实践；三大工艺的冶炼基本原理、原料理化性能及产品质量；耐火材料及筑炉常识；燃料及其燃烧知识；余热锅炉、排烟收尘及循环水的知识；主要经济技术指标情况。

本书适合有色冶炼生产第一线的工程技术人员、冶金研究院所的科研人员、高校师生参考阅读。

图书在版编目(CIP)数据

反射炉工/陈自江主编．—北京：冶金工业出版社，2013.7
（有色金属行业职业技能培训用书）
火法冶炼工岗位培训系列教材
ISBN 978-7-5024-6193-5

Ⅰ.①反…　Ⅱ.①陈…　Ⅲ.①有色金属冶金—岗位培训—教材　Ⅳ.①TF8

中国版本图书馆 CIP 数据核字（2013）第 163805 号

出　版　人　谭学余
地　　　址　北京北河沿大街嵩祝院北巷 39 号，邮编 100009
电　　　话　(010)64027926　电子信箱　yjcbs@cnmip.com.cn
责任编辑　杨盈园　美术编辑　彭子赫　版式设计　孙跃红
责任校对　禹　蕊　责任印制　李玉山
ISBN 978-7-5024-6193-5
冶金工业出版社出版发行；各地新华书店经销；三河市双峰印刷装订有限公司印刷
2013 年 7 月第 1 版，2013 年 7 月第 1 次印刷
787mm×1092mm　1/16；14.5 印张；345 千字；214 页
38.00 元

冶金工业出版社投稿电话：(010)64027932　投稿信箱：tougao@cnmip.com.cn
冶金工业出版社发行部　电话：(010)64044283　传真：(010)64027893
冶金书店　地址：北京东四西大街 46 号（100010）　电话：(010)65289081（兼传真）
（本书如有印装质量问题，本社发行部负责退换）

· 序 ·

获悉由熔铸车间技术组编写的培训教材《反射炉工》即将出版，十分欣喜。这部教材的出版是熔铸车间一件大事，特以此文表示祝贺。

我深感技术工作在日常生产中的重要性，为不断提高生产指标和产品质量，每个员工都应从理论上了解自己所在岗位的生产原理和技术诀窍，并立足岗位，为公司转型跨越贡献自己应有的力量。

有色金属工业炉窑种类繁多，涵盖内容广泛。尤其是近年来，国内外有色金属冶金行业发展迅速，很多新技术应运而生，一批新炉型相继出现，熔铸车间根据自身的特色，去繁存简、去芜存菁，写出了适合自己车间的培训教材。本教材既突出了实用价值，又体现了一定的学术价值，内容通俗易懂，可作为岗位培训和职业教育的基础教程及技术研究的理论依据。

金川集团股份有限公司
镍冶炼厂厂长

· 前　言 ·

熔铸车间 1966 年建成投产，与金川公司其他火法冶炼车间一样，走过了引进、消化和吸收先进技术，到自主创新的光辉历程，现已有 47 年的历史，镍熔铸生产工艺在金川公司镍生产工艺中一直扮演着不可缺少的重要角色。

当前，经济的可持续发展已经成为金川公司发展的必然趋势，能否实现最大限度的节能和最低程度的污染，已经提升到了关乎公司生存与发展的关键性问题，因此，对现有生产工艺的充分理解和认识，就成为了后期发展改造的先决条件，基于此目的，熔铸车间集合全部技术力量，编撰出了熔铸车间职工培训教材——《反射炉工》，以期达到提高车间员工对现有工艺的深刻认识和全面了解，为现有的生产操作和后期的进一步改造提供技术依据做准备工作。

编写本书的目的还在于：（1）为熔铸车间职工培训提供一部完整的专业性教材，以满足员工学习提高之用；（2）用通俗易懂的语言来表述现有生产工艺，巩固和充实职工基础理论知识；（3）突出其实践性和应用性，以期达到指导生产、服务生产的目的；（4）对多年来的技术改造和生产发展作了较为详尽的介绍，为镍熔铸工艺后续的发展提供了理论支持和技术引导。

本书主编陈自江，副主编张树峰、郑军福、姚辉、舒云、刘剑锋。全书主要由刘剑锋、舒云、李智、王海英、曲保同、洪坤亮、苏银海、邵志超、马德方、张小川、张智宽、贾长洪、王小新、曾福云、柴栋、杜国权、张泰远、雷润德等同志在参考了历届相关培训教材的基础上，结合 2011 年熔铸车间技术改造相关材料修改编撰而成。

由于编者水平所限，书中不妥之处，诚望各界人士不吝赐教。本书编写过程中，承蒙各级领导和各位工程技术人员的大力支持，在此一并致谢。

陈自江

2012 年 12 月

·目　录·

1　镍冶金概述

‹‹‹

1.1　金川公司镍冶金概况

金川公司镍矿是世界著名的多金属共生的大型硫化铜镍矿之一，在同类矿床中，储量仅次于加拿大国际镍公司的萨德伯里矿。地质勘探表明，金川公司镍矿为特大型超级型岩性硫化铜镍矿。矿床长约6.5km，自西向东依次为三、一、二、四矿区。4个矿区共探明矿石储量5193.3万吨，含镍548.6万吨，铜347.3万吨。其中二矿区矿体最大、最富，镍储量占了金川镍矿的3/4，是金川公司的主力矿山。

金川镍矿不仅是一个规模巨大的硫化铜镍矿床，还是一个综合利用价值很高的多金属矿床。矿石中除镍、铜之外，还伴生有钴、铂、钯、金、银、锇、铱、铑、钌、硒、碲、铁、硫、铬、镓、铟、锗、铊、镉等20余种元素，其中可供利用的有价元素就达14种之多。全矿区钴元素储量16万吨、铂族元素储量197吨，镍和铂族元素储量分别占全国储量的70%和80%左右。铜金属储量仅次于江西德兴铜矿，钴金属储量仅次于四川攀枝花矿区，均居全国第2位。若按储量规模计算，镍储量相当于12个大矿，钴储量相当于24个大矿，铂族元素以铂矿规模计算都相当巨大，储量相当于40个大矿，硫、铬储量相当于15个大矿。开发金川，不仅开发了一个特大型镍矿，同时也连带开发了一个大型铜矿、一个大型钴矿和一个大型贵金属矿。

1.2　世界镍冶金概述

当前，世界镍的生产主要有两种原料：硫化矿和氧化矿（红土矿）。硫化矿（在陆地）的储量约占30%，但从硫化矿中生产的镍却占世界总镍量的60%以上。

世界镍矿石储量的分布很不平衡，在加拿大、中国、古巴、印度尼西亚和菲律宾等就占镍的探明总储量的80%以上。我国镍的储量相当丰富，硫化矿的储量仅次于加拿大，居世界第2位。

据报道，海底锰瘤含有镍量达7.6亿吨。从目前世界镍工业的状况来看，海底锰瘤的开采不会有大的进展。

近30年来，世界镍工业经历了一段不平常的时期。从20世纪60年代中期到70年代，是世界镍工业的高速发展阶段。例如，世界镍的生产在60年代末总共还不到50万吨/年，近10年间生产能力增长约1倍。70年代新兴的重要镍生产国有澳大利亚、菲律宾、印度尼西亚、危地马拉、多米尼加、巴西、博茨瓦纳、南非等。而且由于这些国家镍矿资源丰富（大多是氧化矿），具有很大的发展潜力。前苏联镍的生产从50年代到80年代一直稳步上升，镍的生产能力翻了两番，（从5万吨/年增至20万吨以上）。古巴也努力扩大了镍的生产，按冶炼能力已成为世界第四大镍生产国。国外一些主要的市场企业共有51 家。

　　镍的消费主要集中于发达的工业国家和地区，美国、西欧、日本等共计消耗了世界约85% 的镍。

　　我国的镍工业起步较晚，金川、会理、岩石、喀拉通克等镍矿均是在近 40 年发展起来的，全国每年的镍生产量约 35 ~ 40 万吨，金川公司的镍产量就占了全国镍产量的70% ~80% 。

1.3　镍的主要性质与用途

　　金属镍是元素周期表第 8 副族铁磁金属之一，银白色，原子序数 28，相对原子质量58.71，熔点 1453 ±1℃，沸点约 2800℃。天然生成的金属镍有五种稳定的同位素：Ni^{58}67.7% ，Ni^{60} 26.2% ，Ni^{61} 1.25% ，Ni^{62} 3.66% ，Ni^{64} 1.16% 。

　　在熔点以前金属镍的正常晶体结构是面心正方形，25℃ 时晶格常数是（0.35238 ±0.0013）nm。

　　由晶体结构和原子性质计算的镍的理想密度，在 20℃ 时为 8.908g/cm^3，在熔点时液体镍的密度为 7.9g/cm^3。

　　镍的比热在 0 ~1000℃ 范围内变动于 420 ~620J/（kg·K），在居里点或其附近有一些显著的高峰，在此温度下失去铁磁性。

　　镍的电阻在 20℃ 时按纯度 99.99% ~99.8% 变动于（6.8 ~9.9）μΩ·cm。镍基合金虽然广泛用于热点原件，但由于氧化关系纯镍实际上无此用途。镍的热电性与铁、铜、镍、金等金属不同，较铂为负，所以在冷端的电流由铂流向镍。因此，以镍作为热电原件时可产生高的电动势。

　　镍具有磁性，是许多磁性物料（由高磁导率的软磁合金至高矫顽力的永磁合金）的主要组成部分，其含量常为 10% ~20% 。

　　具有实际意义的金属镍的化学性质，主要是在大气中不易生锈，及能抵抗苛性碱的腐蚀。大气实验结果，99% 纯度的镍，在 20 年内不生锈痕，无论是在水溶液或熔盐内镍抵抗苛性碱的能力都很强，在 50% 的沸腾苛性钠溶液中每年的腐蚀速度不超过 25μm，对盐类溶液只容易受到氧化性盐类（如氯化高铁或次氯酸盐的侵蚀）。镍能抵抗几乎所有的有机化合物。

　　在空气或氧气中，镍表面上形成一层 NiO 薄膜，可防止进一步氧化，含硫的气体对镍有严重的腐蚀，尤其在镍与硫化镍（Ni_3S_2）共晶温度在 643℃ 以上时更是如此。在 500℃以下氯气对于镍无显著作用。硫存在时，镍极显著钝化。

1.3.1　镍的化合物

　　镍有三种氧化物：即氧化亚镍（NiO），四氧化三镍（Ni_3O_4）及三氧化二镍（Ni_2O_3）。三氧化二镍仅在低温时稳定，加热至 400 ~450℃，即离解为四氧化三镍，进一步提高温度最终变成氧化亚镍。

　　镍可形成多种盐类，但与钴不同，只生成两价镍盐，因此，不稳定的三氧化二镍常作为较负电金属（如 Co、Fe）的氧化剂，用于镍电解液净化除 Co 之用。

氧化亚镍的熔点为 1650~1660℃，很容易被 C 或 CO 所还原。

氧化亚镍与 CoO、FeO 一样，可形成 $MeSiO_3$ 和 $2MeO \cdot SiO_2$ 两类硅酸盐化合物，但 $NiO \cdot SiO_2$ 不稳定。

氧化亚镍具有触媒作用，可使 SO_2 转变为 SO_3，而 SO_3 与 NiO 又可以形成稳定的硫酸盐，并较铜铁的硫酸盐稳定，加热到 750~800℃才显著离解。

氧化亚镍能溶于硫酸、亚硫酸、盐酸和硝酸等溶液中形成绿色的两价镍盐。当与石灰乳发生反应时，即形成绿色的氢氧化镍（$Ni(OH)_2$）沉淀。

镍的硫化物有：NiS_2、Ni_6S_5、Ni_3S_2 和 NiS。硫化亚镍（NiS）在高温下不稳定，在中性和还原气氛下受热时即按下式离解：

$$3NiS \rightleftharpoons Ni_3S_2 + \frac{1}{2}S_2$$

在冶炼温度下，低硫化镍（Ni_3S_2）是稳定的，其离解压比 FeS 小，但比 Cu_2S 大。

镍的砷化物有砷化镍（NiAs）和二砷化三镍（Ni_3As_2）。前者在自然界中为红砷镍矿，在中性气氛中可按下式离解：

$$3NiAs \rightleftharpoons Ni_3As_2 + As$$

在氧化气氛中红砷镍矿的砷一部分形成挥发性的 As_2O_3，一部分则形成无挥发性的砷酸盐（$NiO \cdot As_2O_3$）。因此，为了更完全的脱砷，在氧化焙烧后还必须再进行还原焙烧，使砷酸盐转变为砷化物，进一步氧化焙烧中再使砷呈 As_2O_3 形态挥发，即进行交替的氧化还原焙烧以完成脱砷过程。

镍类似铁和钴，在 50~100℃ 温度下，可与一氧化碳形成羰基镍 $Ni(CO)_4$，如下所示：

$$Ni + 4CO \longrightarrow Ni(CO)_4 + Q$$

当温度提高至 180~200℃时，羰基镍又分解为金属镍。这个反应是羰基法提取镍的理论基础。

1.3.2 镍在国民经济中的作用

镍与铂、钯相似，具有高度的化学稳定性，加热到 700~800℃时仍不氧化。镍在各种化学试剂（碱液和其他试剂）中稳定。镍系磁性金属，具有良好的韧性，有足够的机械强度，能经受各种类型的机械加工（压延、压磨、焊接等）。

纯镍特别是镍合金在国民经济中获得广泛的应用。镍具有良好的磨光性能，故纯镍用于镀镍技术中。特别值得指出的是纯镍还用在雷达、电视、原子工业，远距离控制等现代新技术中。在火箭技术中，超级的镍或镍合金用作高温结构材料。

镍粉是粉末冶金中制造各种含镍零件的原料，在化学工业中广泛用作催化剂。

镍的化合物也有重要用途。硫酸镍主要用于制备镀镍的电解镍，硫酸镍则用于油脂的氢化，氢氧化亚镍用于制备碱性电池。硝酸镍还可在陶瓷工业中用作棕色颜料。

但是，纯镍金属和镍盐在现代工业用途中消耗不多，而主要是制成合金使用。在一些发达国家中耗镍最多的国家是美国和英国，占资本主义国家总产量的 60%~70%。其中用于合金的镍量就达到 80% 以上。

随着我国改革开放，工业技术飞速发展，电气工业、机械工业、建筑业、化学工业等对镍的需求也越来越大。近十年我国的镍工业又有了很大的发展。

1.3.3 镍的矿石

地壳中镍含量与铜含量相近，但由于镍在地壳中分散，因此世界上镍矿床却很少。

镍矿石可分3个类型：氧化矿（硅酸镍矿）；硫化矿（铜镍硫化矿）；砷化矿。

1.3.3.1 镍的氧化矿石

氧化镍矿系由含镍到0.2%的蛇纹石经风化而产生的硅酸盐矿石。与铜矿石不同，一般氧化镍矿床并不与硫化矿相连在一起。

氧化镍矿分为三类：位于石灰岩与蛇纹石之间接触矿床的矿石；位于蛇纹石块岩上的层状矿石；含少量镍的铁矿（即镍铁矿石）。第一类矿的特点是含镍高，但矿石成分变化很大。第二类矿的特点是矿床规模大，成分较均匀，但含镍量很低。第三类矿为镍铁矿，当含铁较高时则直接送往高炉内熔炼得到铁合金。

在氧化矿石中镍主要以含水的镍镁、硅镁、硅酸盐存在，镍与镁由于其两价离子直径相同，常出现类质同晶现象。自然界发现的氧化镍矿物见表1-1。

表 1-1 镍的氧化矿物

矿 物	化 学 式	硬 度	密度/$g \cdot cm^{-3}$
镍翠玉	$NiCO_2 \cdot 2Ni(OH)_2 \cdot 4H_2O$	5.0	2.6
镍矾	$NiSO_4 \cdot 7H_2O$	2.0	2.0
细粒蛇纹石	$2NiO \cdot 3SiO \cdot 3H_2O$		2.55
暗镍蛇纹石或滑面暗镍蛇纹石	$(Ni \cdot MgO) \cdot SiO_2 \cdot nH_2O$	$2 \sim 3$	$2.3 \sim 2.8$
油光蛇纹石	$(Ni \cdot Mg \cdot Ca \cdot Al) \cdot SiO_2 \cdot nH_2O$		无数据
硅铝镍铁矿	$(Ni \cdot Mg \cdot Ca \cdot Al) \cdot SiO_2 \cdot nH_2O$		无数据
硅镍石	$4NiO \cdot 3SiO_2 + MgO \cdot SiO_2 + 12H_2O$		无数据
镍绿泥石	$RSiO_3 \cdot 2H_2O$, $R = Ni$、Mg 与 Fe		2.77

常见的氧化镍矿物是暗镍蛇纹石、滑面暗镍蛇纹石和镍绿泥石，它们的成分一般可以用$(Ni \cdot MgO) \cdot nH_2O$ 表示，为了便于计算起见可把它写作为 $NiSiO_3 \cdot MgOSiO_3 \cdot nH_2O$，其中系数 m 和 n 按矿石的元素和矿物成分来确定。

在氧化镍矿中几乎不含铜和铂族元素，但常常含有钴，其中镍与钴的比例一般为 $(25 \sim 30):1$。

在氧化镍矿中铁主要以褐铁矿（$Fe_2O_3 \cdot nH_2O$）存在。脉石中通常含有大量的黏土、石英和滑石等。

氧化镍矿的特点之一是矿石中含镍量和脉石成分非常不均匀；由于大量黏土的存在，氧化镍矿的另一特点是含水分很高，通常为20%~25%，最大到40%。氧化矿的一般化学成分见表1-2。氧化镍矿通常含镍很低（0.5%~1.5%）仅在少数富矿中含镍才达到5%~10%。

表 1-2　常见氧化矿的化学成分 （质量分数/%）

Ni	Co	S	Fe	SiO_2	Al_2O_3	MgO	CaO	结晶水
5.2	0.5	0	10.0	53.0	0.5	15.0	1.7	9.9
1.3	0.04	0	12.0	39.0	5.0	14.0		10.0
0.96		0.1	12.7	38.2	21.25	1.02	1.72	
1.47		0.1	13.1	34.34	24.6	0.79	1.52	
4.34		0.08	14.0	48.58	8.10		2.75	

1.3.3.2 镍的硫化矿石

自然界广泛存在的镍硫化矿物是 $(Ni \cdot Fe)S$，密度为 $5g/cm^3$，硬度为 4，其中镍和铁以类质同相存在。其次是针硫镍矿 NiS（密度 $5.3g/cm^3$，硬度 3.5）。另外还有等轴晶系的辉铁镍矿 $3NiS \cdot FeS_2$（密度 $4.8g/cm^3$，硬度 4.5），钴镍黄铁矿 $(Ni \cdot Co)_3S_4$ 或闪锑镍矿 $(Ni \cdot SbS)$ 等。

硫化镍矿通常含有主要以黄铜矿形态存在的铜，故镍硫化矿常称为铜镍硫化矿。另外，硫化矿石中含有钴（其量为镍量的 3% ~4%）和铂族金属。

铜镍硫化矿可以分为两类：致密块矿和浸染碎矿。含镍高于 1.5%，而脉石量少的矿石称作致密块矿；含镍量低，而脉石量多的贫矿称作浸染碎矿。从工艺观点来看，这种分类很便于各类矿石进行下一步的处理。贫镍的浸染碎矿直接送往选矿车间处理，而含镍高的致密块矿直接送往熔炼或者经过磁选。

铜镍硫化矿的特点是很坚硬，难于破碎，其次是受热时不爆裂，因为矿石中的硫化物主要是磁硫铁矿。

矿石中的平均含镍量变动很大，由十万分之几到 5% ~7% 或者更高。一般是矿石中铜含量比镍低，但在个别情况下铜含量可能与含镍量相等或比镍高。铜镍硫化矿的一般化学成分见表 1-3。

表 1-3　铜镍硫化矿的化学成分 （质量分数/%）

Ni	Cu	Fe	S	SiO_2	Al_2O_3	CaO	MgO	Co
5.62	1.77	44.68	27.68	10.01	6.85	1.19	1.4	
2.30	1.9	29.1	17.20	26.8	9.0	3.4	4.2	
2.54	1.08	33.6	20.7	22.4	6.0	1.9	1.7	
0.34	0.46	11.00	2.0	40.45	16.18	8 ~10	8.12	
1.75	2.6	24.5	11.5	32.0	10	5.0	5.5	
4.83	0.83	51.57	28.00	1.64	0.09		1.0	
7.00	2.56	38.52	27.20	9.3		1.96	3.1	0.17
4.59	1.46	20.63	13.97	24.30		3.24	6.15	
3.28	4.59	43.22	27.83	7.55		1.16	1.77	
3.46	3.54	46.98	31.55	6.70		0.64	2.42	

1.3.3.3 镍的砷化矿石

含镍砷化矿发现很早（1865 年），而且在炼镍史上起过重要作用，但是后来没有发现这类的大矿床，因而现在从含镍砷矿中提炼镍仅限于个别国家。

含镍的砷矿物有红砷镍矿 NiAs，白毒砂或砷镍矿（$NiAs_2$）和回砷镍矿（NiAsS）。

1.3.4 铜镍硫化矿的选矿

从上节可以看出铜镍矿有价金属的含量很低，变化很大。这样的矿石直接入炉冶炼能耗大，经济上不合算，因而在矿石开采出来后均要进行选矿富集，把大量脉石用选矿的方法除去，然后得到含有价金属较高的精矿再进入冶金炉提炼铜、镍等金属。

常见的选矿方法有三种：人工手选，磁选，浮选。

（1）人工手选。矿石首先经过破碎获得两类矿块，一类是大于 50 ~ 200mm；一类是小于 50mm。粗矿块卸在宽大的运输带上，在运输过程根据脉石与硫化物外表的不同，可用人工方法将脉石选出。

（2）磁选。近年来手选已经被更有效的磁选所代替，特别是适宜于选出 5 ~ 10mm 的富镍硫化矿块以直接送往熔炼。因为矿中硫化物基本上是由具有显著磁性的磁硫铁矿所组成，而镍通常以镍黄铁矿形态与磁硫铁矿结合存在，或者与磁硫铁矿生成固熔体。因此，在磁选过程中，带磁性的硫化物部分富集有多量镍，而非磁性的脉石部分则含镍很少。

（3）浮选。浸染碎矿一般经过优先或综合浮选而得到硫化镍精矿或硫化铜镍精矿。综合浮选适用于处理含镍高的矿石和小规模的企业，这时铜和镍一同选出得到铜镍精矿，不需另建立一个铜厂来单独处理铜精矿。但是对于处理含铜高含镍低的矿石和生产规模大的企业，从经济上和技术上都希望采用优先浮选。优先浮选得到的硫化铜精矿是易熔的，因为黄铜矿比镍黄铁矿和磁硫铁矿都容易浮选，而且矿石中黄铜矿是以单独晶粉存在。有关铜镍硫化矿浮选的数据可见表 1-4。

表 1-4   铜镍硫化矿浮选产物的成分   （质量分数/%）

产　物	Ni	Cu	Fe	S	SiO₂	MgO
综合浮选矿石	0.85	1.12	1.7	7.6	39.1	
综合浮选精矿	3.18	4.48	39.0	28.2	12.1	
综合浮选尾矿	0.065	0.03	10.0	0.3	48.4	
优先浮选矿石	23	3.5 ~ 4.5	33.25	19.8	23.1	
优先浮选铜精矿	1.5	25 ~ 30	48.85	32.2	4.15	
优先浮选镍精矿	7 ~ 11	4 ~ 6	37.05	25.25	14.6	
优先浮选尾矿	0.2	0.1	19.70	4.95	44.25	

我国吉林镍冶公司的选矿采用优先浮选。金川公司选矿厂采用的是综合浮选。

1.3.5 镍火法冶炼技术的发展

人类很早就知道如何利用自然界的镍矿物。我国古代云南出产的"白铜"中就含有很高的镍。但是直到 18 世纪中叶瑞典科学家克朗斯塔特（A. E. Cronstede）和布兰特

（G. Brandt）才相继制得了金属镍，而大规模工业生产镍却还是近百年来的事情。镍生产的发展开始很慢。在 1840～1845 年间全世界每年仅产镍 100 吨。那时镍作为一种贵重金属主要用于首饰上做装饰品。1865 年由于在新喀利多尼亚发现了含 Ni7 约 8% 的氧化镍矿，并发现镍能改善钢的性能之后才推动了镍冶金工业的发展。1870 年镍产量达到 500 吨。19 世纪 80 年代在加拿大发现了一个很大的硫化铜镍矿，从那时起开始了镍工业的迅速发展，现在已形成镍工业生产完整的技术。火法生产镍的流程有鼓风炉、反射炉、矿热电炉、闪速炉、富氧顶吹炉等配转炉吹炼获得高冰镍。羰基法生产镍粉等工艺在镍工业中也发挥着重要作用。

我国的镍工业起步于 1953 年，在 50 年代初期上海冶炼厂成功地用直火蒸发法从铜电解液中制得了粗硫酸镍。并在 1954 年完成了提取金属镍的实验。1955 年开始试生产，1956 年开始正式生产，年产量达到 50 吨。50 年代重庆冶炼厂开始从黑铜中提取镍获得成功，用电解沉积法制得含 Ni99.99% 的高纯镍。为了满足国家对镍产品的需要，我国一方面积极开展镍资源的勘察工作，同时进口镍原料生产镍产品，开始发展我国的镍工业。50 年代开发了商南镍矿、会理镍矿；60 年代开发了金川铜镍矿；70 年代开发了磐石镍矿；80 年代开发了喀通克铜镍矿并相继建立了火法冶炼厂，形成了完整的镍工业体系。

1.4 贵金属生产系统

贵金属生产系统包括二次高镍锍、二次铜镍合金生产工艺和从二次铜镍合金中提取贵金属生产工艺。

1.4.1 二次铜镍合金的生产工艺

一次高镍锍中的贵金属在磨浮生产过程中，约有 60%～70% 的贵金属进入一次铜镍合金中，其余的 30%～40% 分散于镍精矿中。

分散于镍精矿的贵金属在熔铸时进入高硫阳极板中，在电解过程中进入镍阳极泥中，镍阳极泥在热滤脱硫时产出合格的硫黄块，贵金属富集于热滤渣。

由于一次铜镍合金中的贵金属品位较低，须将一次铜镍合金配入含硫物料（热滤渣）进行硫化熔炼和吹炼，使贵金属进一步富集于二次高镍锍的合金中，为贵金属提取工艺提供贵金属品位较高的二次铜镍合金。其生产过程是：将一次铜镍合金和硫化剂热滤渣按一定比例混合后，配入适量的熔剂，加入卧式转炉内首先进行熔化，使一次铜镍合金充分硫化生成二次高镍锍，然后进行吹炼、脱硫、造渣，产出一定数量的二次铜镍合金，使贵金属富集于新产生的合金中。二次高镍锍经保温后送高镍锍磨浮车间，经磁选产出二次铜镍合金。

1.4.2 提取贵金属的生产工艺

贵金属车间以高锍磨浮车间产出的二次铜镍合金为原料。从二次铜镍合金中提取贵金属生产工艺，包括合金富集、贵金属萃取和分离提纯三大部分。

合金富集以高锍磨浮车间产出的二次铜镍合金为原料，经盐酸浸出、控电氯化、碱浸脱硫等四道工序，脱除铜、镍、铁、硫杂质，产出贵金属精矿；贵金属萃取以蒸馏脱胶液为原料，分别萃取分离金、钯、铂，经预处理后萃取分离铑铱，精制分别得到产品；分离提纯以精矿为原料，首先以氧化蒸馏分离提取锇钌，再用置换法分离铂、钯、金和铑铱，经萃取提金、氯化铵沉淀分离铂、钯及铑铱分离，最后精制产出贵金属产品。

贵金属产品质量较高，海绵铂 99.99%，海绵钯 99.99%，黄金 99.99%，铑粉 99.99%，锇粉 99.99%，钌粉 99.95%，同时还可以从中间产品生产各种贵金属盐类产品，如氯化钯、氯铂酸铵、四氧化锇等。

复 习 题

一、填空题

1. 镍的氧化物有（　　）、（　　）、（　　）。

2. 镍的硫化物有（　　）、（　　）、（　　）、（　　）。

3. 金川镍矿属于（　　）。

4. 金川自产高冰镍除含有镍和铜外，还富集了（　　）、（　　）、（　　）、（　　）、（　　）、（　　）、（　　）、（　　）、（　　）、（　　）、（　　）等可以回收利用的有价金属。

5. 镍的原子量为（　　）。

6. 镍具有（　　），密度为（　　），熔点为（　　）。

7. Ni_2O_3 仅在低温下稳定，加热至 400 ~ 450℃时离解成（　　），进一步提高温度最终变成（　　）。

8. Ni_2O_3 仅在（　　）下稳定，并主要以（　　）的 $Ni(OH)_3$ 的形态存在。

9. 镍矿石可分为 3 个类型（　　）、（　　）和砷化矿。

10. 氧化亚镍熔点为 1650 ~ 1660℃，很容易被（　　）或（　　）所还原。

11. 现行的镍冶炼工业生产方法有（　　）和（　　）。

12. 贵金属是指金和铂族金属，包括（　　）、（　　）、（　　）、（　　）、（　　）、（　　）等金属。

13. 一次合金含镍在（　　），含铜在（　　）。

14. 贵金属生产系统包括（　　）、（　　）生产工艺和从（　　）中提取（　　）生产工艺。

15. 一次高镍锍中的（　　）在磨浮生产过程中，约有（　　）的贵金属进入（　　）中，其余（　　）分散于镍精矿中。

二、判断题

1. 镍在元素周期表中是第四周期第Ⅷ族的元素。（　　）

2. 镍的原子序数是 28，相对原子质量是 60。（　　）

3. 镍在元素周期表中的位置决定了其物理化学特性。（　　）

4. 镍没有磁性。（　　）

5. 镍与碱不起作用。（　　）

6. 火法造锍熔炼是镍主要的生产方法。（　　　）

7. 镍的矿物资源主要有硫化镍矿和氧化镍矿。（　　　）

8. 1781 年瑞典科学家克郎斯塔特首次制取了金属镍。（　　　）

9. 世界各国所产镍中 80% 左右源于硫化镍矿。（　　　）

10. 一次高冰镍中的贵金属 60% ~70% 存在于一次合金中。（　　　）

11. 在合金硫化生产中原料中的贵金属只有 80% 进入二次高镍硫中。（　　　）

12. 镍的熔点是 1455℃。（　　　）

13. 世界镍储量中硫化镍矿占 30% ~40%。（　　　）

14. 从含有有色金属物料中提取有色金属的过程称有色金属冶炼。（　　　）

15. 火法冶炼是指在高温下（利用燃料燃烧，或电能产生的热，以及某些化学反应所放出的热）将矿石或精矿经过一系列的物理化学变化过程，使其中的金属与脉石以及杂质分离而得到金属的冶金方法。（　　　）

16. 湿法冶炼指在低温下（一般低于 100℃）用适当的溶剂来处理矿石。精矿或半成品，使其中要提取的金属溶解进入溶液而与不溶的脉石或其他杂质分离并随后从溶液中提取金属的方法。（　　　）

17. 冷却时铜以硫化亚铜、镍以硫化镍和铜镍合金三种形态存在于二次高镍锍中。（　　　）

三、单项选择题

1. 火法冶金就是在高温条件，将矿石或中间产品经过一定系列的物理化学变化过程使其中的金属与脉石分离而富集的（　　　）。
   A. 冶金方法　　　　　　　B. 提纯方法　　　　　　　C. 浸出方法

2. 在火法冶炼温度下稳定存在的化合物是（　　　）。
   A. FeS　Cu_2S　Ni_3S_2　Cu_2O
   B. FeS_2　CuS　Ni_8S_7　CuO
   C. FeS　CuS　Ni_8S_7　Cu_2O

3. 金属镍的熔点（　　　）。
   A. 1452℃　　　　　　　　B. 1453 ±1℃　　　　　　C. 1250℃

4. 硫化镍的熔点为（　　　）。
   A. 1000℃　　　　　　　　B. 1200℃　　　　　　　C. 787℃

5. Ni_3S_2 的密度为（　　　）t/m^3。
   A. 5　　　　　　　　　　B. 5.66　　　　　　　　C. 6

6. 铜的熔点为（　　　）℃。
   A. 900　　　　　　　　　B. 1083　　　　　　　　C. 1139

7. 在二次高镍锍中镍存在形态（　　　）。
   A. 二硫化三镍　　　　B. 二硫化三镍、铜镍合金　C. 铜镍合金

四、多项选择题

1. 从二次铜镍合金中提取贵金属的生产工艺包括（　　　）和分离提纯三部分。
   A. 合金富集　　　　　　B. 磁选分离　　　　　　　C. 贵金属萃取

2. 一次合金含有的贵金属有（　　　）。

    A. 铂   B. 钯   C. 金   D. 银

3. 一次铜镍合金配入含硫物料热滤渣后，在卧式转炉内进行（　　　）使贵金属富集于二次高镍中。

    A. 硫化熔炼   B. 吹炼   C. 还原

4. 熔锍是指（　　　）的共熔体。

    A. 有色金属硫化物   B. 非金属硫化物   C. 铁的硫化物

5. 通常火法冶金热能来源有（　　　）。

    A. 燃料燃烧热能   B. 电能产生的热能   C. 化学反应放出的热能

6. 火法冶金方法有（　　　）熔盐电解等。

    A. 熔炼   B. 吹炼   C. 还原

7. 二次高镍中的（　　　）含量与二次高镍的质量比叫贵金属品位。

    A. 银   B. 铂   C. 钯   D. 金

五、简答题

1. 镍生产的原料有几类矿石，地球上的分布情况？

2. 世界镍工业的发展历史？

3. 金属镍的性质与用途？

4. 镍有几种氧化物，它们有哪些性质？

5. 镍有几种硫化物，它们有哪些性质？

6. 镍在国民经济中的作用？

7. 为什么矿石开采出来后还要进行选矿，选矿的作用是什么？

8. 金川镍火法冶炼的发展过程及各个流程的特点？

9. 从二次铜镍合金中提取贵金属的生产工艺，包括哪三大部分？

10. 贵金属主要是指哪几种金属元素？

2 镍熔铸熔炼

2.1 反射炉工艺流程

2.1.1 概述

熔铸车间主要设备现有 3 台反射炉、1 台合金硫化转炉、4 台中频感应电炉。主要生产任务是生产高锍阳极板、二次高镍锍、水淬镍和水淬合金。

反射炉生产系统主要是处理高锍磨浮产出的过滤镍精矿和精炼厂返回的高锍残极，产出的高锍阳极板经过缓冷保温后送镍电解；合金硫化炉主要是处理高锍磨浮产出的一次合金和镍盐厂返回的热滤渣，产出的二次高镍锍经过缓冷保温后送高锍磨浮车间；水淬镍生产系统主要处理的是 1 号电解镍，产出的水淬镍产品送往国贸分公司。水淬合金主要处理的是一次合金，产出的水淬合金送往羰化冶金厂。

2.1.2 镍反射炉工艺流程

镍熔铸反射炉的生产工艺是将高锍磨浮产出的镍精矿和其他返回物料及外购原料经皮带输送机从反射炉顶两侧加入反射炉，依靠炉底和炉墙形成料坡，在反射炉内熔化。人工扒渣或放渣除去镍精矿中机械夹杂的转炉渣。采用烧眼放硫化镍熔体，用浇铸机浇铸成高锍阳极板，在保温坑（箱）保温缓冷大于 48h，然后送镍电解车间。产生的烟气经烟道进入余热锅炉和空气换热器回收烟气中的部分余热和烟尘，再进入收尘装置回收部分烟尘，最终由 80m 烟囱排空。

反射炉工艺流程如图 2-1 所示。

反射炉是传统的火法冶炼设备之一。按作业性质分为周期性作业和连续性作业反射炉；按冶炼性质分为熔炼、熔化、精炼和焙烧反射炉。

反射炉具有结构简单、操作方便、容易控制、对原料及燃料的适应性较强、生产中耗水量较少等优点。因此，反射炉在熔炼铜、锡、铋精矿和处理铅浮渣以及金属的熔化和精炼等方面都得到广泛的应用。

反射炉生产的主要缺点是燃料消耗量较大、热效率较低（一般只有 15% ~ 30%），造锍熔炼反射炉还存在脱硫率及烟气中二氧化硫浓度低、占地面积大、消耗大量耐火材料等缺点。

2.2 反射炉基本原理

2.2.1 炉型介绍

近年来，金川公司在改造旧式反射炉方面获得较好的成绩，如大型熔炼反射炉采用止

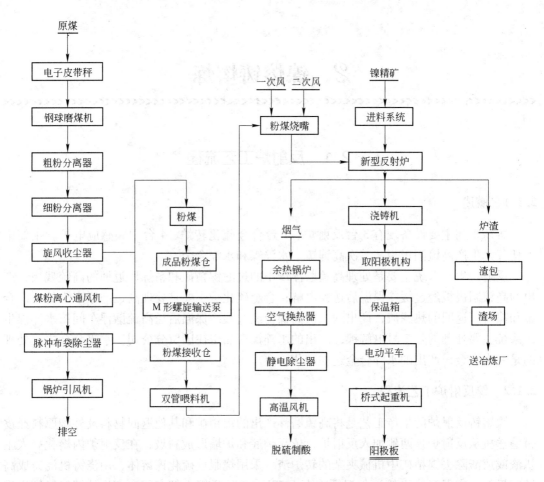

图 2-1 反射炉系统工艺流程

推式吊挂炉顶、虹吸式放冰铜及镁铁整体烧结炉底；熔化反射炉采用打眼放锍；加料口、炉墙及拱脚梁用水冷却、加料系统自动控制以及逐步推广余热锅炉等。

熔铸反射炉不同于一般的熔炼反射炉，炉膛内分为两部分：熔化区和贮液池。炉料加在熔化区，熔化后的液体流入炉膛后部的贮液池，贮液池设高锍放出口，定期将高锍放出浇铸成阳极板。镍反射炉如图 2-2 所示。

2.2.1.1 炉体

熔铸车间反射炉共有 45m²、50m²、80m² 三种反射炉，主要是熔化区面积大小不同，反应机理相同。

2.2.1.2 炉底

A 炉底的结构形式

镍熔铸反射炉炉底的工作条件是非常恶劣的，它不仅要承受被处理物料的机械负荷、碰撞和摩擦作用，还要受到炉料熔化的化学侵蚀及渗透。

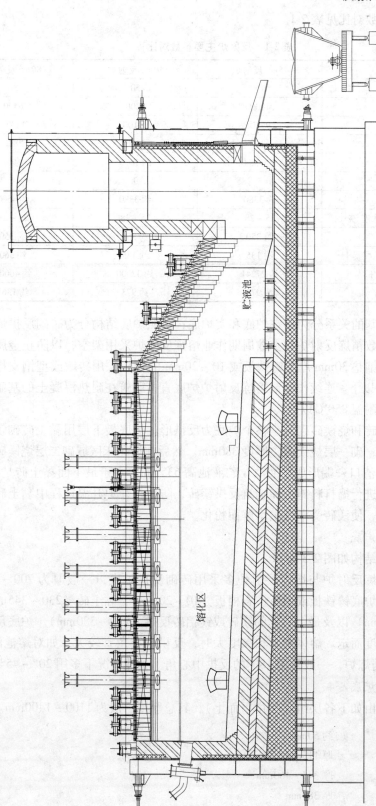

图 2-2 镍反射炉示意图

反射炉主要参数对比见表 2-1。

表 2-1 反射炉主要参数对比

项 目	45m² 反射炉	50m² 反射炉	80m² 反射炉
炉床面积/m²	45	50	80
炉床宽/mm	4800	4800	6400
炉床长/mm	9900	11100	12425
炉膛高/mm	2200	2200	2800
贮液池面积/m²	约 15.4	约 16.5	约 31
粉煤烧嘴数量/个	3	3	4
粉煤烧嘴总烧煤量/kg·h⁻¹	约 3380	约 3380	约 4500
二次风助燃风富氧浓度/%	25 ~ 28	25 ~ 28	25 ~ 28
二次风预热温度/℃	约 350	约 350	约 350
冷却水量/m³·h⁻¹	约 135	约 135	约 360
出炉烟气量/m³·h⁻¹	约 27241	约 32000	约 40000
设备总重/t	约 970	约 973	约 1365

按照炉底与炉基的关系分为架空炉底和实炉底；按照炉底结构分为砖砌反拱炉底和烧结整体炉底。大多数精炼反射炉和少数周期作业熔炼反射炉采用架空，以防止金属向炉底及炉基渗漏。炉底铺垫 30mm 厚的铸铁板或 10 ~ 20mm 的钢板，用砖墩或型钢支撑。架空高度通常在 0.35m 以下。连续作业铜熔炼反射炉炉底直接砌筑在耐热混凝土的基础上。耐热混凝土基础要求耐温 850℃ 以上。

炉底选用黏土砖和烧镁砖砌筑，整个炉底为反拱形。炉底最下层用黏土砖砌筑，然后用镁砂捣打料找弧，砌一层烧镁砖，厚度 380mm。然后在熔化床区域砌二层烧镁砖，每层厚 300mm。在炉子渣口一端形成贮液池，贮液池高 635mm。由于最下面黏土砖是湿砌的，砌完后必须烘干再进行捣打料施工和砌筑反拱镁砖，防止在开炉升温过程中黏土砖水分蒸发上升至镁砖反拱，使镁砖受潮发生水解而粉化。

B 砖砌反拱炉底

砖砌反拱炉底结构如图 2-3 所示。

周期作业的精炼反射炉与熔炼反射炉多采用砖砌反拱炉底，一般厚为 700 ~ 900mm。由下而上依次为：炉底铸铁板或钢板、石棉板（10 ~ 20mm）、黏土砖（230 ~ 345mm）、捣打料层（50 ~ 100mm）以及最上层砌的镁砖或镁铝砖反拱（230 ~ 380mm）。炉底反拱中心角视熔体密度和深度而定。熔体密度和深度大时，反拱中心角宜较大，如对熔池深 1.3 ~ 1.4m 的粗铅连续精炼炉，一般采用 180° 的反拱中心角。其他情况下多用 20° ~ 45°。

C 烧结整体炉底

烧结炉底一般由如下各层组成（由下而上），其总厚度一般为 1100 ~ 1400mm。

石棉板和石英砂	约 50mm
保温砖层	厚 115mm
黏土砖层	厚 345 ~ 460mm
镁铝砖层	厚 380mm
烧结层	厚 200 ~ 350mm

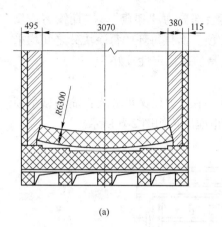

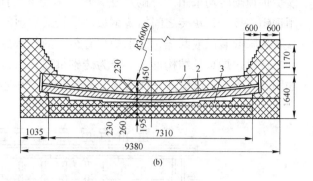

图 2-3 砖砌反拱炉底结构示意图

（a）单层反拱；（b）双层反拱

1—上层反拱；2—下层反拱；3—填料（毛炉底）

镁铁烧结层的特点是致密坚实不易渗漏，使用寿命长。国内连续作业铜熔炼反射炉均采用此种材质。采用镁铁烧结层的炉底在生产中易产生炉结，使炉底上涨，需定期加铁块洗炉。

2.2.1.3 炉墙

熔炼反射炉的内墙多采用镁砖、镁铝砖砌筑。有些重要部位如铜熔炼反射炉的粉煤燃烧器附近及转炉渣口等，为了延长使用寿命均采用铬镁砖砌筑。熔点较低的金属的熔化炉可用黏土砖砌筑。外墙一般采用黏土砖。

炉子一侧墙上设有供检修的人孔门和冰镍放出口。一端墙设有烧油孔 3 个，另一端墙上设有渣口。

反射炉熔池上部炉墙的厚度一般为 450~690mm。为延长炉墙寿命，熔池下部逐渐错台加厚如图 2-3（b）所示，最厚处可达 900~1290mm，端墙下部厚达 1000~1400mm。熔池部分的炉墙外面一般设有炉墙护板。

对周期作业的炉子因炉温波动较大，为增加炉墙结构的稳定性，往往砌成弧形，避免炉墙向炉膛内倒塌。

为延长炉墙的使用寿命，可在熔池一带的炉墙外面设置水套。

2.2.1.4 炉顶

炉顶是炉膛组成中的薄弱环节，炉顶是否牢固可靠，对炉子工作有重大影响。

镍熔铸反射炉炉顶为拱形炉顶，均选用镁铝质竖楔形砖砌筑，炉顶拱脚角为 60°，为标准拱顶，炉顶厚 380mm。炉顶的质量作用在拱脚砖上，承受在两侧炉墙上，水平分力通过拱脚梁由炉子钢结构承受。

虽然一期、二期镍熔铸反射炉炉顶均为拱形，但其砌法和结构稍有不同。

一期镍熔铸反射炉炉顶爬弦部分采用"环砌"，其余部分为"错砌"。二期镍熔铸反射炉炉顶砌砖均采用"环砌"法，炉顶为止推吊挂式炉顶。而且每环的每一块砖之间均采用钢销连接，每块砖之间加薄钢板。吊挂式炉顶的优点是炉顶稳定性较好。

为降低漏风或漏焰，要求炉顶有很好的气密性。

反射炉炉顶从结构形式上分为砖砌拱顶和吊挂炉顶。吊挂炉顶又可分成：简易型吊顶如图 2-4 所示，压梁式止推吊顶如图 2-5 所示和立杆式止推吊顶如图 2-6 所示。

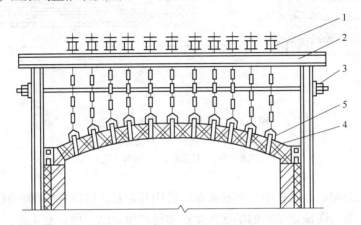

图 2-4 简易型吊顶结构示意图

1—吊杆支撑梁；2—吊顶大梁；3—拉杆；4—筋砖；5—吊环及吊链

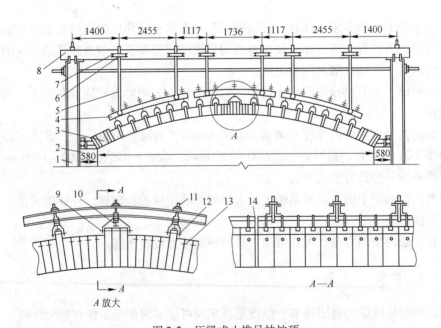

图 2-5 压梁式止推吊挂炉顶

1—立柱；2—炉墙；3—炉顶加料孔；4—压梁；5—吊（压）杆；6—止推螺帽；

7—吊挂螺帽；8—吊顶支撑大梁；9—筋砖大挂环及插销；

10—轻轨；11—轻轨夹紧螺杆；12—筋砖小吊环及插销；

13—炉顶砖插销；14—炉顶纵向膨胀缝

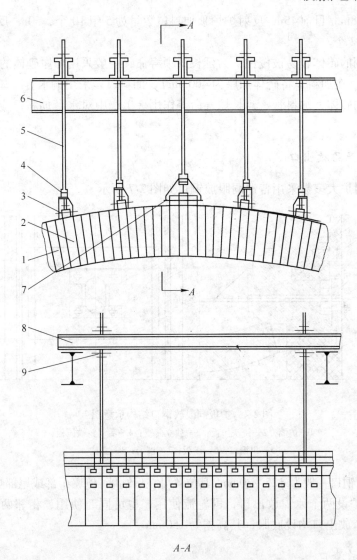

图 2-6 立杆式止推吊挂炉顶

1—炉顶砖；2—筋砖；3—筋砖小挂环及插销；4—轻轨；5—吊（压）杆；
6—支撑大梁；7—筋砖大挂环及插销；8—吊杆支撑槽钢；9—止推螺帽

国内周期作业的反射炉及炉子宽度较小的反射炉，通常采用砖砌拱顶。大型铜熔炼反射炉多采用立杆式止推顶或压梁式止推吊顶结构。

2.2.1.5 加料口

熔铸反射炉加料口均设在炉顶，加料口的大小视加料量及料中水分的条件而定，由于镍熔铸反射炉一般处理粉状料，加料口多采用加料管，直径为 250~300mm。32m² 反射炉加料管采用风冷，50m² 反射炉加料管采用水套冷却。进料采用多点加料，炉顶加料口通常沿炉长分布，其间距为 1~1.5m。

50m² 反射炉采用料坡熔炼，其加料口均对称设在炉顶两侧沿炉长方向排列，加料口的中心距为 3.78m。目前 45m² 反射炉炉顶加料口数量为 5 组 10 个，50m² 反射炉炉顶加料口数量为 6 组 12 个。

加料口周围的砖体较易被侵蚀，为延长拱顶寿命，一般采用加厚砌体的方法（如炉顶厚为 380mm 时，在加料口将砖体加厚为 460mm）。加料口多采用铜水套冷却，水套加料管起保护加料口的砖体、加料管、延长炉寿命等作用。生产中对水套加料口应加强维护和管理，防止漏水。

2.2.1.6 产品放出口

国内铜反射炉大多数采用普通洞眼放铜口如图 2-7 所示。

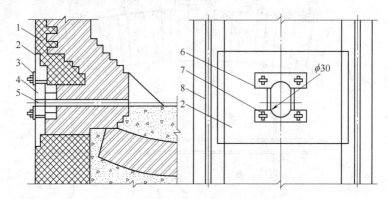

图 2-7 护板洞眼放铜口结构示意图
1—炉墙；2—铸铁护板；3—独立砖组；4—活动铸铁压板；
5—出铜口；6—压板；7—楔子；8—立柱

普通洞眼放铜口一般为 $\phi25 \sim 30mm$，其位置可在后端墙、侧墙中部或尾部炉底的最低处。

50m² 反射炉设两个冰镍放出口，可轮流使用，也可同时使用，相邻两冰镍口的间距为 650mm。每个放出口均设底眼，其高差为 150mm。

2.2.1.7 放渣口

反射炉扒渣门的大小，根据渣量多少及操作情况而定，一般为 350mm × 450mm × 460mm。其位置多设在炉子的后端墙上，也有少数设在炉子侧墙上的。渣口下沿应低于最大液面 100 ~ 200mm。渣门的开启与关闭使用平衡锤人工控制，也有使用手动葫芦卷扬、电动卷扬以及气动装置。

2.2.1.8 炉膛

炉膛是由炉墙、炉底、炉顶构成的空间。镍熔铸反射炉炉膛是在 1350℃ 左右的高温下工作，要经受炉气、炉尘和炉渣的侵蚀和冲刷，因而要求炉墙、炉顶、炉底所用材料必须适应这一特点。

2.2.1.9 烟道及烟囱

烟道是连接炉膛和余热利用设备及烟囱的烟气通道。反射炉烟道墙厚约 345mm，烟道顶厚度230mm。由于反射炉出口烟气温度达1200℃，为保证反射炉正常运行，反射炉烟气出口以及紧接着的9m的烟道内墙用烧镁砖砌筑，外墙用黏土砖砌筑，烟道顶用烧镁砖砌筑。其他后续烟道均用黏土砖砌筑。

2.2.1.10 骨架

镍反射炉骨架是由围板、立柱、拉杆、拱脚架、横梁、弹簧等组成的弹性结构，采用拉杆和弹簧拉紧立柱以夹紧炉体，通过弹簧来适应炉子的热胀冷缩现象。

烟道骨架是由立柱、拉杆、底架组成的钢性骨架，热膨胀是依靠砖体中预留的膨胀缝来吸收。

2.2.2 主要设备

2.2.2.1 锁风定量给煤机

A 设备构成

SL-5锁风定量给煤机主要由两部分组成，即：电气控制部分和机械部分。其中，电气控制部分主要由控制柜（控制箱）、称重控制仪表、变频器、称重传感器等部件组成；机械部分包括双开闸门、双稳流给料装置、计量装置（含壳体）、锁风装置、驱动设备、底座、连接等部分。机械构造如图2-8和图2-9所示。

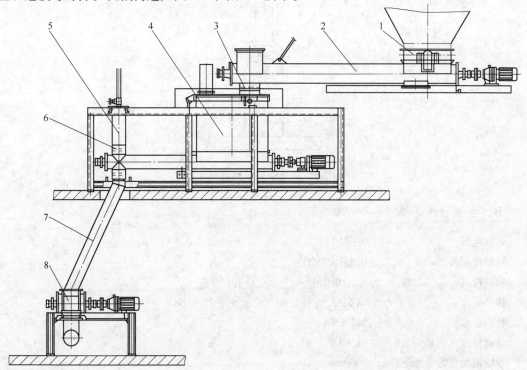

图 2-8 锁风定量给煤机主视图

1—双开电动闸门；2—双稳流给煤器；3，6—橡胶软连接；
4—计量秤体；5—均压装置；7—溜管；8—锁风装置

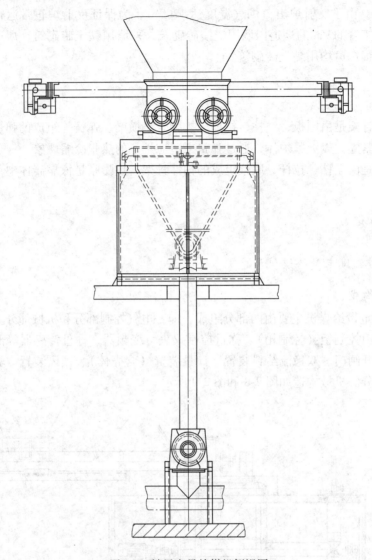

图 2-9　锁风定量给煤机侧视图

B　主要技术参数

计量范围　　　　　　　　0 ~ 2t/h

物料堆积密度　　　　　　0.6 ~ 0.8t/m³

物料粒度　　　　　　　　小于 0.074mm（ - 200 目）占 90%

物料温度　　　　　　　　常温

物料含水　　　　　　　　≤1.0%

计量精度（当量）　　　　≤ ±1%

双稳流给煤器输送距离　　3000mm

计量输送装置输送距离　　1800mm

溢流锁风装置输送距离　　1200mm

单套设备质量　　　　　　4340kg

C 工作原理

SL-5 锁风定量给煤机的工作原理是在设备运行时，称重传感器把计量秤体载荷信号输送到称重控制单元，称重控制单元根据设定实时计算流量并将瞬时流量与设定给料量进行比较输出控制信号，改变变频器给定信号调整电机转速，从而实时地控制给煤量。

在刚启动时，先判断称重仓中的料量，若料仓中的料量小于设定的料量上限，则先启动稳流给料装置给料，待料仓中的料量达到料仓上限时，停止给料，计量装置启动出料，控制仪表根据单位时间内料仓失去的质量，计算出单位时间内的流量值，与设定的流量相比较，改变控制输出，调整计量仓的下料速度，使调整后的流量与设定流量相吻合；当计量仓中料量达到装料线时，控制仪表输出控制信号启动稳流给料装置装料，同时按照前一个控制周期的控制输出平均值控制出料，待装料完成后，控制仪表根据出料量和设定量的比较调节控制输出，系统如此周而复始运行。

另外控制仪表设有下限报警，当计量仓中物料下至下限值时说明装料受阻，输出报警提请人工干预；控制系统不管在装料过程中还是调节运转过程中，都可随时更改设定下料量，并能及时调整实际下料量与设定下料量相吻合。

针对煤粉采用风力输送，为避免在煤粉输送不畅的情况下，发生往料仓内泛风问题而影响计量精度，在落煤管入口处增加了锁风装置，由于设备转子和壳体制作间隙很小，因此锁风效果理想。

称重控制单元主要由控制柜和现场操作箱组成。控制柜为控制单元的核心，其各部分作用为：

（1）电源指示：控制柜总电源指示。

（2）运行指示：变频器满足运行状态时指示。

（3）本地启动：启动控制柜上的仪表进行喂料。

（4）本地停止：停止控制柜上的仪表停止喂料。

（5）机旁指示：由机旁控制箱控制时指示灯亮。

（6）远程/就地/变频控制："远程控制"指的是由中控室进行流量设定与启停控制；"就地控制"指的是由称重控制仪表进行控制，流量的设定由称重控制仪表的键盘调整；"变频控制"指的是对变频器进行直接频率给定调节转速，转速大小由变频器下方的旋转电位器来调整。

现场控制箱各部分作用：

（1）急停按钮：用于出现紧急情况时紧急停车，按下为停车，弹出为紧急停车消除。

（2）集中/机旁：集中控制时，由 DCS 或本地来控制；机旁控制时，由现场控制盒上的调节电位器来调整。

（3）电位器：用于在机旁手动调整计量秤体电机的转速。

D 手动调节

在计算机上打到手动，调节变频器的频率来控制给煤量。

E 自动调节

在计算机上打到自动，输入给煤量，给煤机通过 PLC 自动调节给煤量。

F 操作规程

（1）控制室岗位人员须熟悉中央控制室的操作，掌握生产工艺流程。

（2）控制室岗位人员接班详细了解上班生产、设备运行情况，检查 DCS 系统，检查连锁开关连锁状况，确认正常后方可操作。

（3）当炉子或设备经检修后初开及交接班时进行操作前的确认。

（4）根据系统下发的技术指令调整各控制参数，不得随意改变控制参数。

（5）对反射炉炉温及炉膛压力进行监控。

（6）对泵房的设备冷却水系统进行监控。

（7）对粉煤制备和输送自动控制进行监控。

（8）对余热锅炉及空气换热器自动控制进行监控。

（9）对静电收尘器运行及操作自动控制进行监控。

（10）对进料系统和反射炉进行控制和监控。

（11）严格执行工艺技术条件，认真观察各参数的变化情况，每小时记录一次。

（12）保温、小修或进料、铸型等系统发生影响反射炉正常生产的情况时，改手动控制调节各参数。

（13）DCS 控制系统出现故障时，及时汇报并联系解决。

密切注意各监控参数的变化情况，超出范围时及时联系调整。

G　使用及日常维护

要保证 SL-5 锁风定量给煤机的正常使用，必须进行日常维护，建立定期检查和调整制度，对所有关键润滑点进行定期润滑和加油。

（1）随时检查制度：随时检查仪表控制情况，减速机是否漏油，电机有无异响、异味，电机温升是否正常；随时清除减速电机外壳散热沟槽内的灰尘。

（2）定期检查、维护、保养、润滑及调整制度：定期检查和及时维护是设备安全、可靠和有效运行的基础。正确的维护保养和润滑可有效地延长设备的使用寿命。

（3）每周检查：减速电机油位；检查传感器与传感器座之间无异物。

（4）每月检查：检查计量秤体皮重是否发生变化。

（5）每季度检查：检查减速机润滑油（或脂）的量和质量，是否需要更换；检查轴承的润滑情况并加注规定型号的润滑脂。

（6）每半年停机检查。

1）检查所有传动部位轴承是否损坏；损坏则更换，所有轴承均加足润滑脂。

2）检查减速电机的运转性能，彻底清除减速电机表面的灰尘，更换规定型号的减速机润滑油（或脂）。

为正确使用和保养减速电机，在此将减速电机的维护和保养专门列出：

（1）随时检查减速机是否漏油，电机有无异响、异味，电机温升是否正常；有不正常的噪声时，应停止使用，查明原因，排除故障，更换润滑油后方可继续运转；随时清除减速电机表面的灰尘，以利于散热。

（2）保证加油孔密封螺栓上的透气孔畅通；有单独透气孔的，要保证将密封螺塞更换为透气螺塞，防止减速机内部压力增大造成漏油。

（3）使用前应检查减速机采用脂润滑还是油润滑。对脂润滑减速机，出厂时已加足；采用油润滑减速机，应检查是否已加油，只有在加足润滑油后才能运转。

（4）润滑脂（油）的选用。工作环境温度 0~40℃（常温），选用 GB/T 5903 标准中的 L-CKC100 ~ L-CKC220 工业闭式齿轮油；在低温环境下使用的减速机，采用润滑脂，推荐使用二硫化钼或 AL-3 锂基润滑脂。

（5）润滑脂（油）更换周期：

1）润滑脂更换周期，每隔 6 个月更换 1 次；

2）润滑油更换周期，减速机在初次运转 200 ~ 300h 后，必须将润滑油放掉，冲洗干净后加入牌号相同、清洁的润滑油至油标中心。以后，每天连续工作 10h 以上的减速机，应每 3 个月更换一次；每天连续工作不超过 10h 的减速机，应每隔 6 个月更换 1 次。

（6）加注润滑油时，油立柱高度应在油标或示油器的中间位置，润滑脂的注入量应为减速机内容积的 1/3 ~ 1/2，油脂不能加得过多，以免产生搅拌热。

（7）润滑脂（或油）必须清洁，不允许加注含有杂质和腐蚀性物质的润滑剂。

（8）打开加油孔时，必须首先清洁加油孔周围，防止尘灰杂物落入减速机加油孔，否则会损坏减速机或降低减速机的使用寿命。

（9）如随机资料中有减速电机供货厂家提供的《使用维护说明书》，可按照《使用维护说明书》等相类似文件的说明进行维护和保养。

（10）检查载荷测量传感器是否工作正常。

H　设备润滑点

表 2-2 列出的所有润滑点均为关键润滑点，应根据润滑制度进行定期润滑。

表 2-2　各关键润滑点润滑制度

序　号	润滑点位置	润滑点数量	润滑周期	润滑剂种类
1	减速电机		6 个月	润滑脂或油见附录 1
2	双稳流给煤器轴承		6 个月	润滑脂或油见附录 1
3	计量装置机体轴承		6 个月	润滑脂或油见附录 1
4	锁风装置机体轴承		3 个月	润滑脂或油见附录 1

I　设备使用注意事项

（1）禁止减速电机在 $f ≤ 5Hz$ 频率范围长时间运行，否则极易烧毁电机。应使电机工作在 10 ~ 50Hz，最好工作在 15 ~ 40Hz，以保证长期稳定地运行。由于降低产量出现上述工况时，应采用更换减速机的方法使电机工作在最优频率范围。

（2）设备在运行时应杜绝尖锐物，如铁条、钢筋、钢板及相类似杂物进入煤粉中。必要时采取过滤防护措施，以防对设备造成损伤。

（3）严禁将超过传感器量程的重物放置在测量装置上方；严禁称重传感器受冲击力；严禁称重传感器长期过载运行。

（4）如秤体安装在 1.2m 以上高度，应修建平台和护栏，以保证操作者安全和方便维修。

（5）在秤体附近进行电气焊割时，要做好遮挡防护，不得烧灼电缆和其他部件。

（6）严禁非操作人员和非维修人员更改设备的仪表设置，拆卸、改动设备部件。

J　常见故障及解决方法

SL-5 锁风定量给煤机故障可分为两大类：机械类故障和电气控制类故障。

（1）机械类故障和电气控制类主要故障及解决方法见表 2-3。

表 2-3 减速电机故障及解决方法

故 障	可能的原因	解决方法
无负载状态下电机不运转	线路跳闸	检查线路是否短路
	连接线断路	检查接线
	开关接触不良	修理或更换
	电机线圈短路	送专业厂家维修
	三相电机接单相电源	检查三相电压是否平衡
负载时电机不运转	电压过低	检查电源线是否过长或过细
	齿轮损坏	送专业厂家维修
	超负载运转	查找原因，减轻负载
异常发热	超负载运转	查找原因，消除超载故障
	启动停止过于频繁	减少启停频率
	轴承磨损	更换
	电压过低	确认电压是否正常
异常、有规律的运转噪声	撞击/摩擦噪声：轴承损坏	1. 检测润滑油，必要时补充；如果润滑油看上去被污染，建议立即更换；2. 更换轴承
	敲击噪声：齿轮有损伤	送专业厂家修理
异常、无规律的运转噪声	润滑油已污染	更换相同牌号的清洁润滑油
	油量不足	补足相同牌号的清洁润滑油
	零部件有损坏、松动、位移、相互碰撞等故障	维修或更换
润滑油泄漏：从电机法兰出口处 从电机油封处 从减速机法兰出口处 从输出轴油封处	密封圈损坏造成密封不良 通气塞或透气阀失效	更换密封圈 保证通气塞或透气阀畅通
通气塞或透气阀处漏油	润滑油过多	校正油量
	减速机安装位置错误或通气塞（透气阀）安装错误	正确安装减速机或通气塞（透气阀）
	频繁冷启动造成润滑油发泡，或油位太高	将通气塞（透气阀）换成减压阀
减速电机输出轴不转	减速机轴键连接破坏，传动阻断	维修

（2）联轴器的弹性套损坏。更换完好的联轴器弹性套。

（3）轴承损坏。更换相同型号、规格的轴承，装配时加足规定型号的润滑脂。

（4）油封损坏，造成漏油。更换相同型号、规格的旋转轴唇型油封。

2.2.2.2 粉煤燃烧器

· A 可调旋流粉煤燃烧器的性能

熔铸反射炉使用的可调旋流粉煤燃烧器，它吸取了国内外多种粉煤燃烧器的优点，燃烧器头部采用一、二次风收扩内混，二次风强烈旋转和可调钝体等结构，使得火焰长短、粗细可调，刚性较强，铺展性较好，并具有燃烧稳定、辐射能力强、燃烧速度快、加热均匀、节能效果显著等优点。

可调旋流粉煤燃烧器结构简单，操作方便，维护检修方便，适用于各种用途的加热炉、热处理炉和其他炉窑。

B 工作原理

随带煤粉的一次风，在一定的压力下由一次风弯管导入，通过直管从一次风喷管喷出，调节钝体前后位置，可改变煤粉的出口角度，在一定的压力下，二次风由风壳切向进入燃烧器，经过由固定塞块组成的旋流器，最后通过燃烧器喷头与粉煤在一定交角下充分混合喷出，调整旋流手柄，可控制二次风以至整个喷出流股的旋流强度，联合运用旋流手柄与钝体拉杆，可得到不同形状的火炬。

为了防止卡料，采用了双管喂料机。双管喂料机是由两个格轮转子组成，两个格轮外缘延外壳壁向上旋转，物料堆积在格轮空间，两个格轮叶片咬合拨动时，由两个叶轮中心向下旋转，物料顺两个格轮向下均匀吐入 V 形短管内，因两格轮外缘是向上旋转，物料是向中心转移，因此不存在塞料卡死现象。两个分格轮一个主动轮，另一个是从动轮，主动轮靠减速电机装置驱动，从动轮则靠主动轮叶片拨动，缓冲空间比较富足，所以物料不会在中间阻塞，解决了单格轮塞料卡死弊端，分格轮外壳采用不锈耐热钢铸成，分格轮要用 2Cr13Mn9Si4 材质耐磨抗腐蚀耐高温不变形，抗磨耐用。

C 主要性能

主要性能见表 2-4。

表 2-4 粉煤燃烧器主要性能

规 格 项 目	燃烧器 1000	燃烧器 1500
最大燃煤量/kg·h⁻¹	1000	1500
粉煤粒度/目	≥180	
一次风压/Pa	≥980	
二次风压/Pa	≥1960	
一次风量(标态)/m³·h⁻¹	≥1650	≥2480
二次风量(标态)/m³·h⁻¹	≥3850	≥5780
火炬射程/m	3.5~5	3.8~5.5
火炬张角/(°)	40~60	

（1）如使用风温为 250~300℃，则燃煤量减少 30% 左右。

（2）烧嘴前的一、二次风压力不是技术性能表内规定的压力，可按下式对流量进行修正，烧嘴的燃烧能力也将随着一、二次风流量而改变，其值应取二者的最小值。

$$V = V_0 \sqrt{p/p_1} \qquad (m^3/h, 标态下)$$

式中　V——在一、二次风压力为实际压力 p（帕斯卡）时的一、二次风流量；

　　　V_0——技术性能表内规定压力 p_1 时的一、二次风流量，$p_1 = 980Pa$（一次风压），1960Pa（二次风压）。

D 可调旋流粉煤燃烧器的使用

（1）点火前，应先用其他燃烧方式将炉温加热到600℃以上，然后启动排烟机，一、二次风机，缓慢向炉内喷煤粉进行点火，煤粉点火时切勿站在炉门口观察看火，以免喷出火焰烧伤。

（2）着火后检查燃烧情况，调节空气量与粉煤量比例，调至中性火焰。

（3）调整旋流手柄与钝体拉杆得到所需要的火炬张角和长度，旋流手柄所指箭头拨至"长"，钝体拉杆向前移，则火炬张角较小，射程较长。旋流手柄所指箭头拨至"短"，钝体拉杆向后移，则火炬张角较大，射程较短。

操作时应注意煤粉，一、二次风的流量和压力变化，及时调整，以便保持燃烧稳定。

2.2.2.3 直线铸型机

A 设备构成

直线铸型机是实现45m² 镍反射炉镍阳极板连续浇铸的设备。主要由传动装置（电动机、ZLY 及 ZSY 型硬齿面圆柱齿轮减速器及联轴器组成）、头轮装置、尾轮装置、铸模小车、上轨、下轨、机座等组成，设备总重：83.825t，电机功率11kW。此直线铸型机由原L28.86m 直线铸型机改造而成，将原来每模两块板改为每模3 块板，并对组成铸型机的所有零部件全部进行了改进。

B 主要技术参数

生产能力　　　　　　约20t/h
阳极板质量　　　　　75kg
铸模小车数量　　　　40
运行速度　　　　　　约4.5m/min （变频调速）
主从动轮中心距　　　28860mm
总速比　　　　　　　720
冷却水耗量　　　　　30m³/h

C 工作原理及操作

a 工作原理

铸模小车由传动链板连接在一起，支撑于轨道上，电动机启动使减速机工作，带动主动链轮驱使传动链板在预定轨迹内旋转，进而使铸模小车向前运动。电动机开停由操作人员完成，当铸模小车运动到指定位置便停车进行阳极板浇铸，完成后启动浇铸机运转到下一浇铸位置工作。

b 操作方法与步骤

（1）启动前检查。检查铸型机各部位联结螺栓、传动部分地脚螺栓有无松动；减速器油位是否合适；链板、销轴连接情况，销轴是否窜出，开口销是否掉出，链板连接处润滑是否良好；头尾部轮是否有窜动现象，轴瓦润滑情况；轨道两边是否有积料，链板上是否有黏结物料及冷料块；铸型机周围及下边是否有人作业，操作台是否挂有"严禁开车"、"正在检查"等指令牌，若无指令牌方可开车。

（2）开车程序。当以上逐项全部检查完毕，确认无误后，方可启动铸型机，带负荷运转前，先空负荷运转一周，检查环型轨道、主传动链、水平链、铸模小车、电气控制等工作状况，发现问题及时处理。

（3）运转中的检查。铸型机运转过程中，严禁头尾轮正前方站人，严禁行人穿越铸型机，严禁将手脚置于铸型机轨道上，若有类似现象发生，操作者应及时制止；运转中检查电动机、减速器声音、轴承温度有无异常；各部位连接螺栓是否有松动；铸型机是否有卡轨、小车掉道等异常现象；检查小车运行情况，看链板连接处转动是否灵活、链板是否有上拱现象；铸模是否有损坏，压板是否松动；检查小车车轮、主动轮、被动轮运行情况；喷浆器工作是否正常，若发现问题，应停车处理。以上各项确认正常后，方可投入生产，如发现异常应及时处理或汇报相关人员处理。定期调整紧固轨道，使轨距保持在1456～1460mm之间。

（4）铸型完成后，将控制开关置于停车位；然后清理轨道坑内杂物及小车上的冷料，及时更换烧损的铸模。

（5）遇下列情况之一者，应立即停车汇报处理：

1）小车掉道时。

2）电动机接线盒有煳味时。

3）链板连接处有断裂现象时。

4）遇其他紧急情况时。

（6）安全操作注意事项：

1）定人操作，并凭操作证上岗作业。

2）操作人员掌握铸型机的结构性能，懂得使用维护和日常检查内容，遵守安全操作要求和技术操作规程。

3）严禁在铸型机运行中处理喷浆器。

4）严禁头尾轮正前方站人，严禁行人穿越铸型机，严禁将手脚置于铸型机轨道上。

5）管好用好工器具，做到不损坏不丢失。

6）认真填写设备运行记录。

2.2.2.4　$R4000mm$ 环形铸型机

A　设备构成

环形浇铸机是实现 $50m^2$ 镍反射炉镍阳极板连续浇铸的设备。主要由浇注装置、传动装置（电动机 yz160m2-6 功率 7.5kW、三环减速器 JRDC450-386.7-110A（速比：386.7）及联轴器组成）、传动装置、铸模小车、铸锭模、环形轨道以及取阳极机构等组成，设备总重：98000kg。

a　浇注装置

减速机型号	k77DT90L6BMG/HR
功率	1.1kW
速比	135.28

b　取阳极机构

气动工作压力	0.5MPa
最大耗气量（标态）	$4.0m^3/min$

该机构为气动装置。水平气缸带动吊架在轨道上作水平位移，垂直气缸作吊起镍锭的上下运动。取阳极机构为手动操作。

B　主要技术参数

生产能力	16.5t/h
阳极板质量	75 × 2kg
铸模小车数量	56
铸模移动速度	0.055 ~ 0.075m/s
转速	870 ~ 638r/min（变频调速）

C　工作原理及操作

布置在环形轨道上的 56 个铸模小车通过连接座与水平链相连，传动装置的电动机启动后，主动链轮带动封闭的传动链条周而复始地运转，传动链条上的挡块推动水平链条上的水平轮前进，因而带动铸模小车在环形轨道上运行，轨道内侧设有导向轨，水平轮沿着导向轨前进，以保证铸模小车沿着轨道运行，铸模小车停留在待浇注的位置后，电机驱动着浇注包将冰铜液浇注在铸锭模内，注入模子的流量有操作人员手工控制。浇注完第一块镍锭后，启动传动电动机，铸模小车运行，在第二块铸模位置上继续浇注，一个循环结束。

2.2.3　自动控制

2.2.3.1　控制及操作原理

计算机控制系统是集仪控、电控、生产信息管理于一体的先进控制系统，具备国际先进水平，安全可靠，易于操作。所有工艺参数均由控制系统进行监控和调节。

镍反射炉自动控制系统是将风、煤、氧气、排烟、炉子冷却水、炉温、负压等，通过 DCS 系统或 PLC 系统将数据传输到计算机上，控制室岗位根据数据的变化对其调整，使反射炉保持安全运行状况。

2.2.3.2　风、煤、氧的连锁控制

（1）反射炉操作过程和监控（燃煤量；一次风量、风压；二次风量、风压及配比；炉膛负压、温度、富氧浓度、铜水套安全供水）并设报警装置。

（2）一次风机和双管喂料机（锁风定量给煤机）连锁，当一次风机故障停车时，双管喂料机（锁风定量给煤机）自动停车。

（3）二次风机和双管喂料机（锁风定量给煤机）、氧气快速切断阀连锁，当二次风机故障停车时，双管喂料机（锁风定量给煤机）、氧气快速切断阀自动停车。

（4）排烟机和双管喂料机（锁风定量给煤机）、氧气快速切断阀连锁，当排烟机故障停车时，双管喂料机（锁风定量给煤机）、氧气快速切断阀自动停车。

（5）开车顺序：先启动排烟机，再启动二次风机、一次风机、双管喂料机（锁风定量给煤机），待炉内燃料燃烧正常后，根据生产情况调节氧气量。

（6）连锁控制在正常生产过程中必须设置到连锁位置，只有在检修时可以解除连锁。

（7）调节：

1）当炉子加料时，由于料眼压缩空气致使炉子压力增大，此时，控制室人员应在计算机上手动调节增大排烟机变频；当加料完毕，关闭料眼压缩空气，控制室人员应在计算机上手动调节减小排烟机变频。

2）对一、二次风管道和排烟管道上的电动蝶阀的调节控制。

（8）控制参数，见表2-5。

表2-5　自动控制参数

项　目	单　位	正常控制范围	项　目	单　位	正常控制范围
正常生产炉温	℃	1250～1350	一次风压力	MPa	0.8～1.5
直升烟道温度	℃	1100～1250	二次风压力	MPa	3～5
富氧浓度	%	23～28	一次风流量（标态）	m³	2000～4000
炉膛压力	Pa	-100～50	二次风流量（标态）	m³	12000～23000
粉煤用量	kg/每个烧嘴	800～1500	氧气压力	MPa	0.15～0.3

（9）监控参数，见表2-6。

表2-6　自动控制监控参数

项　目	单　位	正常控制范围	项　目	单　位	正常控制范围
加料管水套温度	℃	<50	热风温度	℃	280～350
炉墙水套温度	℃	<50	冷却泵总出水流量	m³/h	200～300
粉煤仓温度	℃	<50	水套进水压力	MPa	0.3～0.4

2.2.3.3　氧气调压站

A　技术条件

（1）减压后氧气压力不大于0.6MPa。

（2）富氧空气含氧量23%～28%。

B　氧气使用操作

配入公式：

$$(F_1 \times 21\% + F_2)/(F_1 + F_2) \times 100\% = K \tag{2-1}$$

由式（2-1）得：

$$F_2 = (F_1 K - F_1 \times 21\%)/(1 - K)$$

式中　F_1——空气量；

　　　F_2——所配氧气量；

　　　K——配比值。

然后，配入操作。

C　手动调节

（1）控制室将连锁开关设置到连锁位置。

（2）将快速切断阀打开。

（3）用氧气压力调节阀将氧气压力调整在0.3～0.4MPa之间。

（4）用氧气流量调节阀将氧气流量调整到计算所需氧气量，控制富氧空气的含氧量在23% ~28%之间。

D 自动调节

（1）控制室将连锁开关设置到连锁位置。

（2）将快速切断阀打开。

（3）用氧气压力调节阀将氧气压力调整在0.3~0.4MPa之间。

（4）控制系统打到自动位置，输入所需富氧空气的配比值，控制程序自动调节氧气流量。

E 开阀关阀顺序

（1）开阀顺序：先打开快速切断阀；再打开压力调节阀，将压力调节到使用范围；再打开流量调节阀调节流量。开阀时必须缓慢打开。

（2）关阀顺序：临时停氧气时，先关流量调节阀，再关压力调节阀，后关快速切断阀。长时间停氧气要先关快速切断阀，再关压力调节阀，后关流量调节阀。

2.3 反射炉工艺配置

2.3.1 配加料系统

镍精矿、熔剂、外购原料通过圆盘给料机输送到1号皮带运输机以及返料（残极）由老虎口输送到2号皮带，由45m² 反射炉供料系统的1号和2号带式输送机、1号加料机进入45m² 炉。4号皮带运输机和2号加料机进入50m² 反射炉。当50m² 反射炉需料时，1号和2号皮带运输机运来的料，通过45m² 反射炉的1号加料机，转运至4号皮带机和50m² 反射炉2号加料机，加入50m² 炉内，两炉轮换分批供料。即当向50m² 炉供料时，2号加料机头部阀打开，同时关闭向45m² 炉供料的1号加料机阀门。镍熔铸工艺原则流程见熔铸工艺流程如图2-10所示，80m² 反射炉为单独的配加料系统，原理相同。

2.3.2 热风系统

反射炉所用热风是由余热锅炉和电收尘器中间的空气预热器产生。空气经过二次风机鼓入空气预热器，经过热交换后的二次空气（350℃）和氧气在混合器内混合至含氧25%的富氧空气，然后再进入燃烧器以提高燃烧效率和生产能力。

2.3.3 燃料系统

反射炉所用燃料主要为粉煤。粉煤由炉头粉煤接收仓下的调速螺旋给煤机将煤给入一次风管内，借助一次风送入粉煤燃烧器，同时将预热的二次空气（350℃）与氧气配比后的25%的富氧空气鼓入炉内，进行助燃，以保证粉煤充分燃烧。其中，风煤配比值为(7.5 ~ 9.5)∶1。

当粉煤系统出现故障或烤炉时，重油用油枪通过压缩空气雾化喷入炉内，并利用一次风和二次风的助燃，使其充分燃烧，代替粉煤提供热量。

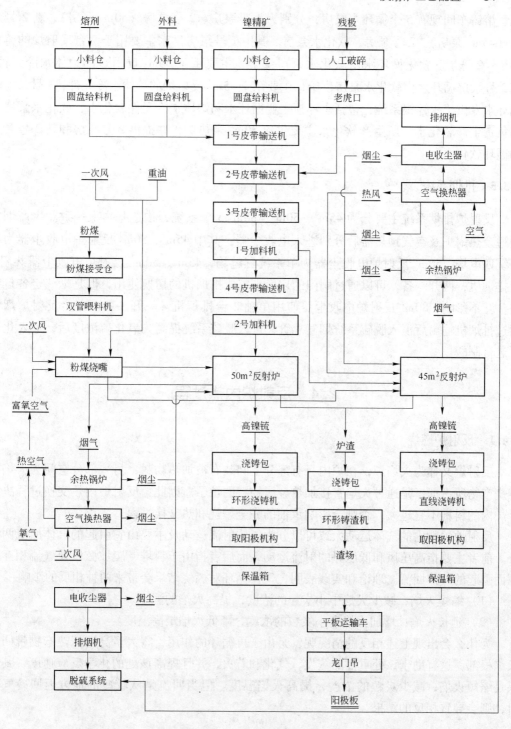

图 2-10 熔铸工艺流程图

2.3.4 水冷系统

软化水冷却系统主要用于反射炉炉体及部分设备的冷却，它是一个闭路循环冷却系统。熔铸车间现有 5 个循环水泵房，分别为 1 号泵房、2 号泵房（50m² 泵房）、新 2 号泵房（45m² 泵房）、3 号泵房、软化水泵房。其中 1 号泵房供水主要用于两台反射炉的铸型系统；2 号泵房软化循环水由软化水泵房供给，主要用于 50m² 反射炉的炉体水冷元件；新 2 号泵房循环水由软化水泵房供给，主要用于 45m² 反射炉的炉体水冷元件；3 号泵房的循环水专供给水淬镍系统，包括水淬池工业循环水和炉体水冷元件软化水，软化水泵房主要负责生产软化水，所生产软化水主要供给 50m² 余热炉，并提供 2 号泵房和新 2 号泵房的循环软化水。

2.3.5 排烟系统

反射炉排烟系统主要分为 45m²、50m²、80m² 3 个系统，构造基本上一致。生产烟气通过余热锅炉及空气预热器后分别进入电收尘器，其中 45m²、80m² 反射炉电收尘器为单系统四电场，50m² 反射炉电收尘器为单系统三电场，45m²、50m² 反射炉电收尘器共用 3 台排烟机，两开一备，可以通过阀门的切换来完成排烟机的切换使用，但是烟气走各自线路，互不影响，80m² 反射炉电收尘器使用单独 2 台排烟机，一开一备。三台反射炉烟气通过排烟机输出后汇入脱硫系统烟气总管，进入脱硫系统提高二氧化硫浓度后，进入化工厂进行制酸。

2.4 反射炉内热过程

2.4.1 反射炉燃烧

反射炉又称为火焰炉，在炉内只有部分空间装有被加热物料，另一部分空间为火焰或燃烧产物所占据，是通过火焰直接加热金属物料的炉子。因此，反射炉内热交换过程决定了炉内的料堆不宜过大，否则会影响重油的完全燃烧和热交换过程。

反射炉炉膛内的气体运动大致可以分为气体射流运动及主要由它引起的气体回流两部分。前者主要指高压风和低压风的射流运动，而后者指由于料堆、爬坡弦以及气流相互作用而引起的气体回流。理论和实践表明，气体循环对燃烧结果会带来两种相反的影响：

（1）缩短火焰，减少火焰中小炭粒的浓度，提高火焰的温度。

（2）延长火焰，增加火焰中小炭粒的浓度，降低火焰最高温度。

为什么会出现上述相反的情况呢？是由于再循环的作用，将大量高温炽热产物带回到火焰根部，这有助于该处重油的蒸发，气化和着火，并且提高该处的化学反应速度，其结果是缩短火焰，减少炭粒的浓度，提高火焰温度。但当回流是从较冷的地方返回冷气体时，则会导致相反的结果。

2.4.2 火焰的基本特征

火焰也称火炬，是一股炽热的正在燃烧的气流，它不但温度比周围炉气高，而且呈现出明亮的轮廓，但是和燃烧后的废气相比，火焰有它自己的特性，主要表现在火焰对炉内加热和熔化过程有较大的影响。

2.4.2.1 火焰的几何特征

火焰的几何特征包括火焰的张角、形状和长度。一般情况下，火焰由于燃烧反应的影响，气流受热膨胀后密度下降体积增大，张角也随之增大。通常对于无旋或弱旋燃烧气流来说，火焰形状是先扩张，当接近火焰末端处又收缩；而强旋流火焰往往呈现出空心截头锥形。

2.4.2.2 火焰的辐射特性

火焰在炉内辐射热流的大小和火焰与被加热物料之间的相对位置有关。火焰的辐射特性包括火焰的黑度、火焰的温度以及辐射热流等特性。

火焰的黑度是表示火焰辐射能力强弱的一个物理参数，通常火焰黑度在 $0 \sim 1.0$ 之间变化。随着火焰黑度的增加，火焰的辐射能力相应增大，因此在火焰炉组织燃烧的过程中，为了提高火焰的黑度，往往采取火焰增碳的办法。

火焰温度分布是不均匀的，它和燃料与空气的混合状况有关。而燃料与空气的混合状况又取决于燃烧器的结构。因此，重油燃烧嘴是影响反射炉热工特性的关键设备。

火焰的辐射热流即对被加热表面的总辐射量与火焰的长短有很大的关系。对于不光亮的火焰随着火焰的增长，其辐射热量在不断地下降，过短的火焰温度过于集中，加热均匀性较差，但过长的火焰往往会导致较大的不完全燃烧，反而降低了火焰的辐射能力，造成燃料的浪费。

在工程技术领域中，可以通过燃烧计算得出某种燃料的理论燃烧温度，而实际生产中测的炉温既不是理论燃烧温度，也不代表炉衬温度或炉内熔化后的物料温度，而是某种意义上的综合温度。

2.5 反射炉生产操作实践

反射炉开停炉是反射炉检修后正常生产的关键，根据小修、中修、大修不同的检修周期做好相应的开、停炉方案，并做好相应的升温曲线及降温曲线。

2.5.1 反射炉开炉

烤炉前应具备的条件：

（1）供风、供煤及排烟系统正常。

（2）燃油系统正常，粉煤系统正常。

（3）反射炉环保排烟系统正常。

（4）炉体冷却水系统正常。

（5）余热锅炉及电收尘运行正常。

（6）仪表安装到位并在中央控制室显示正常。

（7）反射炉仪表、中央控制室 DCS 控制系统试车调试结束。

（8）清理完炉内所有杂物，堆放好劈柴，所有人员撤出炉外。

（9）膨胀指示器安装到位，开炉前需确认完好，并对基准尺寸测量、记录。

（10）炉底安全坑铺45mm厚的干沙子。

（11）确认开炉所需的材料及工器具准备到位。

（12）各专业负责人职责明确。

2.5.2　升温烤炉

2.5.2.1　烤炉方法

反射炉将采用劈柴点火、重油和粉煤烤炉的升温方式。利用劈柴点火，引燃后使用重油烤炉，按升温曲线合理控制炉膛温度，至1000℃恒温至投料使用粉煤烤炉，炉膛温度提升到1300℃左右，准备投料生产。

2.5.2.2　技术要求

A　劈柴点火

劈柴点火，就是在炉内堆积少量的劈柴，预先在劈柴上浇一点柴油便于点燃，并在点火之前将柴油浸泡了的棉纱从人孔投到劈柴之上，将火把点燃后投入炉内引燃劈柴，开启重油烧嘴使用重油烤炉。

B　重油、粉煤烤炉

点火后至500℃以上使用重油烤炉，开中间油嘴；800~1000℃开始用两边两个烧嘴烤炉，1000℃以上使用3个烧嘴烤炉。

2.5.2.3　重油、粉煤调节范围

重油、粉煤调节范围见表2-7。

表2-7　重油、粉煤调节范围

序　号	燃料名称	调节范围/kg·h^{-1}	调整前后温差范围/℃	调节频次/min·次$^{-1}$
1	重油	—	≤20	≥15
2	粉煤	≤45	≤20	≥15

2.5.2.4　烤炉原则

A　安全原则

在反射炉点火升温期间，必须保证参加烤炉人员的人身安全和炉体安全；对上岗人员进行岗前培训和三级安全教育，对反射炉炉台操作人员、看护人员配发防护面罩或眼镜；对烤炉过程中可能出现的事故，制定相应的应急措施。

B　均匀升温原则

在反射炉烤炉期间，以放置于人孔的热电偶温度为主要控制温度。精心控制油量、粉煤量，防止油量、粉煤量大幅度波动；随时调整升温参数，严格按升温曲线升温。以保证炉体耐火材料和炉壳等各个部位的均匀膨胀。

C　节能原则

为了既能按照升温曲线升温，又能适当降低升温燃料消耗，应做好以下工作：尽量密

封炉体，减少漏风；在微负压的条件之下升温；始终调整升温参数，保持烧嘴完好，确保燃料燃烧完全；在确保耐火材料升温需要的前提下尽可能减少升温时间，尤其是恒温时间；完成升温后即开始试生产，尽量不保温空烧。

2.5.2.5 烤炉过程人员安排

烤炉过程人员具体安排见表2-8。

表2-8 烤炉人员安排

设备点检	1人	烤炉烧火	1人/班
工艺技术员	1人	班长	1人/班
中控室	2人/班	值班维修工	电工2人/班
炉体巡检、水系统点检	1人/班		

2.5.2.6 升温过程参数控制

A 炉膛温度

按照升温曲线控制炉膛温度，并参考临时热电偶和直升烟道热电偶温度确保炉内温度均匀分布。由于从煤（油）量调整后到热电偶温度的变化有一段时间的滞后，因此温度的调整应小幅度、分阶段完成，原则上一次调整煤量的幅度不大于45kg/h，两次煤量调整的间隔时间不小于15min。实际炉膛温度与升温曲线温度差在±20℃以内不需要调整。

B 负压控制

炉膛负压是反射炉的关键参数之一，是确保炉安全和炉内温度均匀分布以及节约烤炉燃料的关键指标。过小的负压，无法将烤炉烟气排出炉外，且容易发生炉内孔洞蹿火伤人的事故，因此升温期间必须保持炉内处于负压状态；负压过大又会从孔洞中抽入大量的冷风，降低烟气温度，增加烤炉燃料消耗量，同时还会影响炉内的烟气走向和温度分布。为了保证安全和排烟顺畅，又尽可能减少烤炉燃料量，应将炉膛负压控制在0～-30Pa之间。炉膛负压控制通过调整排烟机变频来实现。

2.5.3 反射炉工艺控制

反射炉工艺控制数据见表2-9～表2-11。

表2-9 反射炉工艺控制参数

项 目	单 位	控制范围
出炉温度	℃	900～1150
高硫阳极板成分	%	符合产品标准要求

表2-10 炉台生产作业参数

项 目	单 位	正常调节范围
炉温	℃	1000～1450
直升烟道烟温	℃	800～1350
直升烟道压力	Pa	-100～50

表 2-11　中央控制室生产作业参数

项　目	单　位	正常调节范围	项　目	单　位	正常调节范围
富氧浓度	%	21 ~ 28	水冷梁出水水温	℃	< 50
炉内压力	Pa	− 100 ~ 50	热风温度	℃	250 ~ 400
加料管水套出水水温	℃	< 50	1 号 ~ 3 号烧嘴粉煤流量	t/h	0.7 ~ 1.5
炉墙水套出水水温	℃	< 50			

2.5.4　反射炉生产过程

2.5.4.1　进料

镍熔铸反射炉的生产原料包括镍精矿、高锍残极、高锍碎板、冷料、烟尘等物料。镍精矿为高锍磨浮生产的过滤镍精矿，高锍残极为镍电解车间硫化镍阳极电解后的残阳极。冷料、高锍碎板以及烟尘为本车间生产过程中产出的以含硫化镍为主的返回物料。镍熔铸反射炉的炉料准备包括镍精矿在精矿仓内堆放自然晾干至含水小于 10%；其次是将残极和碎板冷料破碎至 30 ~ 40mm，除去铜耳。烟尘和镍精矿混合后存放在镍精矿仓，残极、冷料和碎板等块状物料存放在 2 号皮带老虎口。镍精矿等粉料通过料仓和圆盘给料机进入皮带输送机加入炉内，块料则通过老虎口进入皮带输送机加入炉内。加料的基本原则是勤进、少进、均匀进。根据反射炉的生产特点，每次进料时要求：1 号料堆至 5 号、6 号料堆进料量依次减少，严禁残极上盖精矿，以防翻料或倒料坡。粉料和块料分别加入，一般要求将块料加入 5 号、6 号料堆。镍精矿含水较高时应停止进料，防止发生"放炮"事故。

2.5.4.2　化料

物料从炉顶两侧的下料孔加入炉内，依托炉墙在炉子两侧形成料坡。镍精矿的熔化在高温和微氧化性气氛下进行，虽然硫化镍的熔点只有 787℃，但由于镍精矿中夹杂的炉渣熔点为 1270℃左右，炉膛温度一般维持在 1300℃左右，压力控制为微负压。精矿中夹杂的转炉渣同时熔化并浮于熔体表面，须扒渣或放渣及时处理，渣量约占炉料量的 6% ~ 10%。

2.5.4.3　浇铸

镍熔铸反射炉生产采用烧眼放硫化镍熔体，熔体流入浇铸包，人工控制间断倒入铸模中。浇铸时应控制硫化镍熔体的温度和冷却速度。浇铸温度应控制在 930 ~ 980℃，熔体温度过高时应向浇铸包内加适量碎板冷料降温。阳极板在模内浇水冷却至 650℃左右起模。为方便起模，浇铸前事先在模内用高压风均匀喷洒黄土泥浆。

2.5.4.4　阳极板保温缓冷

阳极板从铸模起出后，置于保温坑内缓冷。保温坑内尺寸为 1.5m × 1.0m × 1.2m，装后加盖盖严，进行保温缓冷大于 48h 后，温度由 538℃逐渐降至 200℃，以完成由 β-Ni$_3$S$_2$

至 β′-Ni$_3$S$_2$ 的相变过程并消除相变时的内应力,保证阳极板不断裂,有利于镍电解的生产。

2.5.4.5 扒渣或放渣

镍反射炉生产不加任何熔剂造渣,生产过程的渣率约为 6%～10%,炉渣主要来自镍精矿机械夹带的转炉渣,熔化后由于其密度小于硫化镍熔体而浮于贮液池表面,须扒渣或放渣及时处理。处理炉渣时,须先测试渣层厚度及渣黏稀情况,扒渣时,渣口稍高于熔体液面,放渣时渣口稍低于液面,操作时严禁将冰镍扒出或放出。生产过程中,为降低渣含镍,炉渣必须有 20～30min 的澄清分离时间,扒渣前保持适当的渣层厚度,扒完渣,在贮液池表面保留少量的炉渣。

2.5.5 维护保养制度

根据镍熔铸反射炉的生产特点,镍熔铸反射炉的维护保养制度如下:

(1)炉体水冷件不许断水,水温低于60℃。

(2)每班及时清理烟道黏结物。

(3)根据点检制度,及时检查炉底、炉墙、炉顶、烟道等处的变化情况,并做好点检记录。每周由车间组织一次全面的检查,发现问题及时处理。

(4)每周组织专人清扫炉顶一次,保持表面无烟尘物料堆积,以利散热和减少对炉拱及钢骨架的腐蚀。每班及时打开高压风排污阀排污,排水,保证炉子各部分高压风清洁干燥。

2.5.6 检修制度

镍熔铸反射炉的检修根据检修周期可分为小修、中修、大修:

(1)小修周期根据炉子的变化,一般多为保温热检修炉顶、炉墙或烟道;检修周期3～5个月。

(2)中修必须停炉冷修,检修内容为炉顶、炉墙、八字口、烟道、加料管及部分钢骨架,检修周期为8～12个月。

(3)大修必须停炉冷修,检修内容为钢骨架、围板、底板、炉底、炉墙、炉顶、烟道、加料管等,检修周期为3～5年。

2.5.7 停炉制度

镍熔铸反射炉的停炉包括放底眼、停炉冷却两个步骤:

(1)放底眼:

1)停炉前,应将炉内料堆熔化后,渣子扒干净。

2)停炉前放底眼,放空炉内熔体。

(2)停炉冷却:

1)停炉前,料仓、圆盘、皮带、进料平台清扫干净。

2)停火时通知油库、余热锅炉、旋涡收尘、排烟机等岗位,并将水、风各个阀门关好,水套梁冷却用水待炉温降至室温再停。

3）中小修的炉子不许往炉内喷水，大修的炉子可以立即停油，采取鼓风、喷水、开排烟机的方法冷却。

2.6　反射炉常见故障的判断与处理

由于反射炉属于高温操作的设备，要求其能在操作温度下保持砖砌体的稳定，因此对反射炉各种故障及处理方法应熟练掌握。

2.6.1　突然停电、停水、停风

突然停电、停水、停风处理措施：若时间短，等待恢复生产；若超过半小时以上，应将渣口用石棉板密封好，停排烟机，放下烟道闸板，避免炉内吸入冷空气；如炉内熔体过多，应立即出炉，保温或采取其他有效措施，以防跑炉或死炉。

2.6.2　炉底、炉墙跑冰镍

（1）事故原因。主要是因为修炉子时砖缝过大或砖体侵蚀严重造成。

（2）处理措施。停火降温，立即出炉，并采用吹风强制局部冷却。

2.6.3　冰镍口跑冰镍

（1）事故原因。一般是因为眼砖过大且不圆，炉内压力大造成熔体流量大，用泥球无法堵口。

（2）处理措施。用炭精棒轻轻打入，周围用黄泥堵死后，用风强制冷却。

2.6.4　渣口跑冰镍

（1）事故原因。由于炉内温度高、渣稀、液面高，眼砖眼子过大、不呈圆形、破碎或有裂纹，渣口铲得太低，大泥堵不住，渣口加料被冲刷或侵蚀，炉内液体压力大、操作失误等。

（2）处理措施。停止加料，渣口堵口，并立即组织放冰镍。

2.6.5　炉顶塌陷

（1）事故原因。系炉顶在生产过程中因炉顶烧损、翻料冲击、承重过重、砌筑等原因发生的炉顶塌陷。

（2）处理措施。若塌陷面积较小，可用捣打料临时捣打密封；若塌陷面积较大，需停炉进行砌筑。

2.6.6　水套漏水事故

（1）事故原因。系指炉墙、加料管、水套托梁及其他冷却铜水套烧坏，造成漏水；炉顶操作平台水套焊口开焊、管接头等造成水套漏水。

（2）处理措施。断水通风。

2.6.7 炉子爆炸事故

事故原因：

（1）炉内温度较低或烟气不畅，燃料燃烧不完全使炉内形成大量可燃气体，第二次点火造成炉内气体急剧燃烧造成爆炸事故。

（2）入炉物料水分过大或大量水分进入炉内引起剧烈反应造成炉内爆炸事故。

复 习 题

一、填空题

1. 反射炉生产系统处理的主要原料有（　）、（　）、（　）。

2. 熔铸车间的主要产品有（　）、（　）、（　）、（　）。

3. 高镍阳极板的保温时间为（　）。

4. 反射炉生产的主要缺点有（　）、（　）。

5. 熔铸反射炉不同于一般的熔炼反射炉，炉膛内分为（　）和（　）两部分。

6. 熔铸反射炉的炉底与炉基的关系为（　）。

7. 熔铸反射炉的炉底结构为（　）。

8. 熔铸反射炉的炉顶拱脚为（　）度。

9. 反射炉生产操作过程包括（　）、（　）、（　）、（　）、（　）、（　）。

10. 50m² 反射炉所用的耐火砖有（　）、（　）、（　）和（　）。

11. 反射炉所采用的放冰镍方法是（　）。

12. 熔铸反射炉由（　）、（　）、（　）、（　）、（　）及（　）等组成。

13. 镍熔铸反射炉组成主要是指反射炉的热工工艺系统，包括（　）、（　）、（　）以及（　）。

14. 熔锍是指（　）与（　）的共熔体。

15. 稳定和强化重油燃烧的基本途径有（　）、（　）。

16. 熔铸反射炉用（　）作燃料，要求其粒度为（　），含水（　），合格率为（　）。

17. 熔铸反射炉在炉墙和加料管部位都安装了（　），其作用是（　）、（　）、（　）、（　）。

18. 火法冶金就是在（　），将（　）经受一系列的（　）使其中的（　）与（　），而得到金属的冶金方法。

19. 镍熔铸反射炉炉顶砌砖均采用（　）法，炉顶为（　）炉顶。

20. 钢纤维增强耐火浇注料和刚玉尖晶石耐火浇注料都具有较好的（　）和（　）。

21. 火焰的辐射特性包括（　）、（　）以及（　）等特性。

22. 熔铸反射炉系统操作分为（　）和（　）两种。

23. 反射炉烤炉时温度不许忽高忽低，温度波动范围不得超过（　　　）℃。

24. 镍熔铸生产工序的镍直收率指合格高锍阳极板的（　　　）占（　　　）的百分比，影响镍直收率的主要因素是（　　　）。

25. 用黏土砖砌筑反射炉的炉体的炉体和烟道外墙是因为黏土砖的（　　　），（　　　）。

26. 捣打反射炉加料管浇注料的技术要求有（　　　）、（　　　）、（　　　）。

27. 生产过程中通过（　　　）、（　　　）及（　　　）来调节火焰长度。

28. 镍反射炉炉渣的熔点约为（　　　）℃。

29. 空气换热器的主要作用有（　　　）、（　　　）、（　　　）、（　　　）。

30. 镍在炉渣中主要分布于（　　　）及（　　　）中。

二、判断题

1. 火焰在炉内的温度分布是均匀的。（　　　）

2. 火焰在炉内辐射热流的大小和火焰与被加热物料之间的相对位置有关。（　　　）

3. 火焰的辐射热流对被加热表面的总辐射量与火焰的长短没有关系。（　　　）

4. 反射炉炉膛内的气体运动为气体射流运动。（　　　）

5. 耐火材料的热膨胀是在加热过程中的长度或体积的变化。（　　　）

6. 油的雾化过程是指通过油喷嘴把重油破碎为细小颗粒的过程。（　　　）

7. 提高界面张力，就有利于减少金属在渣中的机械夹杂损失。（　　　）

8. 凡是能够提高渣与锍界面张力的因素，都将有利于熔锍微滴的聚结。（　　　）

9. SiO_2、CaO 能增大熔渣密度。（　　　）

10. FeO、MnO 能降低熔渣密度。（　　　）

11. 镍熔铸反射炉通过弹簧来适应炉子的热胀冷缩现象。（　　　）

12. 镍熔铸反射炉采用拉杆和弹簧拉紧立柱以夹紧炉体。（　　　）

13. 镍熔铸反射炉炉底选用高铝砖和黏土砖砌筑，整个炉底为反拱形。（　　　）

14. 镍熔铸反射炉炉底的工作条件是非常恶劣的，它不仅要承受被处理物料的机械负荷、碰撞和摩擦作用，还要受到炉料熔化的化学侵蚀及渗透。（　　　）

15. 火法冶炼是指在高温下（利用燃料燃烧，或电能产生的热，以及某些化学反应所放出的热）将矿石或精矿经过一系列的物理化学变化过程，使其中的金属与脉石以及杂质分离而得到金属的冶金方法。（　　　）

16. 反射炉炉顶为拱形炉顶，拱脚角为60°。（　　　）

17. 反射炉内墙选用高铝砖砌筑。（　　　）

18. 渣率指炉渣产出量占阳极板质量的百分比。（　　　）

19. 烟尘是本车间余热利用系统和旋涡除尘器回收的反射炉烟尘。（　　　）

20. 组织好均衡生产能提高反射炉使用寿命。（　　　）

三、单项选择题

1. 粉煤给量一定时，灰分含量大的，则风煤比要（　　　）。
　　A. 增大　　　　　　　　B. 减小　　　　　　　　C. 不变

2. 粉煤燃烧所需的空气量是指供给的（　　　）。

    A. 一次空气量　　　　　B. 二次空气量　　　　C. 一、二次总量之和

3. 提高排烟机的抽力，反射炉渣口的火焰长度会（　　　）。

    A. 增长　　　　　　　　B. 减短　　　　　　　　C. 不变

4. 增大排烟机的抽力，则炉膛内的火焰长度会（　　　）。

    A. 增长　　　　　　　　B. 减短　　　　　　　　C. 不变

5. 增加一次风量炉膛内火焰长度要（　　　）。

    A. 增长　　　　　　　　B. 减短　　　　　　　　C. 不变

6. 为了消除熔池的黏结，往往要加一部分二氧化硅来处理，其目的是为了增加对磁性氧化铁的（　　　）。

    A. 氧化能力　　　　　　B. 还原能力

7. 炉渣含二氧化硅量越高其黏度越（　　　）。

    A. 小　　　　　　　　　B. 大

8. 炉渣与冰镍澄清分离的好坏，对镍在渣中的（　　　）影响较大。

    A. 化学性质　　　　　　B. 物理性质

9. 反射炉大盖部分腐蚀严重的原因是因为（　　　）作用强。

    A. 化学侵蚀　　　　　　B. 机械冲刷

10. 在反射炉生产中增加渣中二氧化硅含量，在相同的温度下，熔渣的黏度会（　　　）。

    A. 降低　　　　　　　　B. 不变　　　　　　　　C. 升高

11. 在反射炉渣黏度过大时，适当加一些石灰石，会（　　　）炉渣黏度。

    A. 增加　　　　　　　　B. 降低

12. 影响镍直收率的主要因素是（　　　）。

    A. 炉料中的渣含镍　　　B. 烟尘中的含镍　　　　C. 冷料中的含镍

13. 粉煤的粒度越细与空气的接触面（　　　），越有利于混合和燃烧。

    A. 越大　　　　　　　　B. 越好　　　　　　　　C. 越小

14. 炉渣熔化后称为熔渣，一般是各种（　　　）的熔体。

    A. 氧化物　　　　　　　B. 硫化物

15. 反射炉熔池产生黏结时，在熔池内加入黄铁矿的目的是（　　　）。

    A. 造渣　　　　　　　　B. 还原　　　　　　　　C. 氧化

16. 铸型机遇到什么情况之一者，应立即停车汇报处理：（　　　）

    A. 小车掉道时

    B. 电动机接线盒有煳味时

    C. 链板连接处有断裂现象时

    D. 遇其他紧急情况时

四、多项选择题

1. 重油燃烧时雾化角越小（　　　）。

    A. 雾化效果差　　　B. 燃烧火焰长　　　　　C. 燃烧火焰短

2. 粉煤燃烧时，一次风量增大（　　　）。

    A. 燃烧火焰长　　　B. 熔体温度高　　　　　C. 化料快

3. 炉渣黏度大的主要原因（　　）。

    A. 炉温太低　　　　　B. 炉渣含二氧化硅高　　　C. 渣太多

4. 反射炉炉顶寿命短的主要原因是（　　）。

    A. 炉温高　　　　　B. 炉气冲刷力强　　　C. 化学侵蚀严重　　　D. 耐火砖质量差

5. 排烟机抽力越大（　　）。

    A. 渣子越稀　　　　　B. 出炉温度越高　　　C. 化料越快

6. 黏土砖是弱酸性耐火材料，它能抵抗酸性渣的侵蚀，对于碱性渣的（　　）。

    A. 侵蚀作用差　　　　　B. 抵抗能力差　　　C. 侵蚀作用强

7. 黏土砖的（　　）一般用来砌各种炉窑外墙保温。

    A. 热膨胀系数小　　　　B. 耐急冷急热性好　　　C. 耐火度高

8. 镍反射炉生产阳极板的过程是（　　）。

    A. 熔化浇铸过程　　　B. 物理变化过程　　　C. 氧化吹炼过程

9. 冶金过程按其冶炼方法，可以分为（　　）。

    A. 火法冶炼　　　　　B. 湿法冶炼　　　　C. 闪速熔炼

10. 熔铸生产的阳极板可供电解（　　）。

    A. 造液　　　　　　B. 生产电解镍　　　　C. 生产电积镍

11. 镍反射炉产出的主要产物有（　　）。

    A. 高锍阳极板　　　B. 炉渣　　　　　C. 烟尘　　　　　D. 废水

12. 余热炉的主要功能（　　）。

    A. 降低烟气温度　　　B. 回收烟气余热　　　C. 回收有价金属　　　D. 连接排烟机

13. 电收尘在反射炉系统主要起（　　）作用。

    A. 回收有价金属　　　B. 降低排放烟气含尘量　　　C. 降低二氧化硫含量

14. 排烟机在反射炉系统起到（　　）作用。

    A. 输送烟气　　　B. 控制和调整反射炉抽力　　　C. 降低烟气温度

五、简答题

1. 空气换热器的作用是什么？

2. 反射炉内的气体循环对燃烧结果会带来哪两种相反的结果，为什么？

3. 反射炉生产中，主要的经济技术指标有哪些？

4. 反射炉进料时为什么要求勤进少进均匀进的原则？

5. 提高反射炉的热利用率的方法有哪些？

6. 反射炉炉底的工件条件为什么非常恶劣？

7. 反射炉骨架和烟道骨架各由什么构成，两者有什么不同？

8. 如何进行反射炉排渣？

9. 镍反射炉渣的来源？

10. 在什么情况下，重油的雾化过程不再进行，影响重油雾化效果的因素有哪些？

11. 反射炉生产对原料有什么要求？

12. 反射炉生产中为什么要求镍精矿含水小于 10% ？

13. 炉渣在火法冶炼中的作用是什么？

14. 贵金属主要是指哪几种金属元素？
15. 如何维护反射炉？
16. 如何提高反射炉炉寿命？
17. 直线铸型机和环形铸型机分别由哪几部分组成？
18. 作为岗位工你如何点检直线铸型机和环形铸型机？
19. 直线铸型机和环形铸型机启动前如何检查？

3 合金硫化炉

3.1 合金硫化炉工艺流程

3.1.1 概述

合金硫化转炉和一般卧式转炉的不同是它首先具有熔化的功能，可以处理冷料。有两个周期：熔化（硫化）周期和吹炼周期。

一般的卧式转炉处理的是热料，只有吹炼周期。另一个不同点是一般卧式转炉处理的是低冰镍，品位低、渣量大，在吹炼过程中需不断排渣，补充低冰镍，炉内熔体占炉内容积的 1/2，炉内冰镍含铁 8%～10%，就可以筛炉（即净渣的意思）。而合金硫化转炉处理的属高冰镍，品位高、渣量少，一次直接可吹炼到含铁 1%～4%，含硫 19%～23% 即可出炉。

合金硫化炉吹炼的任务是往高冰镍熔体中鼓入空气和加入适量的石英熔剂，将高镍锍中的铁、硫和其他杂质大部分除去，得到含 Ni、Cu、Co 品位较高二次高镍锍。另外，高镍锍中的贵金属经过富集后，绝大部分进入二次高镍锍中。

转炉吹炼是一个强烈的自热过程，所需要的热量全部靠冰镍吹炼过程中的铁、硫及其他杂质的氧化、造渣等反应所放出的热量来供给。

高冰镍的吹炼与低冰铜的吹炼不同，前者只有第一周期，没有明显的第二周期，当冰镍吹炼到含 Fe 1%～4% 时就作为转炉的产出物放出后运至缓冷铸坑。也就是说高冰镍的吹炼只有造渣期，没有造镍期。造镍不能进行是因为金属镍的熔点较高，而氧化镍的熔点更高。在一般的转炉内不能完成，只有在立式卡尔多转炉进行氧化吹炼和充分混合的条件下，才能使硫化镍直接氧化成液化金属镍。故合金硫化转炉在给羰基镍准备原料时不能再吹炼。

3.1.2 工艺流程

将一次合金、热滤渣按一定配比，混合均匀，通过吊车分批从炉口加入炉内进行熔化，将一次合金硫化为金属硫化物，物料完全熔化后，加入熔剂（石灰石、石英石），经过吹炼，脱硫造渣除铁。当熔体达到含硫 19%～21%，含铁 1%～4%，将熔体倒入高锍包内，用吊车吊至保温坑上方进行浇铸，缓冷保温大于 60h，以达到铜镍分离和将贵金属富集在二次合金中的目的，为稀贵系统提供原料。

合金硫化炉工艺流程如图 3-1 所示。

3.1.2.1 铁、钴、镍、铜的氧化顺序

高冰镍的主要成分是：FeS、Fe_2O_3、Ni_3S_2、PbS、Cu_2S、ZnS 等，如果 Me 代表金属，

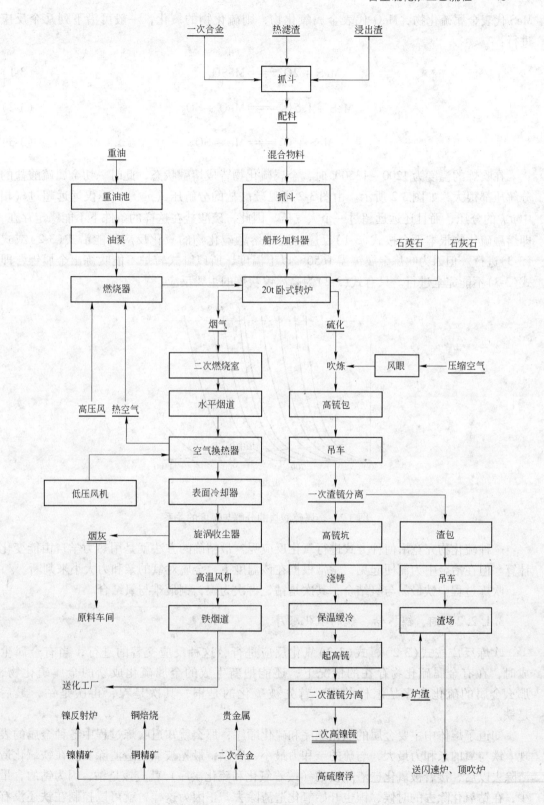

图 3-1 合金硫化炉工艺流程

MeS 代表金属硫化物，MeO 代表金属氧化物，则硫化物的氧化，一般可沿下列几个反应进行：

$$MeS + 2O_2 \rule[0.5ex]{2em}{0.4pt} MeSO_4 \tag{3-1}$$

$$MeS + 1.5O_2 \rule[0.5ex]{2em}{0.4pt} MeO + SO_2 \tag{3-2}$$

$$MeS + O_2 \rule[0.5ex]{2em}{0.4pt} Me + SO_2 \tag{3-3}$$

在吹炼的温度为 1200～1350℃ 时，金属硫化物皆成熔融状态，此时一切金属硫酸盐的分解压都很大，如图 3-2 所示。由图 3-2 可见硫酸盐的分解压 (p_{SO_3})，不仅远远超过气相中 p_{SO_3} 的分压，而且还远远超过一个大气压。因此，硫酸盐在这样的条件下不能稳定存在，即熔融硫化物根本不会按式(3-1)反应。这样熔融硫化物的氧化反应只能沿式(3-2)或式(3-3)进行。但因为吹炼金属镍需 1650℃ 以上温度，所以卧式转炉不能吹炼出金属镍，即式(3-3)不能完全进行。只有式(3-2)为高冰镍吹炼的主要反应。

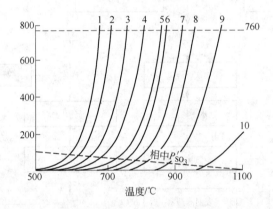

图 3-2 金属硫酸盐的分解与温度的关系

一种硫化物究竟沿何种方式进行氧化反应呢？最精确的方法就是用热力学自由能变化计算。但在冶金中为简便起见，常常根据在该温度下，金属对氧的亲和力大小来判断。吹炼过程中铁最易与氧结合，其次是钴，再次为镍，铜最难与氧结合。

3.1.2.2 铜、镍、钴、铁的硫化顺序

吹炼反应按式(3-2)、式(3-3)氧化反应进行，这种反应交替的进行，当有金属生成时，在有金属硫化物存在的情况下，还能把新生成的金属硫化成新的金属硫化物，那么金属的硫化次序是怎样的呢？首先被硫化的是铜，其次是镍，再次是钴，最后是铁。

知道了熔体中主要金属的氧化顺序和硫化顺序，那么就知道吹炼过程中各种金属的表现。铁与氧的亲和力最大，与硫的亲和力最小，所以，最先被氧化造渣除去。在铁氧化造渣除去以后，接着被氧化造渣除去的（按着氧化和硫化次序）就应该是钴，因为钴的含量少，在钴氧化除去的时候，镍也开始氧化造渣除去，正因为这样，就可以控制在铁还没有完全氧化造渣除去之前，结束造渣吹炼，目的是不让钴、镍造渣除去。

3.1.2.3 铁的氧化造渣

在转炉鼓入空气时，首先要满足铁的氧化需要，高冰镍中的铁以 FeS 形态存在，与氧发生反应生成 FeO(1cal = 4.1868J)：

$$FeS + 1.5O_2 === FeO + SO_2 + 111940kcal/(kmol)$$

由于吹炼的搅动和反应使 FeO 和石英石不断接触生成炉渣：

$$2FeO + SiO_2 === 2FeO \cdot SiO_2 + 10900kcal/(kmol)$$

但也有一部分 FeO 没有和石英石生成炉渣，继续被氧化生成磁性氧化铁：

$$6FeO_{液} + O_2 === 2Fe_3O_{4固} + 15200kcal/(kmol)$$

磁性氧化铁的生成与炉内石英的加入量有直接关系，当石英石含量高时，磁性氧化铁的含量低，渣含 Fe_3O_4 与渣含 SiO_2 之间存在一个近似的关系，经国外专家研究，上述关系如图3-3所示。因为 Fe_3O_4 就是 $FeO \cdot Fe_2O_3$。所以，渣中三价铁愈多，就意味着 Fe_3O_4 的含量也愈高，从图可见，随着 SiO_2 含量降低，Fe_3O_4 的含量也上升，当然 SiO_2 的含量不能过多。如果过高会造成高熔点的炉渣，使炉子作业困难。

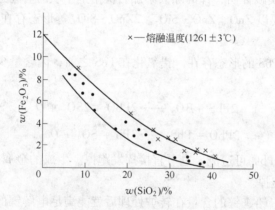

图3-3 渣中 Fe_2O_3 与 SiO_2 的关系

3.1.2.4 各种元素在吹炼过程中的表现

A 钴

在吹炼过程中，FeS 大量氧化造渣以后，CoS 开始氧化，为保证冰镍中的钴不被氧化造渣，只有把铁的含量逐渐降到 1% ~4% 就作为最终产品倒出。

B 镍

镍在低冰镍中以 Ni_3S_2 的形态存在。Ni_3S_2 在高温下稳定，其氧化反应是 FeS 氧化反应之后 Cu_2S 氧化反应之前发生如下反应：

$$2Ni_3S_2 + 7O_2 \longrightarrow 6NiO + 4SO_2 + Q$$

有部分 NiO 和 CuS 与 Ni_3S_2 反应生成金属镍，进入冰镍形成铜镍合金，不过这个反应要在 1700℃ 时才能进行完全，因冰镍吹炼没有进入第二周期。所以冰镍中铜镍合金的量很少，大部分镍在高冰镍中只能以 Ni_3S_2 的形态存在，因为还有 1% ~4% 的铁没有氧化。

C 铜

铜已在低冰镍中以 Cu_2S 的形态存在。铜在铁、钴、镍都氧化得差不多的时候才能氧化:

$$CuS + O_2 \longrightarrow Cu + SO_2 + Q$$

因铁、钴、镍没有完全氧化,所以形成的铜很少,大部分的铜只能以硫化铜的形式存在于冰镍中。

D 锌

锌在冰镍中主要以 ZnS 的形态存在。它的氧化在铁氧化之前:

$$2ZnS + 3O_2 \longrightarrow 2ZnO + 2SO_2 + Q$$

$$ZnS + FeO \longrightarrow ZnO + FeS + Q$$

当有 SiO_2 存在时,ZnO 可造渣,没有 SiO_2 存在时就和 ZnS 进一步反应生成金属锌:

$$ZnS + 2ZnO \longrightarrow 3Zn + SO_2 + Q$$

此反应在上升气流与熔体的界面上发生,不能在熔体内部进行,锌形成锌蒸气,燃烧成 ZnO 后进入烟尘。实践证明,锌的除去不加石英熔剂空吹时容易进行。

锌在转炉渣中主要以 ZnO、$ZnO \cdot SiO_2$、$2ZnO \cdot SiO_2$ 等形态存在。

E 铅

铅在低冰镍中以 PbS 的形态存在。铅氧化在 FeS 之前,因含量少,故同锌的氧化同时进行。

$$2PbS + 3O_2 \longrightarrow 2PbO + 2SO_2 + Q$$

$$2PbO + PbS \longrightarrow 3Pb + SO_2 + Q$$

当有 SiO_2 存在时 PbO 可造渣,也可直接挥发跑掉。生成的金属铅,则进入合金相中,PbS 也可以直接挥发跑掉。

正常生产过程中,铅、锌的含量在转炉处理后就能满足电解镍的要求。因转炉高温反应剧烈,可以很容易除去。但在反射炉和电解净化工序中较难除去,为了保证电解镍质量,所以当处理含铅锌高的物料时,要采取特殊办法,不加熔剂空吹 10~20min 使它们充分挥发或氧化造渣。

F 金、银、铂族元素

在冰镍中,一部分金银以金属形态存在,一部分金以 AuS 或 $AuSe$、$AuTe$ 存在。铂族以 Pt_2S 形态存在。吹炼过程中绝大多数进入二次高镍锍中。

3.1.2.5 吹炼时的热效应

在高冰镍吹炼过程中,热源主要靠 FeS 的氧化反应和 FeO 的造渣反应生成热:

$$2FeS + 3O_2 \rightleftharpoons 2FeO + 2SO_2 + 111940kcal/(kmol)$$

$$2FeO + SiO_2 \rightleftharpoons 2FeO \cdot SiO_2 + 10900kcal/(kmol)$$

即每千克 FeS 的生成热为 1275 千卡,占热量总收入的 75%~85%。其余的热量靠炉端燃烧重油供给,占热量总收入的 15%~25%。由转炉渣、炉气及高冰镍带走的热量分别占热总支出的 20% ~35%、30% ~50% 及 6% ~15%，硫化物分解的吸热反应所消耗的热量占 10% ~15%，损失于炉衬介质的热量约为 8% ~15%。每鼓风一分钟，炉温上升 1 ~3℃，每停止鼓风一分钟熔体温度下降 1 ~4℃，故应提高送风时率，减少停风时间。

杂质中的金属碳化物氧化时，放热大致同 FeS 氧化放热相近，可按 FeS 氧化放热计算。

3.2 合金硫化炉基本原理

3.2.1 转炉的构造

转炉，顾名思义就是能转动的炉子。

转炉可分为立式和卧式两种。常用于处理低冰镍的是卧式侧吹转炉，合金硫化转炉也属此类。

卧式侧吹转炉多用于铜镍等有色金属吹炼生产，炉子规格是以产出物料量进行计算来确定的。合金硫化炉技术性能见表 3-1。

表 3-1 合金硫化炉技术性能

序 号	项 目	性能参数
1	炉子规格/mm × mm	$\phi 2580 \times 7000$
2	炉口尺寸/mm × mm	1500 × 1150
3	处理能力/t·炉$^{-1}$	20
4	风口数量/个	6
5	风口数量/mm	42
6	重油消耗量/kg·h^{-1}	300 ~450
7	重油压力/MPa	0.4
8	燃油空气量(标态)/m³·h^{-1}	3450 ~5200
9	燃油空气量压力/kPa	3.5
10	燃油空气量温度/℃	200 ~300
11	工作电动机及事故电动机规格型号、功率	Y225M-8 22kW

合金硫化转炉由炉基、炉体、供风系统等组成。

3.2.1.1 炉基

由钢筋水泥浇注而成，炉基上面有地脚螺丝固定托轮底盘，在托轮底盘的上面每侧有两对托轮支撑炉子的质量，并使炉子在其上旋转。

3.2.1.2 炉体

炉体由炉壳、炉衬、炉口、风眼、风管等组成。

A 炉壳

炉体的主体是炉壳。炉壳由 20 ~25mm 锅炉钢板铆接成圆筒，圆筒两端为端盖，也用同样规格的钢板制成，并以工字钢或槽钢加固。通过拉杆和圆筒活接，当炉衬受热时可以松动拉杆两端的螺母，保护炉衬不被挤坏。在炉壳两端离端盖不远处各有一个大圈被支撑在托轮上，托轮通过底盘固定在炉子基座上。

滚圈外径 3780mm、宽 230mm，托轮外径 600mm、宽 285mm。此外，在炉壳上有一个大齿轮，是转炉转动的从动轮，当主动电机转动时，通过减速机带动小齿轮，小齿轮带动大齿轮，从而使转炉回转 360°。

B　炉衬

在炉壳里有耐火材料。依所衬耐火材料的性质不同，炉衬可分为酸性和碱性两种。

炉衬一般分为以下几个区域：风口区、上风口区、下风口区、炉肩和炉口、炉底和端墙。由于各区受热、受熔体冲刷的情况不同，腐蚀程度不一，因此各区使用的耐火材料和砌体厚度也不同。

C　炉口

在炉壳的中央开一个向后倾斜 27.5° 的炉口，以供进料、放渣、排烟、出炉和维修人员入炉修补炉衬之用，炉口一般呈长方形。炉口面积可占熔池最大水平面的 20% 左右，合金硫化转炉的炉口为 1500mm × 1150mm 在正常吹炼时，炉气通过炉口的速度保持在 8 ~ 11m/s，这样才能保证炉子的正常使用。

由于炉口经常受到熔体的腐蚀和烟气的冲刷，以及清理炉口的机械作用，较易损坏，为此，除在炉壳上开个"死"炉口外，还在"死"炉口上安装一个可以拆装的"活"炉口，"活"炉口借螺栓固定在"死"炉口的底座上。

D　风眼

在转炉炉壳的一侧开有风眼（合金硫化转炉有两组共 6 个风眼），在风眼里面安有无缝钢管，高压风就是通过风眼送入转炉熔池的。风眼水平中心线在炉壳水平中心线下400mm，风眼的中心距为 187mm。

风眼角度对吹炼作业影响很大，因为倾角太小不仅加剧物料喷溅，而且降低空气利用率，但倾角太大对炉衬冲刷严重，影响炉寿命，对清理风眼操作也带来不便。故本系统转炉选择的倾角为 10°。

3.2.1.3　供风系统

转炉吹炼所需的空气，由高压鼓风机供给。鼓风机鼓出的风经总风管、分风管、分闸等从水平风管进入炉内。

水平风管把冷风送入炉内，在出口处往往有熔体的凝结，而将风口局部堵塞，为了清理方便及消除噪声，在立风管和水平风管连接处，安装了一个弹子消声器，弹子阀装在三通口上。其中立风管接总风管，用软管接通。水平风管另一端是钢钎的进出口。钢球可沿球座倾斜道上、下移动，平时在重力和风压作用下，钢球恰好将钢钎的进出口堵住，当清理风口时，钢钎将钢球顶起，钎子触及黏结物或熔体，将黏结物打掉，抽出钢钎时，钢球自动回到原来的位置。送入炉内氧气利用率高达 80% ~ 90%。

3.2.2　砌炉

转炉的砌炉主要材料有直接结合铬镁砖或铬镁砖、镁砖粉和卤水。它们都是碱性耐火材料。因为，转炉渣是碱性的，如果使用酸性耐火材料会使炉衬造渣，那样炉寿命很低，所以使用碱性耐火材料较为合适。

转炉除对耐火材料要求碱性外，对耐火材料也要求有相当大的机械强度，较高的荷重软化点、高耐火度，标准的外形尺寸。

转炉内衬砖砌筑方法：内衬砖的砌筑应按砌炉设计图进行，除风口区为湿砌外，其他一律采用干砌。砌筑时先将炉体回转至风管成水平位置，找好炉底中心线，先砌两端墙，并且在砖墙与炉壳之间用40～50mm厚的镁砖粉作填料层，然后在炉底中心线两侧沿着圆周弧形向上砌筑。

在确定砌完三角砖的水平面上，要准确无误地砌好风眼砖，保证每个风管之间的中心距相等。

砌炉腹（风口区相对的部位）直至下炉口时，需用支架和千斤顶顶好风口区的砌砖，将炉体转动一定角度后再砌筑，以保证修炉时的人身安全。当炉口两侧均砌筑完好后，将炉子转向炉口向上的位置，开始砌炉口两端的旋顶砖（即砌炉肩），最后锁好上、下炉口，砌砖完毕。

3.2.3 烘炉

3.2.3.1 烘炉的意义

烘炉是经过大、中、小修之后对砌体的一个预热过程，是使炉衬砌体的水分蒸发、耐火材料受热膨胀和耐火材料晶型转变过程。

对烘炉要求如下：

（1）缓慢升温，必要时必须恒温。

（2）炉衬砌体受热要均匀，为了防止局部过热反应及时转动炉体。

（3）升温过程温度要稳定上升，不要波动过大，不要停风停油，以免耐火炉衬因温度突变而爆裂。

（4）及时松动炉壳端盖拉杆螺母，使炉衬砌体自由膨胀。目前采用木柴、焦炭或原煤和重油烘炉，一般大修为120h。中小修可适应缩短，其最终温度在1250℃恒温，以后就可以进行挂渣操作后投料生产，烘炉曲线如图3-4所示。

在烘炉时由于热膨胀的作用，要检查传动机构的稳定性，制动装置的灵敏性、仪表信

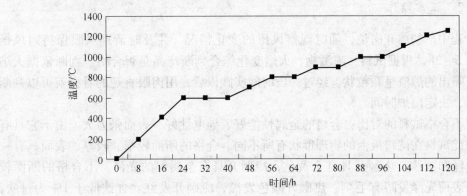

图3-4 烘炉曲线

号的准确性及风、油管路是否完好等。

3.2.3.2　烘炉的燃料及使用

烘炉所使用的燃料有木柴、焦炭或原煤和重油等。

在使用木柴、焦炭或原煤和重油烤炉时用木柴先烘到一定温度，再用焦炭或原煤烤至600℃，然后点重油进行烤炉。600℃恒温16h，800℃、900℃分别恒温8h。

木柴的规格：直径约为100mm，长约1m。如果过长要折短，过粗要劈开，合乎规格以后用吊车吊到转炉操作台上，人工投入炉内。首先自然通风进行烘烤，在加焦炭或原煤之前用小风烘烤，加入焦炭或原煤后每隔10~15min转动炉体一次，使烤炉温度均匀。

对焦炭的要求是：

（1）必须是冶金焦炭，具有一定的力学强度。

（2）要求块度在28~125mm，小于25mm的不超过2%。

（3）灰分要求低于2%。

（4）发热量要达到6350~6650千卡/kg。

重油是冶金炉的优良燃料，它是石油加工后的残余油，较稠浓、为黑褐色。重油发热量很高，一般可达(9500~10000)×418kJ/kg。含水0.5%~1%，几乎不含有害杂质。

3.2.3.3　烘炉操作

以重油烤炉为例，首先检查油路是否完好，安装调试好油枪，用焦炭烤炉至600℃，重油间检查供油无问题后，将炉口转直正上方点火进行烘烤，风、油由小到大，逐渐增大。冬天要注意重油的管路保温，停炉时要用蒸汽清扫重油管道，防止重油凝结影响烤炉。更应该注意防止重油着火发生火灾。

3.2.4　高冰镍吹炼的工艺制度

3.2.4.1　吹炼前的准备工作

待炉料完全化稀后，先转动炉子使底部未化完的生料翻起，然后重新将炉子转到化料位置，继续熔化至完全化稀后，开风转动炉子至吹炼位置进行吹炼。

3.2.4.2　正常操作

吹炼过程中严禁离开岗位，随时观察风压的变化情况，并及时清理风眼保持通风畅通，吹炼1.5~2h，根据试料、喷溅物、火焰变化综合判断产品是否合格。判断依据火焰由白变蓝，喷出的炉渣呈颗粒状。经过一段时间实践以后，用肉眼直观的看样就可以判断含铁的高低，决定出炉时间。

合格与不合格试料的对比：合格的金属性能好、导电性好、表面张力大。由于它具有这些特征因此试料在试料板上的物理形状有所不同。合格的断面较窄、较厚、表面具有一定的金属光泽和皱纹，热砸开具有金黄色，冷砸开具有金属镍的光泽。不合格的断面较宽、较薄、表面光泽发暗有毛刺、热砸开颜色发黑，冷砸开发红。含铁低于1%为过吹，过吹的试料断面更窄、更厚、热砸开金黄色迅速变成黑色、表面失去光泽，开始出现黑斑，金属性能更强，炉后捅风眼的钢钎上几乎没有黏结物，熔体对钢钎的熔化能力很强，这时钢钎在炉内一停就可以化掉。炉子里面熔体随着渣子的除去。冰镍的密度增大，试料好时静压力较大，炉子转到放渣位置时，渣面不发生来回摆动的现象，待一切现象证明炉内试料含 Fe 1% ~4% 以后就可以出炉。

3.3 合金硫化转炉热工

3.3.1 热工的含义及其重要性

热工就是利用热能的工程技术。由于大部分冶金过程都是在高温下进行，热物理过程占据十分重要的地位。研究炉子的热工是因为炉子的能耗与炉子的热工有着直接的关系。而炉子的热工和炉子的构造密切相关，炉子构造的主要任务是保证炉膛内热过程的正常进行，虽然有时从单纯构造角度看炉子的结构并不复杂，但与之有关的炉内热过程却很复杂。例如喷嘴尺寸及安装角度的很小变化会引起炉内气流运动的较大改变，因而应从热工角度来研究炉子构造。研究炉子的热工，就是要使炉子的构造经济合理，提高炉子的热工效率。

3.3.2 合金硫化转炉内热过程

合金硫化转炉，在炉内只有部分空间装有被加热物料，另一部分空间为火焰或燃烧产物所占据，是通过火焰直接加热金属物料的炉子。具有熔化反射炉的特点。因此，炉内热交换过程决定了炉内的料堆不宜过大，否则会影响重油的完全燃烧和热交换过程。

合金硫化转炉炉膛内的气体运动大致可以分为气体射流运动及主要由它引起的气体回流两部分。前者主要指高压风和低压风的射流运动，而后者指由于料堆、炉口以及气流相互作用而引起的气体回流。

理论和实践表明，气体循环对燃烧结果会带来两种相反的影响：

（1）缩短火焰，减少火焰中小炭粒的浓度，提高火焰的温度；

（2）延长火焰，增加火焰中小炭粒的浓度，降低火焰最高温度。

为什么会出现上述相反的情况呢？是由于再循环的作用，将大量高温炽热产物带回到火焰根部，这有助于该处重油的蒸发、气化和着火，并且提高该处的化学反应速度，其结果是缩短火焰，减少炭粒的浓度，提高火焰温度。但当回流是从较冷的地方（如风口）返回冷气体时，则会导致相反的结果。

3.3.3 火焰的基本特征

火焰也称火炬，是一股炽热的正在燃烧的气流，它不但温度比周围炉气高，而且呈现出明亮的轮廓，但是和燃烧后的废气相比，火焰有它自己的特性，主要表现在火焰对炉内加热和熔化过程有较大的影响。

3.3.3.1 火焰的几何特征

火焰的几何特征包括火焰的张角、形状和长度。一般情况下，火焰由于燃烧反应的影响,气流受热膨胀后密度下降体积增大,张角也随之增大。通常对于无旋或弱旋燃烧气流来说,火焰形状是先扩张,当接近火焰末端处又收缩;而强旋流火焰往往呈现出空心截头锥形。

3.3.3.2　火焰的辐射特性

火焰在炉内辐射热流的大小和火焰与被加热物料之间的相对位置有关。火焰的辐射特性包括火焰的黑度、火焰的温度以及辐射热流等特性。

火焰的黑度是表示火焰辐射能力强弱的一个物理参数,通常火焰黑度在 0~1.0 之间变化。随着火焰黑度的增加,火焰的辐射能力相应增大,因此在火焰炉组织燃烧的过程中,为了提高火焰的黑度,往往采取火焰增碳的办法。

火焰温度分布是不均匀的,它和燃料与空气的混合状况有关。而燃料与空气的混合状况又取决于燃烧器的结构。因此,重油燃烧嘴是影响合金硫化炉热工特性的关键设备。

火焰的辐射热流即对被加热表面的总辐射量与火焰的长短有很大的关系。对于不光亮的火焰随着火焰的增长,其辐射热量在不断地下降,过短的火焰温度过于集中,加热均匀性较差,但过长的火焰往往会导致较大的不完全燃烧,反而降低了火焰的辐射能力,造成燃料的浪费。

在工程技术领域中,可以通过燃烧计算得出某种燃料的理论燃烧温度,而实际生产中测的炉温既不是理论燃烧温度,也不代表炉衬温度或炉内熔化后的物料温度,而是某种意义上的综合温度。

3.4　合金硫化炉故障处理与应急预案

3.4.1　故障处理

生产实践中常有过冷、过热、过吹、石英熔剂过多或过少,必须采取措施使其恢复到正常操作上来。

3.4.1.1　过冷

过冷是指炉温低于 1000℃,炉内熔体的反应速度慢,主要原因:

(1) 炉子烤炉温度不够。

(2) 因温度低、风口黏结严重、送风困难、反应速度慢。

(3) 石英石、冷料加得太多。

(4) 大、中、小修炉子没有很好清理熔池,有过多的耐火材料粉留在炉内,造成熔体熔点升高。

其表现如下:

(1) 风压增大。

(2) 火焰发红,炉气摇摆无力。

(3) 捅风眼难,在钢钎上的黏结物增多。

当情况不太严重时，处理方法从两方面着手：

（1）增加送风能力，即组织人力、强化送风，使反应速度加快。

（2）提高低压风及重油的供给量，减少炉料加入量，配料过程中增大热滤渣的配比，一般两个班次后逐渐恢复正常。

3.4.1.2 过热

炉子温度超过1300℃以上，火焰表现呈白炽状态，转过炉子，肉眼看炉衬明亮耀眼，砖缝明显，渣子流动性好，同水一样，风压小，风量大，不需捅风眼。

处理方法：

（1）降低低压风机频率，吹炼时严格重油供给量。

（2）炉子反应激烈，也是温度高的原因，可以减少送风以降低其反应强度。

（3）适当降低热滤渣的配比，缩短吹炼时间。

3.4.1.3 过吹

没有控制好出炉终点，使铁降到1%以下，增加了铜、镍的损失，一部分和二氧化硅造渣、另一部分铜和镍的氧化物因熔点高，黏结在炉衬上，使当班产量显著下降。总的来说，在吹炼过程中勤观察判断，准确掌握出炉终点期，是唯一的处理方法。

3.4.1.4 石英石熔剂过多或过少

石英石熔剂过多或过少，主要是指渣中二氧化硅的多少而言，二氧化硅少炉温高生成磁性氧化铁，造成操作困难，在钢钎表面有刺状黏结物，此时要少加、勤加石英石，逐渐的还原磁性氧化铁为氧化亚铁；过多的二氧化硅增加酸度，对炉衬侵蚀严重，渣量增大，金属损失增加。

现象：先是有少量的渣喷出，继而大量喷出，甚至全部喷出，钎子黏结物成棒，有石英石颗粒，渣倒入高镍包内迅速呈泡沫状。

处理：可往炉内及高镍锍包内加入木柴，冒渣现象可消除，生产过程中要严格控制石英石的加入量。

3.4.2 合金硫化炉各岗位事故应急处理预案

3.4.2.1 突发性停电、停风事故

事故状态：由于变电所故障、系统配电室故障，或者无法抗拒的外部因素造成停电；空压机房发生故障或因电器故障发生停风。

事故应急处理：

（1）停电应立即采取措施保温，并立即通知调度和有关人员查找原因，待供电正常后立即恢复生产。

（2）若低压风机发生故障或重油泵发生故障，炉子供油或供风不正常，时间短，等待恢复生产，若超过30min，应将排烟机停下，放下烟道闸板。

（3）重新送高压风后，必须进行放水作业。

3.4.2.2 翻料、喷炉事故

事故状态：操作不当，进料量过多或入炉物料水分过大，造成翻料喷炉。

事故应急处理：

（1）坚持勤进、少进的进料原则。

（2）进料时炉内保持一定料坡，炉内物料不能化得过稀。

（3）严格控制混合物料的水分在4%以下，熔剂水分过大烤干后入炉。

（4）进料时关闭风油阀，进完料后待吊车离开炉口上方后再开启风油阀门。

3.4.2.3 翻坑、翻包事故

事故状态：高锍包及高锍坑没有烤干，留有水分，造成的翻坑、翻包事故。

事故应急处理：

（1）高锍包及高锍坑必须烤干，干燥无水分。

（2）严格控制出炉和浇铸速度，精心操作。

3.4.2.4 高锍包烧穿

事故状态：高锍包内留有水分或没有仔细检查保护膜是否完好。

事故应急处理：

（1）就近处理，若在出炉时发生，待熔体全部流入安全坑后，再做处理。

（2）若在吊运过程中烧穿，立即将包子吊到高锍坑上方，使熔体流入高锍坑。

（3）此时严禁挂副钩及倾倒操作，人员应远离，防止发生人身事故。

3.4.2.5 高锍碎裂、吊高锍、用吊锤打渣时砸伤事故

事故状态：高锍破碎或打渣时砸伤事故。

事故应急处理：根据伤势情况，实施现场救护或送往医院救治，并通知车间调度室寻求人员和车辆支援。伤势严重者，可直接拨打厂调电话请求车辆支援，也可直接拨打120医疗急救电话寻求支援。

3.4.2.6 起重伤害事故

事故状态：由起重机绞绕、撞击、碰撞致伤。

事故应急处理：

（1）作业人员须停车、停电，挂牌警示后进行救护，并及时送往医院。

（2）起重机械高空坠落致伤，应将受伤人员迅速抬至安全地带后送往医院，对流血者应做现场急救包扎。

3.4.2.7 熔体违规倒出，包子坠落、倾翻事故

事故状态：

（1）未到指定地点提前挂副钩，包子烧穿，误操作致使熔体倒出，烧损设施、车辆人员。

（2）钢丝绳磨损严重，断股未及时更换，操作人员不精心操作，靠限位停车。包耳松动，未及时停用。指吊人员未跟车，包梁没有挂好起吊，致使包子倾翻、掉落。

事故应急处理：

（1）熔体违规倒出，包子坠落、倾翻事故发生后，指吊人员指挥周围操作人员紧急避让，汇报班长及调度室。

（2）班长立即组织处理或清理熔体。

（3）造成设备设施及其他损坏时，待有关人员和维修人员到现场后，吊车工、指吊工配合查找事故原因。

（4）待清理完现场后，组织正常生产。

3.4.2.8 起重伤害

事故状态：吊车抓斗碰撞造成的事故。

事故应急处理：撞击、碰撞致伤应将受伤人员迅速抬至安全地带后送往医院，挤压、绞绕致伤应先停车，挂牌警示后进行救护，并送往医院，对流血者应做现场急救包扎。

3.4.2.9 物体打击、高空坠落

事故状态：由于吊物从空中坠落所造成的事故。

事故应急处理：将受伤人员抬至安全地带后送往医院，对流血者应做现场急救包扎。

3.5 合金硫化炉生产实践

3.5.1 炉寿命

3.5.1.1 炉衬损坏的概况

在生产过程中，转炉炉衬在机械力、热应力和化学腐蚀的作用下逐渐遭到损坏。生产实践证明，炉衬的损坏，大致分为两个阶段：第一阶段，新炉子初次吹炼时，炉衬受杂质的侵蚀作用不太严重，这时由于温度骤变，掉片掉块较多，尤其是炉子两个肩膀掉砖最多（小炉子表现明显，大炉子表现不明显），风口区砖受损最严重，尤其是风口错台砌砖突出的角，较为严重，掉片厚度有时达 50～100mm；第二阶段，炉子工作一段时间以后（炉龄后期），炉衬受杂质作用较大，砖面变质，而掉片现象减少。

实践表明各处炉衬损坏程度不同，其中以风口区、炉底和端墙损坏最严重。

3.5.1.2 炉衬损坏的原因

炉衬损坏的原因甚多，归纳起来，主要是由于机械力、热应力和化学腐蚀三种作用的结果。

A 机械力的作用

机械力作用主要是指熔体对炉衬的冲刷和喷溅以及风口区清理不当时（如锤击的作用所造成的损失），熔体对炉衬的剧烈冲刷是炉衬损坏的主要原因。

吹炼中，当空气鼓入熔体时，它将向水平方向和垂直方向运动，使熔体翻动。并且空气从常温进入到高温熔体中，体积将膨胀 4~5 倍，因此空气的浮力剧增，从而产生一股巨大的冲刷力，使炉衬遭到损坏。

B　热应力的作用

热应力作用也是转炉遭受损坏的重要因素。不论大炉或小炉，炉温的变化都非常剧烈，从而产生很大的热应力。特别是小炉，因热容量小，温度变化比大炉更剧烈，所以，严格的控制炉温，是提高炉寿命的重要措施。

C　化学腐蚀作用

炉渣和金属氧化物对炉衬的化学侵蚀，这种侵蚀主要来自以下几方面：

(1) 在吹炼作业中产生的铁橄榄石（$FeO \cdot SiO_2$）能溶解镁质耐火材料，它既能使镁质耐火材料表面熔解，也可以渗透进耐火材料内部而使耐火材料熔解。有人曾经研究过，在高温下含硅高的炉渣对炉衬的影响，其结果如图 3-5 所示。

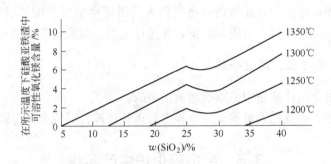

图 3-5　渣中 SiO_2 含量

从图 3-5 可知温度越高，氧化镁在铁橄榄石中的溶解度越高。在同一温度下渣中 SiO_2 含量在 25% ~30% 之间时，氧化镁在铁橄榄石中的溶解度有一低凹处，但总的趋势仍然是上升的，这说明炉温高，熔体中的 SiO_2 含量大，氧化镁在渣中的溶解度也大，即对炉衬的腐蚀也越厉害。

(2) 加到熔池中的 SiO_2 能和方镁石一起形成橄榄石（$2MgO \cdot SiO_2$），使镁砖损坏。

(3) 铁的氧化物能使方镁石和铬铁的晶粒饱和，并形成固溶体，从而引起铬铁矿晶粒的破裂造成铬镁砖的化学损失。

3.5.1.3　提高炉寿命的措施

根据生产实践，采取以下措施可提高炉寿命：

(1) 提高耐火砖、砌炉和烤炉的质量。在风口区、炉底及容易损坏的部位砌直接结合铬镁砖效果较好，实践表明在 1300~1350℃高温下，炉渣含 SiO_2 达 31% 时直接结合，铬镁砖也有较好的抗腐蚀能力。

(2) 严格控制技术条件：

1) 严格控制吹炼时的温度制度，保持炉温在 1200~1250℃，用下列方法进行调整：

① 严格控制石英加入量和加入的时间、方法，要防止石英石大量集中，以免炉温急剧下降；

②严格控制入炉物料量，并实行分批加入，防止翻料放炮。

2）严格控制吹炼过程的供风量，风压保持在 0.25~0.30MPa。

3）严格控制热滤渣的配入量，配入量大，对炉衬的冲刷就大，炉衬损失就大。

4）严格控制化料期的风油量。

5）各种回收物料及热滤渣要打碎入炉，以减轻对炉衬的冲击。

（3）改革转炉结构：

1）适当增大风口直径，减少风口数，增大风口管之间的距离，以减轻熔体冲刷。

2）适当延长炉体、增加风口与端墙的距离。风口数不变，炉体增长，使炉子两端墙距风口更远，这样熔体对端墙腐蚀减轻，使炉寿命增长，产量增加。

（4）控制石英石中二氧化硅的含量。二氧化硅的含量增加，酸性增加，一般采用石英石含二氧化硅 75%~85% 为宜，如采用的石英石中含有三氧化二铝，对炉衬有一定的保护作用。

3.5.2 炉内负压的控制

合金硫化炉炉内负压是通过设在烟道上的 4 个测压孔测出的压力显示值。它的控制主要通过调节排烟机的调频频率及通过调度联系化工厂进行调节。当炉内负压正常时，炉内化料正常，二次燃烧室与炉体交界处不返烟回火。当炉内压力不正常时，可通过调整排烟机或通过调度联系化工厂进行调节。而且要对各测压孔定期清理，以免压力检测失真，另外对烟道易堵部位及排烟机要定期清理，保证排烟系统自始至终畅通。

3.5.2.1 影响炉内负压的主要因素

（1）炉体与二次燃烧室交界处，二次燃烧室及烟道的密封情况。

（2）化料期高压风阀的关闭情况。

（3）供风量及燃油量。

（4）投入的物料量。

（5）排烟系统的阻塞情况。

（6）化工厂接力风机的转速和其他炉窑排烟机的频率。

（7）排烟机的调频频率。

3.5.2.2 排烟系统阻塞情况的判断

当排烟机的频率达到正常生产所需最大值，炉膛内仍然是正压，可以通过以下方法确定烟道的阻塞区域，以利于及时清理：

（1）从仪表上观察各部位的负压值。合金炉炉长室可以检测的负压值有高温风机进口、高温风机出口、冷却烟道进口、冷却烟道出口。从各段的负压变化情况与正常运行的负压值相比，可以判断烟道的阻塞情况。

（2）从仪表上观察各部位烟气温度值，从各段的温度变化情况与正常运行的烟气温度值进行比较，烟气温度下降快的点可能堵塞了。

（3）可以通过对系统的动压和静压的测量，来判断烟道的堵塞。

3.5.3 配料原理及安全操作

3.5.3.1 原料

一次合金、热滤渣、焚烧浸出渣、石英石、石灰石等原料需按一定比例（一般为质量比）混合均匀才能进炉熔炼，以确保熔炼能迅速、完全地进行，实现良好的造渣、造锍及渣锍分离。

3.5.3.2 配料技术条件

配料技术条件如下：

（1）配料比。一次合金：热滤渣：浸出渣 = 1：（0.5 ~ 0.8）：（0.01 ~ 0.04）。

（2）熔剂率。石英石、石灰石各加入原料量的 2% ~ 3%。

（3）物料粒度。合金小于 5mm，热滤渣小于 200mm，石英石、石灰石小于 25mm。

（4）物料水分。混合物料的水分控制在 4% 以下。因为水分大则物料入炉时易发生某种程度的"爆炸"，影响设备使用及安全操作。

（5）入炉物料质量。每炉配料约 25 ~ 30t，分 6 ~ 9 批加入炉内。

3.5.3.3 配料操作及安全注意事项

将物料用翻斗车拉入现场后，打碎大块物料，用抓斗将物料混合均匀，抓入料斗，进完料后料斗及抓斗要摆放整齐。对入炉物料认真检斤，做好配料记录。每批料要搅拌均匀，大块热滤渣需用大锤打碎。打碎热滤渣时要注意大锤是否松动，以免锤头脱落伤人，要注意碎渣飞溅，打伤人员。回收烟尘及炉口喷溅物全部配入，送高锍后的回收物料要打碎配入。

3.5.4 熔炼操作

硫化技术条件：

（1）化料温度 1000 ~ 1200℃，化料时间 3 ~ 5h。

（2）重油温度控制在 70 ~ 95℃，重油压力为 0.4MPa。

（3）低压风温度控制在 100 ~ 250℃，压力为 0.18MPa。

（4）风油比为 $1kg/11m^3$（标态）。

硫化操作及注意事项。将已经混匀且合乎要求的物料用料斗由吊车吊运到炉子上方，在炉长和马达工的配合下，准确加入炉内。在化料期，应将炉子转到风眼远离熔体的位置，以防化料时灌死风眼。在化料期重油的供给要适当，重油的燃烧以不冒黑烟为准，也不能风量过大。应保持炉内为微弱氧化气氛，每炉物料分批加入，不得压料，化料期间多转动炉子，以便物料完全硫化。但是要坚决杜绝大范围的转动炉体，以防发生翻料爆炸事故。

3.5.5 吹炼与造渣

吹炼技术条件：

（1）吹炼温度控制在 1200～1350℃，吹炼时间 1～2.5h。

（2）高压风压力为 0.25～0.35MPa。

吹炼操作及注意事项：吹炼一段时间后，待炉口火焰由白变蓝时，吹炼便进入终点期。此时，炉长可根据炉温、火焰等情况综合考虑，符合质量标准，即可出炉，若不符合质量标准，需继续吹炼，直到合格为止。将吹炼合格的二次高镍锍倒入包子内，由吊车吊到高锍坑处，将熔体倒入坑内，然后盖上保温盖，保温 60h 后方可起出。

吹炼过程中会产生烟气和烟尘，吹炼完成后将形成合格的二次高镍锍和炉渣。

一次渣锍分离基本原理：熔体中熔渣与高锍性质不同，会自然分成两相。由于两相密度不同，熔渣浮在高锍上面，静置澄清后可进行渣锍一次分离。

操作及安全注意事项：熔体静置澄清 10min 后，缓慢转动炉体，浮在高锍上面的熔渣倒入冰铜包后，将熔渣倒入渣包即可出炉。出炉时，检查冰铜包包梁、包耳及包体有无损坏。熔体离包沿至少 200mm。起吊液体包时，冰铜包离地面至少要有 1.5m，吊车才可运行。大车向前时，指吊工必须在前面开路；大车向后时，指吊工必须跟随吊车用口哨和手势催人躲开。人未躲开时，命令吊车工停车等候。

3.5.6　二次高镍锍的缓冷及操作

3.5.6.1　缓冷原理

合金硫化炉产出的二次高镍锍，主要是镍、铜和硫的化合物，还会有少量的铁、钴、氧及微量的贵金属及其他杂质。

冷却时铜以硫化亚铜（CuS），镍以二硫三镍（Ni_3S_2）的形态存在于高冰镍中，如果含硫低于 23% 还可出现铜镍合金。

人们利用自然界的岩石有很多分相结晶的例子。得出要想把硫化亚铜和硫化高镍分离，必须使高冰镍进行缓慢冷却，使各种组分分异成具有不同化学相的可分离的晶粒。

最终的晶粒结构取决于固化过程的冷却速度。

设有一块高冰镍，其成分为：$w(Ni) = 50\%$，$w(Cu) = 23\%$，$w(S) = 20\%$。当其从转炉温度 1250℃ 降至 927℃ 时，镍、铜和硫在熔炼中完全混熔。当温度降至约 921℃ 时，这时冰镍熔体第一次发生明显析出，而渣相中镍的含量增加。这种渣相主要有助于已有的硫化亚铜晶粒的生长，而对生成新的晶粒影响较小。因此，趋向于产生粗粒结晶，缓慢的冷却速度增强了这种趋势的发展。

当熔体的温度降至约 700℃ 时，金属相镍、铜合金开始析出，继续冷却至 575℃，第三固相即硫化镍相（分子式接近 Ni_3S_2）也开始析出。高冰镍的温度保持在 575℃，直至所有的渣相（此时保持成分不变）完全转化成硫化亚铜、镍铜合金和硫化镍。这种含有一定组分的渣相，称为三元共晶渣相，它的凝固点为 575℃，是镍、铜和硫三元素的最低凝固点。575℃ 以上结晶的部分硫化亚铜和金属相称为前共晶质，其他硫化亚铜、金属相以及所有硫化镍固体都称为共晶质。

在共晶点，镍在固体硫化亚铜中的溶解度小于 0.5%；铜在固体硫化亚镍（称 β 型）

中的溶解度约6%，冰镍固体继续冷却，在达520℃以前，不发生进一步明显变化，当达到此温度时，硫化镍即进行结构转化成低温型，这种类型的硫化镍用β′表示，其特点对铜溶解度小。此时，冰镍温度停留在520℃左右，直至所有β硫化镍转化成β′硫化镍，析出一些硫化亚铜和金属相。在这个温度，铜在β′体中的溶解度下降2.5%左右。520℃左右的温度，即硫化镍进行β—β′的转化温度，称为三元类共晶点。

当冰镍冷却至类共晶点以下时，后一类共晶体硫化亚铜和金属相不断析出，直至温度降至317℃为止。β′硫化镍含铜少于0.5%，在此温度以下即不再有明显的析出现象发生。

因此，缓慢冷却允许相的分离，并促进晶体长大特别是它使类共晶体和后一类共晶体硫化亚铜及金属相从固体硫化镍基体中扩散出来，而分别与已存在的硫化亚铜及金属相晶粒相结合。必然的结论是：控制从927℃至371℃之间的冷却过程十分重要，特别是在共晶点575℃和类共晶点520℃之间。若在共晶点一类，共晶点区间的冷却速度快、硫化镍基体中会存在硫化铜和金属相的极细晶粒，妨碍细磨及浮选的分离效果。

金属相的量为硫量所控制，从共晶点一类共晶点区间析出的大部分金属相，吸收了冰镍中含有的几乎全部的合金和铂族金属。在典型的块硫化冰镍中，金属相的量约为20%，含铜约为20%，由于银与硫的亲和力很强，以硫化银和硫化铜的类质同晶现象，往往富集在硫化亚铜的晶粒中，硒和碲也同样趋向于与硫化亚铜在一起。

经过缓慢冷却冰镍的一个特点是，它显著的趋向于沿晶粒界面破裂而不是在晶体中间破裂，这对分离几个不同的相很有价值。因为这种冰镍适用于物理选矿方法加以分离。总之，控制高冰镍的缓慢冷却过程，可以产出一种类似天然矿物的人造原料，能够采用现代的选矿技术将其不同组分分离开来。

3.5.6.2 缓冷曲线

二次高镍锍缓冷技术控制按以下曲线执行，缓冷时间为60h。如图3-6所示。

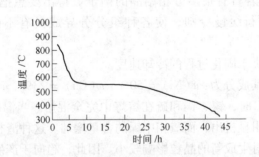

图3-6 高镍锍缓冷温度曲线

3.5.6.3 缓冷操作及安全注意事项

高锍模是用铸铁制作，新模子要卧放在地平面以下，不能高出地面，四周用土夯实，用木柴等烤热，全部均匀预热后，用大泥及黄土堵好模子缺口，模子用黄泥浆刷，干燥后方可浇铸高冰镍，模内不得有杂物，浇铸时要缓缓注入，防止升温过快造成铸模崩裂，浇铸时禁止人员车辆往来，确保安全生产，浇铸后必须思想集中，行动敏捷地盖好保温盖，保温盖必须放好盖严，铸块缓冷60h温度降至580℃后起出，再自然冷却至200℃。

起出高锍后，用黄泥堵好模子缺口，模内刷好泥浆，冷模必须烤热，冷、湿模不得浇铸。不准用熔体烤模子。更换模子时必须把模子坐落平稳，摆放整齐，模子不得高于耐火砖面，且各模子平齐。再次浇铸高锍时，仍然要缓慢倾倒熔体，以防飞溅伤人。闲杂人员禁止在现场参观逗留。浇铸后必须思想集中，行动敏捷地盖好保温盖，保温盖必须放平盖严。高锍块保温时间不得低于60h。起出的高锍块不得浇水冷却，清除表面浮渣送交高锍车间。

3.5.7　二次渣锍分离基本原理及操作

二次渣锍分离基本原理为：冷却后熔体，炉渣与高镍锍将会分成两固相。利用这一原理，可将高镍锍与炉渣进行剥离。剥离过程称为打渣。

操作及安全注意事项：从高锍坑内起出的高锍要在指定位置摆放整齐。堆放高锍不得超过两块。高锍不得浇水冷却，冷却后的高锍必须将浮渣清理干净。打渣时穿戴好劳保用品，并检查锤头、锤柄是否牢固，打锤人与扶钎人不能站在同一方向，扶钎人必须戴手套，打锤人不能戴手套。

3.5.8　二次高镍锍的磨浮分离

磨浮过程为：二次高冰镍经过破碎、磨浮、磁选分离得到铜精矿、镍精矿和二次合金的过程称为二次高镍锍的磨浮分离。

二次合金产率：二次高镍锍经缓冷、磨浮、磁选分离得到的二次合金的量与二次高镍锍之比的百分比称为二次合金的产率。二次合金的产率一般为14%~18%。

二次高镍锍的贵金属品位：二次高镍锍中铂、钯、金的含量与二次高镍锍的质量之比称为贵金属品位（g/t）。

复　习　题

一、填空题

1. 镍、铜、钴、铁对硫的亲和力从大到小依次是（　　）、（　　）、（　　）、（　　），对氧的亲和力从大到小依次是（　　）、（　　）、（　　）、（　　）。
2. 高镍锍吹炼到含铁（　　）就作为产出物倒出。
3. 吹炼时注意观察，炉口（　　）由（　　）变（　　）时，吹炼进入（　　）。炉长可根据（　　）、（　　）、（　　）等综合判断产品是否符合质量标准。
4. 熔体中的（　　）和高锍性质不同，会自然分成两相，由于两相（　　）不同，（　　）后进行（　　）分离。
5. 熔体静置澄清10min后，缓慢转动（　　），将浮在（　　）表面的熔渣倒入（　　）内，然后将熔渣（　　）渣包内即可出炉。
6. 合金炉化料期炉内是（　　）。
7. 二次高镍锍的含Fe控制在（　　），含S控制在（　　）。

8. 在转炉吹炼过程中石英石的加入量过多会使炉渣的（　　　）增加，给操作带来困难还会使炉渣的（　　　）增加，加速对炉体的腐蚀，影响炉寿命。加入量过少，吹炼过程中会形成（　　　），（　　　）含量升高，会使炉渣的（　　　）、（　　　）、（　　　）升高。

9. 高锍缓冷的目的是增大晶粒，便于（　　　）、（　　　）分离，富集（　　　）。

10. 烘炉的目的是为了使炉衬砌体内的（　　　）和（　　　）均匀升温到作业温度满足吹炼要求。

11. 合金硫化转炉炉衬分（　　　）个区域。分别为（　　　）、（　　　）、（　　　）、（　　　）、（　　　）、（　　　）、（　　　）。

12. 理论空气量是按燃烧化学反应式计算的燃料（　　　）所需要的（　　　）。

13. 风量是（　　　）内供给（　　　）的空气量。

14. 炉内气压与炉外大气压力的差值称为（　　　）。

15. 单位体积物质的质量称为（　　　）。

16. 固体物质受热开始熔化的最低温度称为（　　　）。

17. 烟尘率指炉窑产出的（　　　）占（　　　）的百分比。

18. 过热度是指固体（　　　）后，熔体（　　　）超过该固体（　　　）的程度。一般用（　　　）来表示。

19. 生产单位产品消耗的物质量的简称为（　　　）。

20. 直收率指产品中含有的（　　　）与（　　　）中（　　　）比值的百分比。

21. 耐火材料在（　　　）抵抗高温作用而不熔化的性能叫（　　　）。

22. 传热的三种基本方式为（　　　）、（　　　）、（　　　）。

23. 合金炉加石灰石的目的是（　　　）。

24. 捅风眼的目的（　　　）。

25. 炉渣主要由多种氧化物组成，炉渣黏度一般随其温度升高而（　　　）。

26. 吹炼过程中硫化铁形成氧化亚铁与（　　　）造渣。

27. 火焰的几何特征包括火焰的张角、（　　　）和（　　　）。

28. 合金硫化转炉炉膛内的气体运动大致可以分为（　　　）运动及主要由它引起的（　　　）两部分。

二、判断题

1. 吹炼是指用鼓入炉内的空气中的氧使熔融冰铜中的铁、硫或其他杂质氧化造渣除去从而得到粗金属或高品位冰镍的过程。（　　　）

2. 直接从低冰镍经转炉吹炼而得到的高锍称为二次高镍锍。（　　　）

3. 一次高镍锍经铜镍分离后得到一次合金，再经硫化吹炼而得到的高锍称为二次高镍锍。（　　　）

4. 二次高镍锍产出率是指二次高镍锍的产量与加入一次的含金量的百分比。（　　　）

5. 渣率指产出的渣量与总加入物料量的百分比。（　　　）

6. 二次高锍合格率指合格产品占总产品的百分比。（　　　）

7. 矿物中有价金属的百分含量称为品位。（　　　）

8. 生产一炉高锍所需要的总时间称单炉生产周期。（　　）

9. 产品在生产过程中所发生的费用称为加工费，一般包括材料消耗、动力消耗、人工费、车间经费、福利费、备件消耗及维修等费用。（　　）

10. 单位加工费是指加工产品在生产过程中所发生的费用。（　　）

11. 转炉容量指转炉的公称容量，即转炉单炉最大产量。（　　）

12. 送风量指转炉鼓入炉内的风量。（　　）

13. 风口直径指水平风管的内径大小。（　　）

14. 风口面积指一个水平风管的横截面积的总和。（　　）

15. 砖单耗指每吨产品所消耗的砖量。（　　）

16. 单位体积物体的质量称为密度。（　　）

17. 每立方米物体的需求量称为重度。（　　）

18. 直接回收率指在生产过程中直接产出合格产品中金属的回收程度。（　　）

19. 加入炉内使金属生成金属硫化物的含硫物称为硫化剂。（　　）

20. 加入炉内使金属硫化物中的金属被还原为金属的物料称还原剂。（　　）

21. 送风强度指每平方米风口面积，每分钟的鼓风量。（　　）

22. 送风时率指一个吹炼周期送风时间与总的时间的百分比。（　　）

23. 风口中心距指两个风口中心的距离。（　　）

24. 单个风口面积指水平风管内径面积。（　　）

25. 风口角度指炉子转至工作位置时，炉子的中心线与风口之间的夹角。（　　）

26. 炉口角度指炉口水平线与炉子中心线之间的夹角。（　　）

27. 过剩空气系数是指燃料中可燃成分完全燃烧需要的理论空气量。实际供给空气量是理论空气量的倍数。（　　）

28. 当熔体温度降至约 700℃ 时，金属相镍铜合金开始析出，同时硫化镍相也开始析出。（　　）

29. 575℃ 是镍铜硫三元系的最低凝固点。（　　）

30. 供给炉内的风量和油量的比值称风油比。（　　）

31. 吹炼温度的高低对炉体没有影响。（　　）

32. 合金炉化料期炉内气氛是还原气氛。（　　）

33. 共晶点 575℃ 和类共晶点 520℃ 之间的冷却速度快慢对二次高镍锍没有影响。（　　）

34. 合金炉配入热滤渣是起氧化剂的作用。（　　）

35. 严格控制炉温是提高合金炉寿命的重要措施。（　　）

36. 转炉送风量小时炉温不变。（　　）

37. 高锍缓冷的目的是为了增大晶粒。（　　）

38. 二次高锍的主要成分是氧化物。（　　）

39. 捅风眼的目的是为了提高风压。（　　）

40. 转炉吹炼除铁主要靠鼓入空气。（　　）

41. 转炉吹炼时间与热滤渣的配比有关。（　　）

42. 合金炉熔炼温度主要靠吹炼反应热。（　　）

43. 随着火焰黑度的增加，火焰的辐射能力相应增大。（　　）

44. 火焰在炉内辐射热流的大小和火焰与被加热物料之间的相对位置无关。( )

三、单项选择题

1. 合金硫化生产工序的直收率是指，二次高镍锍的含镍量占（ ）含镍量的百分比。
   A. 一次合金 　　　　　　B. 热滤渣 　　　　　　C. 混合物料

2. 影响合金硫化炉镍直收率的主要因素是（ ）。
   A. 渣含镍 　　　　　　B. 物料的飞扬损失 　　　　　　C. 回收工作

3. 突然停风时应转动炉子，将（ ）离开液面以防灌死风眼。
   A. 风眼 　　　　　　B. 风眼区 　　　　　　C. 上风眼区

4. 突然停电，应立即启动（ ）。
   A. 备用电源 　　　　　　B. 应急电源 　　　　　　C. 电铃

5. 合金炉的熔化温度应控制在（ ）。
   A. 大于1400℃ 　　　　　　B. 1200~1350℃ 　　　　　　C. 1000~1200℃

6. 合金硫化炉化料时间为( )h。
   A. 3~5 　　　　　　B. 小于3 　　　　　　C. 大于5

7. 合金硫化炉重油温度控制在（ ）。
   A. 小于70℃ 　　　　　　B. 70~95℃ 　　　　　　C. 225℃

8. 合金硫化转炉重油压力要控制在( )MPa。
   A. 小于0.4 　　　　　　B. 0.4~0.5 　　　　　　C. 大于0.8

9. 合金硫化转炉的吹炼温度应控制在( )℃。
   A. 1000~1200 　　　　　　B. 1200~1350 　　　　　　C. 1350~1450

10. 合金硫化转炉的吹炼时间是( )h。
    A. 2~2.5 　　　　　　B. 1.5~2.5 　　　　　　C. 小于1

11. 合金硫化炉吹炼时高压风控制在( )MPa。
    A. 0.25~0.35 　　　　　　B. 小于0.25 　　　　　　C. 大于0.35

12. 熔体中熔渣和高锍（ ）不同，会自然分离成两相。
    A. 性质 　　　　　　B. 成分 　　　　　　C. 质量

13. 由于炉渣和高锍（ ）不同，熔渣浮在高锍上面，达到渣锍分离的目的。
    A. 性质 　　　　　　B. 密度 　　　　　　C. 质量

14. 二次高锍中的硫化亚铜、硫化镍、铜镍合金三个具有不同化学相的可分离的晶粒，最终的晶粒结构取决于固化过程的（ ）。
    A. 时间 　　　　　　B. 冷却速度 　　　　　　C. 放置时间

15. 合金硫化炉低压风机的作用是（ ）。
    A. 雾化重油 　　　　　　B. 输送重油 　　　　　　C. 供给助燃空气

16. 合金硫化转炉化料期炉子压力控制为（ ）。
    A. 正压 　　　　　　B. 微负压 　　　　　　C. 零压

17. 吹炼时空气的氧使硫化物氧化，硫氧化成（ ）。
    A. SO_3 　　　　　　B. SO_2 　　　　　　C. SO

18. 吹炼时铁生成氧化亚铁，并且与熔剂中的（ ）结合生成炉渣。

A. SiO_2 　　　　　　　　B. Si 　　　　　　　　C. CuO

19. 二次高镍锍吹炼含铁（　　）％就作为产物倒出。

A. 2 ~ 4 　　　　　　　　B. 1 ~ 4 　　　　　　　　C. ＞4

20. 在炉内高温下加入石灰石与（　　）反应生成 $2CaO \cdot SiO_2$，以此来改善渣的流动性。

A. FeO 　　　　　　　　B. 石英石 　　　　　　　C. SO_2

21. 液态熔体冷却至熔点以下时，就会（　　）。

A. 反应 　　　　　　　　B. 凝固 　　　　　　　　C. 物料变化

22. 在合金硫化熔炼过程中，物料发生（　　）。

A. 物料变化 　　　　　　B. 化学变化 　　　　　　C. 物料变化及化学变化

23. 炉温是（　　）。

A. 燃料理论燃烧温度 　　B. 炉衬温度

四、多项选择题

1. 一次铜镍合金配入含硫物料热滤渣后，在卧式转炉内进行（　　）使贵金属富集于二次高锍中。

A. 硫化熔炼 　　　　　　B. 吹炼 　　　　　　　　C. 还原

2. 一次铜镍合金和硫化物料热滤渣按一定的比例混合后，配入适量的熔剂，首先熔化，使一次合金充分硫化生成二次高镍锍，然后进行（　　），产出一定数量的二次铜镍合金。

A. 吹炼 　　　　　　　　B. 脱硫 　　　　　　　　C. 造渣 　　　　　　　D. 还原

3. 合金硫化转炉吹炼过程中产出（　　）。

A. 烟气 　　　　　　　　B. 烟尘 　　　　　　　　C. 物料

4. 合金硫化转炉吹炼完成后，将形成合格的（　　）。

A. 烟尘 　　　　　　　　B. 二次高锍 　　　　　　C. 炉渣

5. 吹炼一段时间后，待炉口火焰由白变蓝后，吹炼便进入终点期，此时炉长根据（　　）等情况综合考虑产品质量是否合格。

A. 炉温 　　　　　　　　B. 火焰 　　　　　　　　C. 试样 　　　　　　　D. 烟气

6. 二次高锍主要是镍铜的硫化物，还有少量的（　　）及其他物质。

A. 铁 　　　　　　　　　B. 贵金属 　　　　　　　C. 钴 　　　　　　　　D. 铁的氧化物

7. 二次高锍冷却时，镍铜主要以（　　）三种形态存在于二次高锍中。

A. 硫化亚铜 　　　　　　B. 硫化铜 　　　　　　　C. 硫化镍 　　　　　　D. 铜镍合金

8. 二次高锍缓冷的目的是把（　　）分异成具有不同化学相的可分离的晶粒。

A. 硫化亚铜 　　　　　　B. 硫化镍 　　　　　　　C. 硫化铜 　　　　　　D. 铜镍合金

9. 当二次高锍在927℃以上时（　　）和硫在熔体中完全混溶。

A. 镍 　　　　　　　　　B. 铜 　　　　　　　　　C. 铁

10. 二次高镍锍温度保持在575℃，直至所有的液相完全变化成（　　）。

A. 硫化亚铜 　　　　　　B. 铜镍合金 　　　　　　C. 硫化镍 　　　　　　D. 氧化铁

11. 二次高锍的凝固点575℃是（　　）和硫三元系的最低凝固点。

A. 镍 　　　　　　　　　B. 铜 　　　　　　　　　C. 铁

12. 共晶点 575℃ 和类共晶点 520℃ 之间，如冷却速度快硫化镍基体中会存在（   ）和（   ）的极细晶粒，妨碍磨浮磁选分离。

    A. 硫化亚铜　　　　　　B. 金属相　　　　　　C. 硫化镍

13. 当二次高锍在 927℃ 以上时（   ）和硫在熔体中完全混溶。

    A. 镍　　　　　　　　　B. 铜　　　　　　　　C. 铁

14. 合金硫化转炉生产包括（   ）、（   ）两个周期。

    A. 硫化期　　　　　　　B. 吹炼期　　　　　　C. 还原期

15. 合金硫化转炉炉衬损失的原因主要是（   ）。

    A. 机械力　　　　　　　B. 热应力　　　　　C. 化学腐蚀　　　　D. 高温熔化

16. 合金硫化转炉由炉基、（   ）及附属传动装置组成。

    A. 炉体　　　　　　　　B. 齿圈　　　　　　　C. 托圈

17. 合金硫化转炉生产过程中的产物有二次高镍锍（   ）及烟灰。

    A. 炉渣　　　　　　　　B. 喷溅物　　　　　　C. 阳极板

18. 合金硫化炉原料有一次合金（   ）及石灰石。

    A. 热滤渣　　　　　　　B. 浸出渣　　　　　C. 石英石　　　　　D. 精矿

19. 吹炼除铁主要靠（   ）。

    A. 石英石　　　　　　　B. 鼓入空气　　　　　C. 吹炼脱硫

20. 影响二次高镍锍质量的因素有配料、（   ）及打渣作业。

    A. 化料　　　　　　　　B. 吹炼　　　　　C. 保温缓冷　　　　D. 算渣作业

21. 新砌的炉子必须按照（   ）。

    A. 缓慢升温　　　　　　　　　　　　B. 快速升温

    C. 按升温曲线升温　　　　　　　　　D. 温度波动范围每小时不超过 50℃

22. 耐火材料中所存在的水分有（   ）。

    A. 游离水　　　　　　　B. 结晶水　　　　　　C. 残余结合水

23. 合金硫化炉生产工艺所用耐火材质有（   ）。

    A. 黏土砖　　　　　　　B. 高铝砖　　　　　　C. 直接结合铬镁砖

24. 合金硫化炉生产熔炼过程分为（   ）。

    A. 硫化造锍期　　　　　B. 氧化还原及造渣期　　　C. 硫化造渣期

25. 熔体中熔渣与高锍因（   ）不同分成两相，两者（   ）不同，熔渣浮在上面，澄清后进行渣锍分离。

    A. 性质　　　　　　　　B. 密度　　　　　　　C. 温度

26. 二次高锍经过破碎、磨浮、磁选分离得到（   ）的过程称为二次高镍锍的磨浮分离。

    A. 铜精矿　　　　　　　B. 二次合金　　　　　C. 镍精矿　　　　　D. 铜镍精矿

五、简答题

1. 合金硫化转炉生产过程中的硫化原理是什么？

2. 合金炉的原料有哪几种？

3. 炉衬砖损坏的主要原因是什么？

4. 合金炉为什么要鼓风吹炼?

5. 二次高锍缓冷的目的是什么?

6. 合金炉配入热滤渣起什么作用?

7. 为什么转炉吹炼期应当控制燃油量?

8. 为什么合金硫化转炉要控制吹炼深度?

9. 在二次高镍锍中铜、镍主要以什么形态存在?

10. 什么叫过吹,过吹有什么危害?

11. 控制转炉炉寿命的措施?

12. 合金硫化转炉化料期为什么控制为微正压?

13. 烘炉的目的?

14. 合金炉为什么要分批加料?

15. 为什么合金硫化转炉吹炼到含铁 1% ~ 4% 就作为转炉的产物倒出?

16. 在转炉吹炼过程中石英石的加入量过多或过少有什么危害?

17. 为什么要将二次高镍锍的含 S 控制在 19% ~ 23%?

18. 合金硫化转炉烤炉的要求是什么?

19. 合金炉化料期炉内是氧化气氛还是还原气氛?

20. 合金硫化转炉吹炼时期要保持什么状态,为什么?

21. 二次高镍锍的渣锍分离过程有几次,基本原理是什么?

22. 简述硫化期的技术条件。

23. 简述吹炼期技术条件。

24. 在一次合金中铁、铜、镍、钴的氧化顺序和硫化顺序如何?

25. 为什么要控制二次高镍锍的缓冷过程?

26. 简述合金硫化炉生产过程。

27. 一次合金硫化时,熔剂何时加入最好,为什么?

28. 热滤渣粒度的大小,对合金硫化有何影响?

29. 吹炼除铁主要依靠什么?

30. 试述捅风眼的工作原理。

31. 为什么风压升高,而风量减少?

32. 石英石和石灰石各起什么作用?

33. 若风眼区突然发红应怎样处理?

34. 吹炼期突然停风应如何处理?

35. 生产操作中根据什么判断和确定能否出炉?

36. 二次高镍锍质量好坏,主要受哪些过程的条件控制?

37. 什么是热工?

38. 为什么要研究炉子的热工?

4 水淬镍工艺流程及生产实践

4.1 水淬镍工艺流程

4.1.1 概述

利用中频无芯感应电炉将 1 号电解镍块熔化，完全熔化后加炭块脱氧，镍熔体温度达到 1550～1650℃后倾动炉体，使镍熔体保持一定的流量经过中间溜槽，流入盛满水的容池。被水淬喷嘴喷出的水流击碎成粒，并被迅速冷却落入池底的料斗，镍粒经筛分烘干后计量包装外销。

4.1.2 水淬镍工艺流程

生产加硫型水淬镍时，根据产品对含硫量的要求，将硫黄计量后，用镍始极片包裹，在还原期间加入。

水淬镍工艺流程如图 4-1 所示。

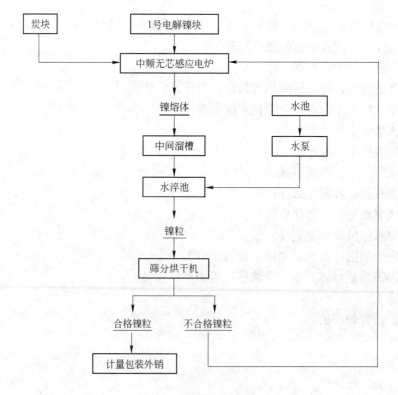

图 4-1　水淬镍工艺流程

4.2 水淬镍生产实践及事故应急预案

4.2.1 中频炉开炉

4.2.1.1 开炉前的准备

A 中频电炉及配套设施准备

(1) 水淬池清洗干净。

(2) 筛分烘干机打扫干净。

(3) 筛分烘干机试车正常。

(4) 感应线圈打压正常。

(5) 磁轭循环水配管正常。

(6) 炉体安装规范。

(7) 空压机试车正常。

(8) 搅拌机试车正常。

(9) 筑炉料、添加剂准备。

(10) 坩埚准备。

(11) 筑炉料添加剂、水分配比。

(12) 筑炉过程规范。

(13) 炉体、水冷电缆有无漏水。

(14) 中频室、电容器室卫生。

(15) 筑炉前试送电。

B 辅助工艺设施确认

(1) 循环水池清洗干净。

(2) 循环水管道打循环。

(3) 循环水泵试车正常。

(4) 现场所有阀门无漏水。

(5) 现场所有仪表正常。

(6) 潜水泵试车正常。

(7) 液压系统试车正常。

4.2.1.2 烤炉前应具备的条件

中频电炉烤炉前,开炉准备工作必须全部结束,其次还必须具备以下条件,在施工组织中要优先安排实施,并提前组织联动试车:

(1) 中频电炉筑炉工作结束,验收合格。

(2) 仪表安装到位并显示正常。

(3) 安全设施完善。

4.2.1.3 烤炉升温的目的

烤炉过程，就是中频电炉功率的提升过程，使中频电炉最终达到生产所需的温度。其目的在于：

(1) 脱除耐火材料中的物理和化学水分。

(2) 避免耐火材料快速升温后因膨胀不均匀而剥落或爆裂。

(3) 确保耐火材料完成晶型转变和均匀膨胀。

(4) 使炉体达到生产所需要的炉体蓄热。

4.2.1.4 烤炉方法

中频电炉是通过感应线圈供热，分阶段提升功率，使炉膛温度提升到接近生产操作温度。

中频电炉检修后烤炉过程控制见表4-1。

表 4-1 中频电炉中修后烤炉温度控制表

时间/h	功率/kW	备　注	时间/h	功率/kW	备　注
8	20	空模	8	80	空模
18	30	空模	4	100～120	加电镍
12	40	空模	4	140～160	加电镍
8	60	空模	正常投料	大功率化料	正常生产

烤炉过程具体为：

(1) 上岗前穿戴好劳动保护用品，必须岗前安全确认。

(2) 接班前检查各路循环水系统，如有漏水情况及时处理，并汇报调度。

(3) 做完以上确认准备工作，开启中频电炉电源。

(4) 功率由0升至20kW并维持8h后，升至30kW，持续18h，由30kW升至40kW，持续12h后，升至60kW，持续8h后，升至80kW，持续8h后，升至100～120kW，持续4h后，由120kW升至160kW，持续4h。

(5) 每班必须指定专人负责烤炉，观察炉子变化情况，并做好记录，发现问题及时汇报处理，严禁脱岗。

(6) 严格按烤炉计划与功率控制烤炉。

(7) 烤炉人员要对炉子各部位认真检查，注意各循环水管路无漏水、渗水现象，水淬水温满足工艺要求。

(8) 中频电炉无明显鼓肚现象。

4.2.2 中频电炉停炉程序

4.2.2.1 安全

(1) 对停用设备进行挂牌，并停止供电。

（2）对检修作业设备现场进行隔离。

4.2.2.2 生产工艺

（1）认真检查溜槽，确保停炉时炉内熔体安全顺利放出。
（2）炉温降至室温，进入拆炉阶段。
（3）岗位员工如实做好停炉相关事宜记录。

4.2.3 基本生产作业参数

基本生产作业参数见表4-2。

表 4-2 基本生产作业参数表

项 目	单 位	正常调节范围
每炉料炭块加入量	%	占入炉物料的 0.1 ~ 0.4
水淬池水温	℃	35 ~ 50
给水泵出口流量	m^3/h	200 ~ 400

4.2.4 故障及应急预案

4.2.4.1 炉衬出现裂纹

（1）当发现炉衬有垂直裂纹和龟裂时，如裂纹不深，应及时修补后继续熔炼，在熔炼过程中应经常观察炉衬情况。
（2）如果发现炉衬沿炉子周边上有水平裂纹或垂直裂纹和龟裂太深时，炉衬不能继续使用，应立即断电停炉，重筑炉衬。

4.2.4.2 漏炉

应立即停电出炉，出完炉后仔细检查漏炉部位和线圈烧损情况，出完炉24h后方可停炉子冷却水，以防烧坏线圈。

4.2.4.3 感应线圈断水

（1）必须马上停止送电，如炉料已经熔化完应立即出炉。
（2）检查炉子水路是否畅通，水泵送水是否正常，水压是否达到要求，查明原因及时处理，正常后方可送电。

4.2.4.4 漏水

（1）查明漏水部位，如在接头处漏水，应停电，紧固好喉箍并处理好方可送电。
（2）如线圈漏水，应停电停炉。

4.2.4.5　线圈打火

（1）查明打火部位，如出现漏炉则停止送电，停止熔炼。

（2）如线圈之间有接触部位，则在线圈之间垫云母片使之绝缘。

（3）如果是水蒸气使之打火，应缓慢升温，可消除打火现象。

4.2.4.6　水压过低或线圈停水

（1）应检查净循环水水池水位、水泵的运转情况及水泵出口流量，发现问题及时联系处理。

（2）如停电造成停水，应及时打开自来水补充水阀门。

4.2.4.7　水温过高

及时开启冷却塔及冷却风机，使水温降低，如效果不明显，应用补充新水的方法降低水温。

4.2.4.8　炉子液压系统失灵

立即停止加料，如炉料化完后，应处于保温状态，并及时汇报处理，待处理正常后，方可继续熔炼。

4.2.4.9　突然停电

（1）应及时通知电工查找原因，停止进料。

（2）如仅是中频系统出现故障，炉料在化完的情况下，应立即出炉，以防止造成炉内结成大块。

（3）在任何情况下不能断冷却水。

5 冶炼基本原理

<<<<<<<<<<<<<<<<<<<<<<<<<<<<<<<<<<<<<<<<<<<<<<<<<<<<<<<<<<<<<

5.1 镍反射炉冶炼基本原理

反射炉是一种火焰加热熔化精矿的炉子。它是一个用耐火材料作衬里的长方形熔炼室。炉内熔池分熔炼区和澄清区两部分。均匀混合后的粉状炉料从炉顶两侧加料孔加到炉内形成料坡。在1250～1300℃高温下熔化形成冰镍和炉渣。因为两者密度不同，故可在澄清区澄清分层并分别放出。炉气进入余热回收和烟道系统。

5.1.1 反射炉炼镍的理论基础——炉料的加热和熔化

燃料燃烧是反射炉熔炼的主要热源，它占熔炼所需总热量的85%～90%，而炉料带入的物理热和化学反应热等只是小部分。上述这些热量又只有小部分消耗于炉料熔化，大部分由散热和炉气带走，致使燃料实际消耗量高出理论1～2倍。炉气和炉墙传给炉料的总热量 Q 为：

$$Q = 1.05c\left[\left(T_{气}/100\right)^4 - \left(T_{料}/100\right)^4\right]F \quad (\text{J/h})$$

式中　1.05——包括对流热交换为辐射热交换的5%时的系数；

　　　c——气体和炉料上方炉壁的辐射系数，

$$c = 4.96 \times 4186 \times \varepsilon_{料}(\omega + 1 - \varepsilon_{气})/\left[\varepsilon_{料} + \varepsilon_{气}(1 - \varepsilon_{料})\right] \times$$

$$\left[(1 - \varepsilon_{气})/\varepsilon_{气}\right] + \omega \quad (\text{J/}(\text{m}^2 \cdot \text{h} \cdot \text{K}^4))$$

　　　4.96——绝对黑体的辐射系数；

　　　4186——公热单位千卡换算为焦耳的系数；

　　　$\varepsilon_{料}$——炉料黑度，可取为0.75；

　　　ω——砖壁开展度，$\omega = F_{砖}/F_{料}$；

　　　$F_{料}$——炉料的受热面积；

　　　$F_{砖}$——砖壁热辐射面积；

　　　$\varepsilon_{气}$——炉气黑度（可根据炉气成分计算）；

　$T_{气}$，$T_{料}$——炉气和炉料的平均温度，K；

　　　F——炉料及熔池的有效面积，m²。

由此可见，传热量决定于炉气和炉料温度 $T_{气}$、$T_{料}$、炉料及熔池的面积 F 和辐射系数 c，而辐射系数又与炉料和炉气黑度 $\varepsilon_{料}$ 和 $\varepsilon_{气}$ 以及砖壁开展度等因素有关。影响反射炉内传热的因素虽然很多，但决定炉子生产率最主要的因素是燃料燃烧的温度，它又决定于燃料的发热量和过剩空气系数 α，一般选用 $\alpha = 1.1～1.2$。炉内温度越高，熔炼率也越高。炉料熔炼主要在炉子前半部，后半部主要用于炉渣和冰镍的澄清分离。

5.1.2 炉料的物理化学变化

在反射炉高温炉气作用下，炉料受热并进行脱水、分解、熔化、溶解，同时在料坡上进行各种化学反应和形成冰镍，分解出来的硫被氧化成 SO_2：

$$3NiO + 3FeS =\!=\!= Ni_3S_2 + 3FeO + \frac{1}{2}S_2$$

$$Cu_2O + FeS =\!=\!= Cu_2S + FeO$$

$$CoO + FeS =\!=\!= CoS + FeO$$

$$10Fe_2O_3 + FeS =\!=\!= 7Fe_3O_4 + SO_2$$

5.1.3 炉渣

5.1.3.1 炉渣的组成

冶金过程的目的是从矿石或精矿中提炼出各种金属或合金。但在火法冶金中，除了获得各种金属或合金以外，还同时得到另一种熔体，该熔体主要是冶金过程中生成的氧化物或冶金原料中的氧化物组成。这种熔体称为炉渣。

炉渣的来源，主要有以下 4 个方面：

（1）矿石或精矿中的脉石。

（2）粗金属精炼中的氧化产物或炉料在熔炼过程中的氧化产物。

（3）因熔融金属和熔渣侵蚀冲刷而掉下来的炉衬残缺。

（4）为满足冶炼需要而加入的熔剂。例如，炉料中的一部分 CaO、SiO_2 等造渣熔剂就是人为加入的。

5.1.3.2 炉渣的作用

冶金炉渣的主要作用是使矿石和熔剂中的脉石、燃料中的灰分集中，并在高温下与主要的冶炼产物金属、锍等分离。

除此之外，冶金炉渣还起着下面这些作用：

（1）炉渣是一种介质，其中进行着许多极为重要的化学反应，或者进行着金属液滴或锍液滴的沉淀作用。

（2）对鼓风炉、反射炉熔炼来说，炉渣是炉子热制度的调节器。用易熔的炉渣时，炉内不可能得到高温，即使增加燃料的消耗量，也只能增加炉料的熔化速度，炉内温度仍不会高于炉渣的熔点很多。要想提高炉内的温度，就必须选用更难熔的炉渣。

（3）在某些冶金过程中，炉渣是主要产物。从现代观点来看，炉渣也是稀有金属的主要原料。

（4）在用矿热电炉冶炼时，炉渣以及电极周围的气膜起着电阻作用，并可用调节电极插入渣中深度的方法来调节电炉的功率。

（5）在某些情况下，液态炉渣可用来覆盖在金属或合金之上，作为一种保护层，以防止受到空气污染。

（6）在烧结过程中，炉渣是一种黏合剂。

要使炉渣起到上述的各项作用，就必须根据各种有色冶炼过程的特点，合理地选择炉渣成分，力求满足冶炼过程的需要。即炉渣应能促进冶炼过程中有利反应的进行，抑制不利反应的发生；具有适当的熔化温度和酸碱度，对炉衬的腐蚀性要小；具有较低的黏度和较小的密度；成本要低等。

5.1.3.3 炉渣的硅酸度

组成炉渣的各种氧化物按其在相互反应中的化学性质不同，可以分为三种类型：

（1）酸性氧化物。

例如 SiO_2、P_2O_5 等，这类氧化物能吸收氧离子而形成络合阴离子，如：

$$SiO_2 + 2O^{2-} == SiO_4^{2-}$$

（2）碱性氧化物。

例如 CaO、MnO、FeO、MgO 等，这类氧化物能供给氧离子，如：

$$CaO == Ca^{2+} + O^{2-}$$

（3）两性氧化物。

如 Al_2O_3、ZnO 等，这类氧化物在酸性氧化物过剩时可供给氧离子而呈碱性，氧化物过剩时又会吸收氧离子而形成络合阴离子而呈酸性。如：

$$Al_2O_3 == 2Al^{3+} + 3O^{2-}$$

$$Al_2O_3 + O^{2-} == 2AlO_2^{-}$$

SiO_2 是主要的酸性氧化物，CaO、FeO、MgO 是主要的碱性氧化物。因为大多数冶金炉渣中都含有 SiO_2，所以炉渣主要由硅酸盐组成。

有色冶金炉渣的酸碱性，习惯上常用硅酸度或碱度表示，计算方法如下：

$$硅酸度 = 酸性氧化物中氧的质量之和 / 碱性氧化物中氧的质量之和$$

$$碱度 = CaO（质量分数）/SiO_2（质量分数）$$

5.1.3.4 炉渣的物理化学性质

炉渣的物理化学性质对冶炼过程能否正常进行有重要影响。因此，在确定冶炼工艺和进行冶金设备的设计时，炉渣的某些性质，如熔化温度、黏度、密度、导电性、表面张力以及炉渣对炉衬的腐蚀性等具有重要意义。又因为炉渣的性质随组成而变化，其根本原因在于炉渣的结构发生了变化。因而研究炉渣的性质是探索炉渣结构的重要手段之一。

5.1.3.5 炉渣的熔化温度

炉渣的熔化温度主要根据熔融炉渣的冷却曲线来决定。纯金属有一个固定的熔点，而熔融炉渣却没有固定的熔点，只有一个开始熔化和熔化完毕的温度区间，通常所说的炉渣的熔点是指熔化完毕的温度，也称熔化温度。

炉渣的熔化温度取决于炉渣的组成。渣中各成分的熔化温度见表5-1。

表5-1 炉渣中的几种主要氧化物的熔化温度

氧化物	SiO_2	FeO	CaO	MgO	Al_2O_3	Fe_3O_4	ZnO
熔化温度/℃	1700	1360	2570	2800	2050	1850	1900

可见，各氧化物单独存在时，其熔化温度都很高，在通常的熔炼温度下根本不能熔化，但当多种氧化物混合时，它们之间相互作用会形成一些熔化温度较低的化合物、固熔体和低共熔体，它们的熔化温度能满足熔炼过程的需要。

从节约燃料、提高床能力看，宜选择熔化温度较低的炉渣，但是熔化温度应适应熔炼过程的需要。例如熔炼温度为1200℃，那么就应选择熔化温度为1000℃或者稍高一点的炉渣，如果熔化温度过低（不超过1000℃），就难以达到熔炼所需要的温度。

5.1.3.6 炉渣的黏度

黏度是熔渣的重要性质，关系到冶炼过程能否顺利进行，也关系到金属或锍能否充分地通过渣层分离，为保证冶炼过程正常进行，要求炉渣具有小而适当的黏度。

炉渣的黏度可根据流体的内摩擦力方程求得：

$$P = \eta f d_v / d_s \tag{5-1}$$

式中 P——流体中两层流体间的内摩擦力，N；

　　f——两层流体的面积，m^2；

　　d_v——两层流体的速度差，m/s；

　　d_s——两层流体的距离，m；

　　η——流体的黏度，Pa·s。

有关液体的黏度见表5-2。

表5-2 有关液体的黏度

液 体	温 度	黏度/Pa·s	液 体	温 度	黏度/Pa·s
水	298	0.00089	流动性好的渣		<0.5
生铁液	1698	0.0015	稠 渣		1.5~2.0
钢 液	1868	<0.0025	很黏的渣		>3.0
汞	273	0.0017			

由表5-2可知，流动性好的渣其黏度约为水的560余倍，为钢液的200倍。组成炉渣的各种氧化物中，SiO_2对炉渣的影响最大，SiO_2含量愈高，硅氧络合阴离子的结构愈复杂，离子半径愈大，熔渣的黏度也愈大。而碱性氧化物含量增加时，硅氧络合离子的半径变小，黏度将有所降低。

任何组成的炉渣其黏度都是随温度升高而降低。炉渣黏度因温度变化而引起的波动称为炉渣的热稳定性，酸性渣的热稳定性在较大的温度范围内都很好，而碱性渣在过热程度不大时，炉温向下波动，炉渣有凝固的可能，但过热程度很高，则热稳定性比较好。合金硫化炉渣属于碱性渣，炉温波动较大，熔渣会黏在炉衬上。一方面可依据此特点有意在炉衬上黏上炉渣，达到延长炉寿命的目的；另一方面，如果炉衬上炉渣黏结过多，会使炉膛空间缩小，影响化料和正常生产。因此要合理控制。

5.1.3.7 炉渣的密度

炉渣的密度大小直接影响到熔炼过程中炉渣与锍及金属分离的效果，在生产实践中具有重要意义。

金属在炉渣熔体中的沉降速度，不仅与黏度有关系，而且与炉渣的密度也有关。在其他条件不变的情况下，炉渣的密度越小，锍及金属液滴在炉渣内的沉降速度越快，锍及金属与炉渣的分离也就越完全。因而金属在炉渣内的机械损失也就越低。

炉渣的密度与组成有关，通常将固体纯氧化物的密度按加和规则进行计算，作为炉渣的密度，即：

$$\rho_{渣} = 1/100 \left[\Sigma \phi(MeO) \cdot \rho_{MeO} \right]$$

式中　　$\rho_{渣}$——固体炉渣的密度；

$\phi(MeO)$——渣中纯 MeO 的体积分数，%；

ρ_{MeO}——固体 MeO 的密度。

各种氧化物的密度见表 5-3。

表 5-3　各种氧化物的密度　　　　　　　　　　　（kg/m³）

氧化物	密　度	氧化物	密　度	氧化物	密　度
SiO₂	2200 ~ 2500	Al₂O₃	3680	Fe₃O₄	5000 ~ 5400
Na₂O	2260	BaO	5720	ZnO	5600
CaO	3400	FeO	5000	PbO	9210
MgO	3650	MnO	5160	Cu₂O	6000

5.1.3.8　炉渣的导电性

熔融炉渣有很高的导电性。

熔融炉渣的导电机理包括两个方面，即熔融炉渣内电子流动而引起的电子导电和离子迁移而引起的离子导电。

熔融炉渣的电导率与温度和炉渣成分及黏度有关。炉渣的电导率随温度升高成指数关系增加。炉渣的电导率与黏度成反比，黏度越大，电导率越小。

5.1.3.9　炉渣的表面张力

炉渣的表面性质（表面张力、界面张力等）在火法冶金中起着重要的作用。液体金属或锍与熔渣的分离、熔渣对耐火炉衬的腐蚀作用都与熔渣的表面性质密切相关。

在简单的自然澄清过程中，由于熔渣黏度高，细小的冰镍微滴在熔渣中的浓度低以及相间界面张力不高等原因，致使许多未能在澄清过程中聚结成大液滴的锍微滴仍然悬浮在熔渣中。这些悬浮物最后随炉渣排出炉外，造成金属损失。

凡是能够提高渣与锍界面张力的因素，都将有利于熔锍微滴的聚结，因此也就有利于减少金属在渣中的机械夹杂损失。在渣—锍体系中，提高温度，既能降低熔渣黏度，又能提高界面张力，故而在稍高温度下进行造锍熔炼有利于渣—锍分离。

另外，熔锍微滴的聚结长大，与小滴间的相互碰撞几率成正比。因此在澄清分离前，加强熔渣的搅动，同样能加速澄清分离过程，降低金属在渣中的机械夹杂。

综上所述，可以得出如下结论，在适当的高温下，在澄清前加强熔体的搅动，是降低金属在渣中机械损失的重要途径。

5.1.3.10　炉渣对炉衬腐蚀性

在许多场合下，使冶金炉内衬损坏的主要因素是炉渣熔体对炉衬材料的腐蚀作用。这是因为炉衬表面会逐步的溶解于炉渣熔体中或者是由于熔体向炉衬内部渗透并与内衬材料发生相互作用的缘故。其腐蚀速度与化学反应生成物的耐火度、熔体的黏度以及反应后的温度等因素有关。如果生成物具有很高的耐火度和黏度，那么炉衬的损坏速度就会很慢，反之，损坏就快。炉衬材料的选择必须符合炉渣与炉衬材料不相互作用的要求。一般说来，含有过量的 CaO 和 MgO 的碱性炉渣与碱性内衬材料不起反应，对中性内衬材料反应很慢，而对酸性内衬材料腐蚀很大；相反的，酸性炉渣不与酸性内衬材料起反应，对中性内衬材料反应也很慢，但能强烈的破坏碱性内衬材料。温度升高时，炉渣的黏度下降，流动性好，容易渗透到炉衬内，造成炉衬损坏。

5.1.3.11 金属在炉渣中的损失

在火法冶金过程中，熔炼所得金属或锍都是呈液态状态，利用锍及金属与炉渣之间存在着密度差异而从炉渣中分离出来。在生产实践中，即使有足够的密度和澄清时间让金属或锍与炉渣分离，但熔融炉渣总是含有一定数量的金属。因此，查明炉渣中金属损失的原因，从而找出降低金属损失的途径，具有十分重要的意义。

渣中金属的损失可以分为机械损失、物理损失和化学损失。

（1）机械损失。指金属或锍的细小颗粒在冶炼过程中来不及沉降下去而机械的夹杂在炉渣中造成的损失。

当金属或锍液滴太小，或金属与锍和炉渣的密度相差不多，或炉渣的黏度太大时，都会促使机械损失增加。因此，降低机械损失的有效措施是设法增大炉渣与金属或锍熔体的表面张力使金属或锍熔体凝聚成大颗粒，以及降低炉渣的黏度和密度，给予充分的沉降时间，这样就可以加快金属或锍液滴的沉降速度，从而减小金属或锍在渣中的机械损失。

（2）物理损失。指在炉渣中溶解的金属或锍所造成的损失。除了锍的品位以外，物理损失还与炉渣的组成有关，即炉渣中 FeO 含量高时，对金属或锍的溶解度就增大。因此，严格控制炉内的气氛是降低物理损失的有效措施。

（3）化学损失。指金属以氧化物或硅酸盐形态存在于渣中。当还原过程不完全时，这种损失可能增加，因此，控制还原气氛和炉渣温度是减少这种损失的有效途径。

5.2 合金炉冶炼基本原理

5.2.1 化学冶金原理

合金硫化炉生产过程，是以一次高镍锍经铜镍分离产出的一次合金和热滤渣及镍电解铜渣浸出渣为原料，经硫化反应、吹炼反应将贵金属富集在二次高镍锍中，为贵金属生产提供原料。合金硫化炉生产熔炼过程分为化料期（硫化造锍期）、吹炼期（氧化还原即造渣期）。物料按一定的配比投入炉内，按适当的风油配比燃烧升温熔化物料，使主金属与硫化剂中的硫进行完全硫化生成金属硫化物（主金属主要有镍、铜、钴、铁等元素，化学符号分别为 Ni、Cu、Co、Fe）。完全硫化过程中所需硫量所对应的热率渣量与含金量之比即为理论配比。其硫化机理为 Cu、Ni、Co、Fe 对 S 亲和力大小依次硫化，顺序为 Cu、Ni、Co、Fe。

硫化过程反应原理：

$$3Ni + 2S = Ni_3S_2$$

$$2Cu + S = Cu_2S$$

$$Co + S = CoS$$

$$Fe + S = FeS$$

硫化过程结束后，即鼓入高压风，进入吹炼期。吹炼过程中镍、铜、钴、铁对硫和对氧的亲和力排成一定的顺序，铁最易放出硫而与氧结合，其次为钴，再次为镍，铜最难放出硫，即最难与氧结合。液态镍锍在转炉中加石英吹炼处理，经转炉风口鼓入空气吹炼时，空气中的氧使铁的硫化物氧化，此时硫氧化成二氧化硫而转入气体中，而铁生成氧化亚铁，并且与溶剂中的二氧化硅结合而转入渣中，镍和铜与氧的亲和力比较小，因而被氧化的程度小，并呈金属硫化物状态留在炉内，如果硫化亚铜部分被氧化，则生成氧化亚铜，与硫化亚铁重新作用而重新变成硫化物，硫化镍的行为与此相似。

吹炼过程反应原理：

$$2FeS + 3O_2 = 2FeO + 2SO_2$$

$$2CoS + 3O_2 = 2CoO + 2SO_2$$

$$2Cu_2S + 3O_2 = 2Cu_2O + 2SO_2$$

$$2Ni_3S_2 + 7O_2 = 6NiO + 4SO_2$$

$$FeS + 2FeO = 3Fe + SO_2$$

$$2CoO + CoS = 3Co + SO_2$$

$$4NiO + Ni_3S_2 = 7Ni + 2SO_2$$

$$Cu_2S + 2Cu_2O = 6Cu + SO_2$$

氧化亚铁的造渣：

$$2FeO + SiO_2 = 2FeO \cdot SiO_2$$

硫化镍（Ni_3S_2）与硫化亚铜（Cu_2S）的熔合物称为高镍锍，除了镍和铜的硫化物之外，如果高镍锍含 $w(S) \leqslant 23\%$，在高镍锍中还有金属状态的铜镍合金，并有部分铁和钴、贵金属进入合金中。当高镍锍吹炼到含铁 1%~4% 时就作为产出物而倒出。在铁氧化造渣除去以后，接着被氧化造渣除去的按氧化次序就应该是钴，因为钴的含量少，在钴氧化除去的时候，镍也开始氧化造渣除去，正因为这样，就控制在铁没有完全氧化造渣除去之前，就结束造渣吹炼，目的是不让钴、镍被造渣除去。

生产过程中同时需加入石灰石，在炉内高温下同石英石反应成 $2CaO \cdot SiO_2$，以此来改善渣的流动性。

5.2.2 物理冶金基础知识

物理冶金是研究金属及合金的组成、组织结构与性能之间的内在联系以及在各种条件下的变化规律的科学。学习物理冶金基础知识，有利于加深对合金硫化生产过程的认识与控制。

5.2.2.1 金属的形核

根据热力学原理，当液态金属过冷至熔点以下时，就会发生凝固。凝固时，在液体中形成具有某一定临界大小的固体晶核。在母相中形成等于或超过一定临界大小的新相晶核的过程就称为"形核"。

5.2.2.2 晶核的成长

当过冷的金属液一旦形成晶核之后，紧接着就要进行晶核长大。当同时存在固相和液相时，其界面上总是不断地进行着两相之间的原子移动过程，即固相原子移动到液相中去的熔化过程和液相原子移动到固相上去的凝固过程。晶核成长就是形核后液相原子移动到固相的量比固相原子移动到液相的量多，二者的数量差别愈大，长大速度愈快。

5.2.2.3 合金的凝固和组织

当高镍锍温度在927℃以上时，镍、铜和硫在熔体中完全混熔。当温度降至约927℃时，冰镍熔体开始形成硫化亚铜晶体。当熔体的温度降至约700℃时，金属相镍铜合金开始析出，继续冷却至575℃，第三个固相即硫化镍相也开始析出。冷却凝固时铜以硫化亚铜、镍以硫化高镍和铜镍合金三种形态存在于高镍锍中。

5.2.3 贵金属在合金硫化工艺过程中的行为及走向

贵金属主要指金和铂族金属，包括：金（Au）、铂（Pt）、钯（Pd）、锇（Os）、铱（Ir）、钌（Ru）、铑（Rh）七种金属元素。贵金属被运用于电子、医疗、环保等各种领域。

在一次高冰镍中的贵金属，60%～70%存在于一次合金中，30%～40%存在于镍精矿中或铜精矿（少量）中，铜精矿中的贵金属经铜系统并最终由贵金属车间回收，镍精矿中的贵金属经电解后进入阳极泥，经脱硫后进入热滤渣中，与合金中的贵金属一同富集于二次高镍锍中，经磨浮分离后进入二次合金中，由贵金属车间分离提取贵金属。

在合金硫化炉生产过程中，原料中的每种贵金属90%以上都进入了二次高镍锍中，有1%～8%进入硫化炉渣中，其余随烟尘而损失。以上数据表明，贵金属在合金硫化炉内的高温冶炼过程中，很大程度地进入了二次高镍锍产品中，而并没有大量地被挥发烧损。国外专家研究认为，这可能是由于液态硫化物屏蔽着锇、钌等不被氧化。

在高镍锍的缓冷过程中，贵金属基本上被富集于合金相中。缓冷控制越好，合金相则越能充分长大，也越有利于贵金属的富集与提取。

5.3 中频感应电炉冶炼基本原理

5.3.1 感应炉熔化金属的基本原理

5.3.1.1 感应线圈产生的磁力线的分布

当交变电流通过感应炉线圈时，在线圈外四周和线圈内所包围的空间产生交变磁场，该磁场的方向及磁力线的数量与疏密程度随电流的频率而变化。磁力线一部分穿透金属炉料，另一部分穿透坩埚壁，当感应线圈通入交变电流时，由于两侧的感应线圈的电流方向相反，根据右手螺旋定理可判断出它们在炉料内产生的磁力线方向是相同的。

5.3.1.2 感应炉中金属炉料所受的电磁力的产生

感应炉内的金属炉料本身构成闭合导体，在交变电流通过感应线圈时会感应出涡流，使金属炉料成为闭合载流导体。它在感应线圈所产生的强磁场中会受到较强的磁场力的作用。

5.3.1.3 感应炉熔化金属时实现电-磁-热的相互转化

感应炉冶炼时利用电来产生热能。当交变电流通过坩埚外侧的感应线圈时，则在线圈内产生了一个相应的交变磁场，该交变磁场的强度与方向随交变电流的大小与极性而变化。其中一部分磁力线将穿透坩埚内的金属炉料，由于磁力线的数量与方向周期性的变化，也就是穿透炉料磁通量周期性的变化，从而在金属炉料中产生感应电动势。由于金属炉料之间构成闭合回路，故产生强大的涡流。任何金属都具有一定的电阻，根据焦耳—楞次定律，涡流在具有一定电阻的金属炉料内流动时，将产生大量的焦耳热，使金属炉料加热并熔化。

综上所述，在感应炉熔炼过程中，电能、磁场能、热能的转换过程是：首先由电能转变为磁场能，然后由磁场能转变为电能，最后由电能转变为热能。

5.3.1.4 电解镍的提温熔化

电解镍在提温熔化的过程中，镍发生氧化反应生成氧化亚镍，其化学反应方程式为：

$$2Ni + 3O_2 \longrightarrow 2Ni_2O_3$$

$$6Ni_2O_3 \longrightarrow 4Ni_3O_4 + O_2(高温下)$$

$$2Ni_3O_4 \longrightarrow 6NiO + O_2(高温下)$$

由于氧化亚镍的熔点高达 $1650 \sim 1660℃$，在正常的水淬条件下，氧化亚镍以固态形式存在于镍熔体中，使水淬时不能将其击碎，影响镍熔滴的表面收缩，导致产品形状极不规则，因此，必须对镍熔体加碳还原。如果加入石墨量过少，还原时间不够，由于镍熔体中还存在少许的氧化亚镍，成品率较低；石墨加入量过多，还原时间过长，水淬时部分碳析出，污染镍粒，影响产品的表面外观质量，同时对产品的化学质量造成一定的影响。金川水淬镍石墨的加入量控制在每炉处理电镍量的 0.5% 左右，产品含碳量在 0.25% ~ 0.35%。还原时间在 $20 \sim 40min$。

5.3.2 感应炉分类

感应炉根据所用电源频率的不同可分为工频感应炉、中频感应炉和高频感应炉。

工频感应炉是以工业频率的电流（50Hz 或 60Hz）作为电源的感应炉。我国采用50Hz的电源。工频感应炉不需要变频设备。工频感应炉主要用于铸铁的熔炼，此外还可作为保温炉使用。

中频感应炉所用电源频率在 $150 \sim 10000Hz$ 范围内，其常用频率在 $150 \sim 2500Hz$ 范围内，中频感应炉需要变频设备。中频感应炉广泛地用于钢与合金的生产，而且在铸造部门也得到了广泛的应用。

高频感应炉所用电源频率在 10000Hz 以上，最高达 1MHz。高频感应炉需要变频设备，高频感应炉的容量因受电源功率的限制，一般在 100kg 以下。

复 习 题

一、填空题

1. 当同时存在固相和液相时，其界面上总是不断进行着（　　）之间的原子移动过程，即（　　）原子移动到（　　）去的（　　）过程和液相原子移动到固相上去的（　　）过程。

2. 所谓晶核的成长，就是形核后（　　）原子移动到（　　）的量比（　　）原子移动到（　　）的量多，二者的数量差别越大，（　　）越快。

3. 当高镍锍温度在（　　）时，镍铜和硫在熔体中完全（　　）。当温度降至约 927℃时，冰镍熔体开始形成（　　）晶体，当熔体的温度降至约（　　）时，金属相（　　）开始析出，继续冷却至 575℃，第三固相（　　）相也开始析出。当固体温度降至 520℃时，硫化镍完成结构转化，由（　　）转变成（　　）。

4. 冷却凝固时，铜以（　　）、镍以（　　）和（　　）三种形态存在于高镍锍中。

5. 贵金属是指金和铂族金属，包括（　　）、（　　）、（　　）、（　　）、（　　）、（　　）、（　　）等金属。

6. 在合金硫化生产过程中，原料中的（　　）有 90% 以上进入（　　）中，1% ~8% 进入（　　）中，其余随（　　）而损失。

7. 高镍锍在缓冷过程中，（　　）基本上被富集于（　　）中，（　　）控制越好，（　　）越能充分长大，也越有利于贵金属的富集与提取。

8. 合金硫化炉正常生产时石英石、石灰石各加入原料量的（　　）。

9. 合金粒度要求（　　），热滤渣粒度要求（　　），石英石、石灰石粒度（　　）。

10. （　　）是反射炉熔炼的主要热源，它占熔炼所需总热量的（　　），而炉料带入的（　　）和（　　）等只是小部分。

11. 在反射炉高温炉气作用下，炉料受热并进行（　　）、（　　）、（　　）、（　　）。

12. 感应炉冶炼时利用（　　）来产生热能。

13. 感应炉根据所用电源频率的不同可分为（　　）、（　　）和（　　）。

14. 炉料熔炼主要在炉子（　　）半部，（　　）半部主要用于炉渣和冰镍的澄清分离。

15. 二氧化硅含量越高，熔渣的黏度（　　），若加大碱性氧化物的含量，黏度会（　　）。

16. 炉渣主要由多种（　　）组成。

17. 合金硫化炉炉渣中的损失主要是由于（　　）造成。

18. 流体流动性好坏的程度称为（　　）。

19. 固体物质受热开始熔化的最低温度称为（　　）。

20. 过热度是指固体（　　）后，熔体（　　）超过该固体（　　）的程度。一般用（　　）来表示。

21. 冶金过程的目的是从矿石或精矿中提炼出各种（　　　）或（　　　）。

22. 组成炉渣的各种氧化物按其在相互反应中的化学性质不同，可以分为三种类型：
（　　　）、（　　　）、（　　　）。

23. 熔融炉渣的导电机理包括两个方面，即熔融炉渣内电子流动而引起的（　　　）和离子
迁移而引起的（　　　）。

24. 合金硫化炉渣量的多少取决于（　　　）。

25. 一次合金经熔铸车间合金硫化炉（　　　）、（　　　）产出（　　　）。

26. 二次高镍锍经过（　　　）分离，产出贵金属品位较高的（　　　），用作提取（　　　）
的原料。

27. 一次高镍锍中的（　　　）在磨浮生产过程中，约有（　　　）的贵金属进入（　　　）
中，其余（　　　）分散于镍精矿中。

28. 由于一次铜镍合金中的（　　　）品位较低，须将（　　　）配入含硫物料（　　　），进
行（　　　）熔炼和（　　　），使（　　　）进一步（　　　）于（　　　）的（　　　）中，
为贵金属提供贵金属品位较高的（　　　）。

29. 合金硫化炉生产是将（　　　）和硫化剂（　　　）按一定比例混合后，配入适当的
（　　　），加入卧式（　　　），首先进行（　　　），使（　　　）充分硫化生成（　　　），
然后进行（　　　）、（　　　），产出一定数量的（　　　），使贵金属富集于新
产生的（　　　）中。

30. 一次铜镍合金中的主金属有（　　　），化学符号为（　　　）。

31. 根据热力学原理，当液态金属（　　　）至熔点以下时，就会发生（　　　）。凝固时，
首先在（　　　）中形成具有某一临界大小的（　　　），在母相中等于或超过一定临界
大小的新相（　　　）的过程成为（　　　）。

32. 所谓晶核的成长，就是形核后（　　　）原子移动到（　　　）的量比（　　　）原子移
动到（　　　）的量多，二者的数量差别越大，（　　　）越快。

33. 阳极泥在热滤脱硫时产出（　　　），将（　　　）富集于（　　　）中。

34. 合金硫化炉熔炼过程分为（　　　），也称（　　　）和（　　　），也称（　　　）。

35. 当冷却的金属液体一旦形成（　　　）之后，紧接着就要进行晶核长大。

36. 当同时存在固相和液相时，其界面上总是不断进行着（　　　）之间的原子移动过程，
即（　　　）原子移动到（　　　）去的（　　　）过程和液相原子移动到固相上去的
（　　　）过程。

37. 高镍锍在缓冷过程中，（　　　）基本上被富集于（　　　）中，（　　　）控制越好，
（　　　）越能充分长大，也越有利于贵金属的富集与提取。

38. 二次高镍锍冷却凝固时铜以（　　　）、镍以（　　　）和（　　　）三种形态存在于高镍
锍中。

二、判断题

1. 反射炉是一种火焰加热熔化精矿的炉子。（　　　）

2. 燃料燃烧是反射炉熔炼的主要热源。（　　　）

3. 反射炉炉内温度越高，熔炼率也越高。（　　　）

4. 合金炉配入热滤渣是起氧化剂的作用。（　　　）

5. 二次高锍中铜、镍的品位取决于热滤渣中的品位。（　　　）

6. 严格控制炉温是提高合金炉寿命的重要措施。（　　　）

7. 合金硫化炉加入石灰石的目的是为了改善渣型。（　　　）

8. 熔体中熔渣与高锍性质不同，会自然分成两相。（　　　）

9. 熔渣和高锍密度相同，因此熔渣浮在高锍上面，可进行渣锍分离。（　　　）

10. 有色冶金炉渣的酸碱性习惯上用硅酸度表示。（　　　）

11. 按燃烧化学式计算的燃料完全燃烧所需要的空气量称为理论空气量。（　　　）

12. 硫化剂的配比对合金炉的炉寿命很重要。（　　　）

13. 耐火材料在高温下抵抗熔体化学物理作用的能力称抗渣性。（　　　）

14. 重油能否完全燃烧的关键是重油的雾化质量。（　　　）

15. 单位体积的烟气中所含烟尘的数量称为烟气含尘量。（　　　）

16. 热滤渣是指铜电解阳极泥经过热滤脱硫后产出残渣。（　　　）

17. 将镍电解除铜净化过程中所产出的硫化铜经氯气浸出后所得到的高含硫残渣称浸出渣。（　　　）

18. 直接从低冰镍经转炉吹炼而得到的高锍称二次高镍锍。（　　　）

19. 当熔体温度降至约700℃时，金属相镍铜合金开始析出，同时硫化镍相也开始析出。（　　　）

20. 共晶点575℃和类共晶点520℃之间的冷却速度快慢对二次高镍锍没有影响。（　　　）

21. 在高温作用下，使矿物中的碱性氧化物与酸性氧化物生成的盐类称炉渣。（　　　）

22. 渣率指产出的渣量与总加入物料量的百分比。（　　　）

23. 物理损失指有价金属或硫化物在炉渣中的损失。（　　　）

24. 化学损失指有价金属氧化物和二氧化硅生成硅酸盐炉渣所造成的损失。（　　　）

25. 灰分指燃料中不能燃烧的矿物质。（　　　）

26. 炉渣中所含的镍量与入炉物料的百分比称渣含镍。（　　　）

27. 熔渣是指熔融状态的炉渣。（　　　）

28. 炉渣量的多少主要决定于原料中的含硫量。（　　　）

29. 熔体中熔渣与高锍性质不同，会自然分成两相。（　　　）

30. 在适当的高温下，在澄清前加强熔体的搅动，是降低金属在渣中机械损失的重要途径。（　　　）

三、单项选择题

1. 要想把二次高镍锍中的硫化亚铜、硫化镍、铜镍合金三者分离，必须使高锍进行（　　　）冷却。

    A. 快速的　　　　　　　　B. 缓慢的　　　　　　　　C. 自然的

2. 当熔体温度降至（　　　）℃时，固体硫化亚铜结晶开始形成。

    A. >927　　　　　　　　　B. 927　　　　　　　　　C. 1000

3. 二次高镍锍继续冷却至（　　　）℃时，第三固相即硫化镍相析出。

    A. 927　　　　　　　　　　B. 575　　　　　　　　　C. 700

4. 浇铸高锍时，必须缓慢倾倒熔体，以防止飞溅（　　）。

    A. 外溢　　　　　　　　B. 伤人　　　　　　　　C. 放炮

5. 冷却后的熔体、炉渣和高镍锍将会分成（　　）。

    A. 两相　　　　　　　　B. 两固相　　　　　　　C. 两层

6. 对高镍锍和炉渣进行剥离的过程称为（　　）。

    A. 剥渣　　　　　　　　B. 打渣　　　　　　　　C. 分离

7. 二次合金产率一般为（　　）。

    A. 8% ~9%　　　　　　B. 14% ~18%　　　　　C. 20% ~22%

8. 硫化结束后，即鼓入（　　）进入吹炼期。

    A. 低压风　　　　　　　B. 二次风　　　　　　　C. 高压风

9. 镍、铜、铁、钴对硫的亲和力依次为（　　）。

    A. Cu、Ni、Co、Fe　　B. Ni、Cu、Co、Fe　　C. Fe、Co、Ni、Cu

10. 镍、铜、铁、钴对氧的亲和力依次为（　　）。

    A. Co、Fe、Ni、Cu　　B. Fe、Co、Ni、Cu　　C. Cu、Fe、Ni、Co

11. 吹炼时空气的氧使硫化物氧化，硫氧化成（　　）。

    A. SO_3　　　　　　　B. SO_2　　　　　　　C. SO

12. 吹炼时铁生成氧化亚铁，并且与熔剂中的（　　）结合生成炉渣。

    A. SiO_2　　　　　　　B. Si　　　　　　　　　C. CuO

13. 在炉内高温下加入石灰石与（　　）反应生成 $2CaO \cdot SiO_2$，以此来改善渣的流动性。

    A. FeO　　　　　　　　B. 石英石　　　　　　　C. SO_2

14. 液态金属凝固时，首先在液体中形成某一临界大小的（　　）。

    A. 液体　　　　　　　　B. 固体晶核　　　　　　C. 结晶

15. 加入合金硫化炉的石英石及石灰石的熔化是靠（　　）。

    A. 化学侵蚀　　　　　　B. 高温　　　　　　　　C. 熔体冲刷

16. 渣含镍是指炉渣中含镍量占（　　）的百分比。

    A. 炉渣量　　　　　　　B. 混合物料含镍量　　　C. 热滤渣含镍量

17. 炉渣熔化后称熔渣，一般是（　　）的熔体。

    A. 硫化物　　　　　　　B. 氧化物　　　　　　　C. 混合物

18. 渣量占入炉物料的百分比叫（　　）。

    A. 渣率　　　　　　　　B. 密度　　　　　　　　C. 比重

19. 熔体中熔渣和高锍（　　）不同，会自然分离成两相。

    A. 性质　　　　　　　　B. 成分　　　　　　　　C. 质量

20. 由于炉渣和高锍（　　）不同，熔渣浮在高锍上面，达到渣锍分离的目的。

    A. 性质　　　　　　　　B. 密度　　　　　　　　C. 质量

21. 炉渣中的四氧化三铁含量升高，将使炉渣熔点（　　）、黏度（　　）。

    A. 升高　增大　　　　　B. 升高　降低　　　　　C. 降低　增大　　　D. 降低　降低

22. 黏度是表示流体（　　）时内摩擦力大小的物理量。

    A. 流动　　　　　　　　B. 运动　　　　　　　　C. 静止

23. 镍的密度比渣的密度（　　）。

A. 大   B. 小   C. 一样

24. 合金硫化炉渣率大致为 (　　)。
     A. 6%   B. 5%   C. 10%

25. 合金硫化转炉的炉渣是 (　　) 渣。
     A. 酸性   B. 碱性   C. 中性

26. 熔渣的密度为(   )t/m^3。
     A. 2.8 ~ 3.5   B. 2 ~ 2.5   C. 大于 4

27. 合金炉使用的渣包容量为 (　　)。
     A. $1m^3$ B. $2m^3$ C. $4m^3$

28. 合金炉使用的高锍包容量为 (　　)。
     A. $3m^3$ B. $2m^3$ C. $6m^3$

29. 由于铜镍合金中的贵金属品位较低，须将一次铜镍合金配入含硫物料 (　　)。
     A. 硫黄   B. 热滤渣   C. 阳极泥

30. 合金硫化转炉生产的目的是为贵金属提取工艺提供贵金属品位较高的 (　　)。
     A. 精矿   B. 二次合金   C. 铜精矿

四、多项选择题

1. 粉煤燃烧时，一次风量增大 (　　)。
     A. 燃烧火焰长   B. 熔体温度高   C. 化料快

2. 炉渣黏度大的主要原因是 (　　)。
     A. 炉温太低   B. 炉渣含二氧化硅高   C. 渣太多

3. 金属在炉渣中的损失可分为 (　　)。
     A. 机械损失   B. 物料损失   C. 化学损失

4. 合金硫化转炉炉衬损失的原因主要是 (　　)。
     A. 机械力   B. 热应力   C. 化学腐蚀   D. 高温熔化

5. 合金硫化炉原料有一次合金 (　　) 及石灰石。
     A. 热滤渣   B. 浸出渣   C. 石英石   D. 精矿

6. 吹炼除铁主要靠 (　　)。
     A. 石英石   B. 鼓入空气   C. 吹炼脱硫

7. 单位时间内供给炉内 (　　) 之比称为风油比。
     A. 风量   B. 油量   C. 氧气量

8. 重油在燃烧过程中产生大量黑烟，说明 (　　)。
     A. 风油配比不当   B. 重油燃烧较好   C. 重油燃烧不好

9. 合金硫化炉生产熔炼过程分为 (　　)。
     A. 硫化造锍期   B. 氧化还原及造渣期   C. 硫化造渣期

10. 熔体中熔渣与高锍因 (　　) 不同分成两相，两者 (　　) 不同，熔渣浮在上面，澄清后进行渣锍分离。
     A. 性质   B. 密度   C. 温度

11. 熔体在冷却时主金属镍、铜以 (　　) 形态存在于二次高镍锍中。

A. Cu_2S　　　　　　B. Ni_3S_2　　　　　　C. 铜镍合金　　　D. 混熔

12. 当高锍温度降至 520℃ 时，硫化镍完全结构转化，由 β 型转变成 β′ 型，析出一些（　　）。

A. Ni_3S_2　　　　　　B. 铜镍合金　　　　　C. 硫化亚铜

13. 若共晶点 575℃ 和类共晶点 520℃ 之间的冷却速度快，硫化镍基体中会存在（　　）的极细晶粒妨碍细磨及浮选的分离效果。

A. 极细晶粒　　　　B. 金属相　　　　　C. 硫化亚铜　　　D. 氧化铁

14. 有色冶金炉渣的酸碱性，习惯上用（　　）表示。

A. 硅酸度　　　　　B. 碱度　　　　　　C. SiO_2 含量

15. 合金炉生产工序的回收率是指二次高锍和（　　）中的含镍量占炉料中含镍量的百分比。

A. 炉渣　　　　　　B. 烟灰　　　　　　C. 烟气

16. 炉渣是火法冶金的产物，其组成主要来自（　　）和燃料中灰分的造渣成分。

A. 矿石　　　　　　B. 熔剂　　　　　　C. 重油

17. 炉渣是极为复杂的体系，常由许多氧化物组成，各种氧化物可分为（　　）。

A. 碱性氧化物　　　B. 酸性氧化物　　　C. 两性氧化物　　　D. 其他化合物

18. 金属在炉渣里的损失有（　　）。

A. 机械损失　　　　B. 物理损失　　　　C. 化学损失　　　D. 混合损失

19. 有价金属以（　　）或（　　）形式存在于渣中所造成的损失就是化学损失。

A. 氧化物　　　　　B. 硅酸盐　　　　　C. 硫化物

20. 炉渣中熔解的（　　）或（　　）所造成的损失就是物理损失。

A. 金属　　　　　　B. 锍　　　　　　　C. 金属硫化物

21. 熔剂的作用是参与熔炼过程的造渣反应，生成熔点、密度、黏度合适的炉渣。合金炉所用的熔剂有（　　）。

A. 石英石　　　　　B. 石灰石　　　　　C. 碱

22. 炉渣与高锍由于（　　）不同以及相互的（　　）有限，停止吹炼时自然分成两层。

A. 密度　　　　　　B. 性质　　　　　　C. 溶解度

23. 打渣时穿戴好劳保用品，并检查（　　）是否牢固。

A. 锤头　　　　　　B. 锤柄　　　　　　C. 大锤

五、简答题

1. 什么是直收率?
2. 什么是火法冶金?
3. 什么是燃料的发热量?
4. 什么是金属的机械损失?
5. 反射炉死炉的原因是什么?
6. 水淬镍成粒的条件是什么?
7. 热滤渣粒度的大小，对合金硫化有何影响?
8. 炉渣在火法冶炼中的作用?

9. 镍反射炉渣的来源？

10. 石英石和石灰石各起什么作用？

11. 试述从节油方面考虑，生产实际操作中应注意哪些方面？

12. 什么叫过吹？

13. 二次高镍锍为什么要进行缓冷？

14. 合金硫化转炉硫化机理是什么？

15. 什么是镍回收率，影响合金硫化炉回收率的主要因素有哪些？

16. 如何提高渣的流动性，降低渣含镍？

17. 二次高硫夹渣会给下道工序带来什么影响？

18. 什么是金属的机械损失？

19. 炉渣按 SiO_2 含量的不同，可分为哪三种？

20. 什么叫炉渣，炉渣有什么作用？

21. 什么叫硅酸度，如何计算硅酸度？

22. 炉渣的熔化温度有何特点？

23. 什么叫黏度，炉渣的黏度和密度在生产实践中有何意义？

24. 炉渣的表面张力和炉渣的组成有何关系？

25. 金属在炉渣中的损失有哪几种，应采取什么措施减少金属在炉渣中的损失？

26. 炉渣的来源主要有哪几个方面？

27. 简述合金硫化炉生产过程？

28. 贵金属主要是指哪些金属？

29. 合金硫化的硫化机理是什么？

30. 合金硫化吹炼的氧化机理是什么？

31. 请用化学方程式表示硫化过程反应原理。

32. 请用化学方程式表示吹炼过程反应原理。

33. 造渣的化学方程式如何表示？

34. 为什么二次高镍锍含铁 1% ~4% 就作为中间产品倒出？

6 生产过程中原料的理化性能要求

6.1 反射炉原料的理化性能要求

6.1.1 镍精矿

镍熔铸反射炉主要的生产原料是镍精矿。化学成分应见表6-1。镍精矿中不得混有机械夹杂物。

表 6-1 镍精矿化学成分 （质量分数/%）

成 分	$w(Ni)$	$w(Cu)$	$w(H_2O)$
指 标	≥65	≤3.2	<10

镍精矿的矿物组成见表6-2。

表 6-2 镍精矿的矿物组成 （质量分数/%）

矿物名称	$w(Ni_3S_2)$	$w(Cu_2S)$	$w(合金)$	$w(Fe_3O_4)$	$w(硅酸盐)$	$w(总量)$
试样 1	82.32	5.31	9.44	0.54	2.39	100.0
试样 2	85.77	0.81	7.02	0.95	5.45	100.0

镍精矿中 Ni_3S_2 熔点较低，为787℃，但由于有 Cu_2S、FeS 的存在，镍精矿一般在600℃左右开始熔化。镍精矿中还有少量的铅锌和铂族金属。

镍精矿的物理性质：密度 4.45~5t/m³，堆积密度 2.4t/m³，安息角30°~35°。Ni_3S_2密度为 5.66t/m³，合金密度 8.21t/m³。

6.1.2 高镍残极

镍电解车间产出的残极，在电解时，残极表面附有阳极泥及一些电解液，为防止炉内发生"放炮"现象，残极须经自然干燥，刮去表面黏附的阳极泥，回收阳极铜耳线。

高镍残极的化学成分见表6-3。要求黏附阳极泥微量，无铜耳线。

表 6-3 高镍残极化学成分 （质量分数/%）

成 分	$w(Ni)$	$w(S)$
指 标	>60	<28

6.1.3 高镍碎板

高镍碎板一方面来自镍反射炉生产过程产生的高镍阳极碎板，另一方面来自于高镍阳极板在运输装架过程中产生的碎板，入炉前要求无铜耳线。高镍碎板的产生和浇铸时的浇水量有很大的关系，因此，在生产过程中，应根据硫化镍熔体的温度和浇铸的不同时期，控制浇水量的多少。

6.1.4　冷料及烟尘

冷料主要为溜槽、浇铸包及阳极模上的硫化镍黏结物，以及浇铸时产生的硫化镍喷溅物。

烟尘为本车间余热利用系统和旋涡除尘器回收的反射炉烟尘。

减少冷料主要通过控制铸型机和浇铸包的启动速度、运行速度及提高操作人员的责任心。

6.2　合金炉原料的理化性能要求

合金硫化炉主要原料有一次合金、热滤渣、浸出渣等。

6.2.1　一次合金

高硫磨浮车间将熔炼转炉吹炼成的高冰镍缓冷后经磨浮-磁选分离，得到的合金产品即一次合金。一次合金的化学成分见表6-4。

表 6-4　一次合金化学成分　　　　　　　　　　　（质量分数/%）

成　分	$w(Ni)$	$w(Cu)$	$w(Fe)$	$w(Co)$	$w(S)$	Au	Pt	Pd
指　标	>65	<20	6~10	0.1~0.2	<6	25~48g/t	60~90g/t	32~48g/t

6.2.2　热滤渣

镍电解阳极泥经过热滤脱硫后产出的残渣称为热滤渣。热滤渣的化学成分见表6-5。

表 6-5　热滤渣化学成分　　　　　　　　　　　（质量分数/%）

成　分	$w(Ni)$	$w(Cu)$	$w(Fe)$	$w(Co)$	$w(S)$	Au	Pt	Pd
指　标	6~9	3~5	1~2	0.12~0.18	>65	45~49g/t	36~40g/t	28~32g/t

6.2.3　焚烧浸出渣

焚烧浸出渣是将镍电解除铜净化过程中所产出的硫化铜经氯气浸出后所得到的高含硫残渣。焚烧浸出渣的化学成分见表6-6。

表 6-6　焚烧浸出渣化学成分　　　　　　　　　　（质量分数/%）

成　分	$w(Ni)$	$w(Cu)$	$w(Fe)$	$w(Co)$	$w(S)$	Au	Pt	Pd
指　标	1.8~2	1.2~1.3	0.08~0.1	0.1~0.14	80~85	22~26g/t	18~20g/t	12~16g/t

6.2.4　辅助材料

合金硫化炉熔炼过程主要辅助材料有石英石、石灰石，其化学成分见表6-7。

表6-7 石英石、石灰石化学成分 （质量分数/%）

名 称	$w(SiO_2)$	$w(CaO)$	$w(MgO)$	$w(Al_2O_3)$
石英石	>90	<1	<0.5	—
石灰石	—	>45	—	—

6.2.5 二次高镍锍

二次高镍锍为合金硫化炉生产产出的最终产品。二次高镍锍成分见表6-8。

表6-8 二次高镍锍化学成分

成 分	$w(Ni)$	$w(Cu)$	$w(Fe)$	$w(S)$	Au	Pt	Pd
	（质量分数/%）				g/t		
指 标	56~60	16~18	1~4	19~23	30~35	56~65	36~40

6.2.6 炉渣

炉渣化学成分，见表6-9。

表6-9 炉渣化学成分

成 分	$w(Ni)$	$w(Cu)$	$w(Fe)$	$w(Co)$	$w(S)$	Au	Pt	Pd
	（质量分数/%）					g/t		
指 标	2~5	0.6~2.5	25~30	1~1.6	0.1~0.6	1.2~5.3	0.4~4.4	1.4~5.6

6.2.7 烟尘

烟尘化学成分，见表6-10。

表6-10 烟尘化学成分

成 分	$w(Ni)$	$w(Cu)$	$w(Fe)$	$w(S)$	Au	Pt	Pd
	（质量分数/%）				g/t		
指 标	2.6~8.5	3.8~4.7	2.7~4.9	16~21	6.7~13.8	5~11.8	4~8

6.2.8 烟气

烟气化学成分，见表6-11。

表6-11 烟气化学成分 （质量分数/%）

成 分		$w(SO_2)$	$w(O_2)$	$w(CO_2)$	$w(CO)$
指 标	化料期	0.08	17.4	1.2	0.2
	吹炼期	0.36	18.1	1.2	0.3

6.3 水淬镍原料电解镍的化学成分及技术要求

水淬镍用电解镍执行 Q/YSJC07-NK01-1998 金川有色金属公司第二冶炼厂产品内控标

准。产品的品号为：Ni 9996。电解镍化学成分见表6-12。

表 6-12   电解镍化学成分   （质量分数/%）

品　号	主品位 Ni + Co（不小于）	其中 Co（不大于）	杂质含量（不大于）						
Ni9996	9996	0.02	C	Si	P	S	Fe	Cu	Zn
			0.005	0.0015	0.0008	0.001	0.008	0.008	0.0015
			As	Cd	Sn	Sb	Pb	Bi	Mg
			0.0008	0.0003	0.0002	0.0002	0.0008	0.0003	0.0008

水淬镍用电解镍块小于 $150mm \times 100mm$。

复　习　题

1. 反射炉生产的主要原料有（　　）、（　　）、（　　）、（　　）等。
2. 镍精矿中 Ni_3S_2 熔点为（　　）℃。
3. 合金硫化炉生产的主要原料有（　　）、（　　）、（　　）等。其辅助材料有（　　）、（　　）。产物有（　　）、（　　）、（　　）、（　　）。
4. 水淬镍用电解镍块大小要求应小于（　　）。

7 产品质量标准

7.1 产品化学成分

7.1.1 高锍阳极板

高锍阳极板化学成分见表7-1。

表7-1 高锍阳极板的化学成分 （质量分数/%）

成 分		$w(Ni)$	$w(Cu)$	$w(Fe)$	$w(S)$	$w(Pb)$	$w(Zn)$
指 标	一级品	>66	<4.5	<1.9	<25	<0.04	<0.0015
	二级品		<5	<2.3	<26	<0.06	<0.0025

高锍阳极板的矿物组成见表7-2。

表7-2 高锍阳极板的矿物组成 （质量分数/%）

矿物名称	$w(Ni_3S_2)$	$w(硫化铜)$	$w(铜镍合金)$	$w(总量)$
含 量	92.04	4.46	2.50	100.00

其矿物组成和镍精矿一致，仅是含量上的变化，除上述成分外，在 Ni_3S_2 颗粒间嵌有极少量的非金属矿物，主要是橄榄石、方英石、方解石。进一步分析表明，阳极板中镍主要以硫化物状态分布至 Ni_3S_2 中，少量呈金属氧化物分布在合金中。

7.1.2 二次高镍锍

二次高镍锍化学成分见表7-3。

表7-3 二次高镍锍化学成分

单 位	质量分数/%				g/t		
成 分	$w(Ni)$	$w(Cu)$	$w(Fe)$	$w(S)$	Au	Pt	Pd
指 标	56~60	16~18	1~4	19~23	30~35	56~65	36~40

7.1.3 水淬镍

水淬镍化学成分见表7-4。

表7-4 水淬镍化学成分

元 素	$w(As)$	$w(Bi)$	$w(C)$	$w(Cd)$	$w(Co)$	$w(Cu)$	$w(Fe)$	$w(Mg)$
质量分数/%	0.001	0.0008	0.5	0.0008	0.05	0.01	0.05	0.02
元 素	$w(Ni+Co)$	$w(P)$	$w(Pb)$	$w(S)$	$w(Sb)$	$w(Si)$	$w(Sn)$	$w(Zn)$
质量分数/%		0.0010	0.0010	≤0.08	0.001	0.05	0.0008	0.0015

7.1.4 炉渣

7.1.4.1 反射炉渣

镍反射炉渣的物理性质为：熔点 1270℃左右。

镍反射炉渣的矿物组成见表 7-5。

表 7-5 镍反射炉渣矿物组成 （％）

样品号	镁铁橄榄石	玻璃质	磁铁矿	硫化物	合 金	总 量
试样 1	49.20	37.75	9.33	3.47	0.25	100.00
试样 2	48.36	37.54	12.99	1.11		100.00

镍反射炉渣化学成分与转炉吹炼后期末期渣相近似，此种渣黏度较大，夹带出的硫化物较高，导致渣含镍较高。主要由镁铁橄榄石、玻璃质和磁铁矿构成。镍在炉渣中主要分布于镁铁橄榄石及玻璃质中。

7.1.4.2 硫化炉渣

硫化炉渣化学成分见表 7-6。

表 7-6 硫化炉渣化学成分

成 分	Ni	Cu	Fe	Co	S	Au	Pt	Pd
单 位	质量分数/%					g/t		
指 标	2~5	0.6~2.5	25~30	1~1.6	0.1~0.6	1.2~5.3	0.4~4.4	1.4~5.6

7.2 外观质量

7.2.1 高锍阳极板

高锍阳极板外观质量要求：尺寸为 860mm×340mm×(55±5)mm。阳极表面平整，弯曲度不大于 10mm，无飞边毛刺，气孔深度不超过 10mm，表面不得有裂纹，夹渣面积不大于阳极板面积的 3%，铜耳线粗 5mm，长 250~270mm。

7.2.2 二次高镍锍的外观质量

二次高镍锍大块上的渣子要求清理干净。

7.2.3 水淬镍

水淬镍粒度要求不大于 20mm。

复 习 题

1. 高锍阳极板的化学成分要求（二级品级率要求）？
2. 高锍阳极板物理外观质量要求？
3. 水淬镍入炉原料外观要求？
4. 反射炉渣中含冰镍要求？

8 耐火材料及筑炉常识

8.1 概　述

冶金炉是冶金生产的重要设备，它需要大量的耐火材料、绝热材料、建筑材料和金属构件等。

耐火材料是为高温技术服务的重要基础材料。由于冶金炉一般都在1000℃以上的高温下工作，没有优质的耐火材料，很多火法冶炼新技术就不能实现。随着火法冶炼技术的提高，特别是富氧或纯氧冶炼技术的不断发展，对冶金炉窑耐火材料也提出了更高的要求。耐火材料的优劣，也关系到冶金炉窑的寿命和作业率，从而影响企业的经济效益。所以耐火材料是筑炉材料的主要部分。冶金工业是耐火材料最大消耗者，并且耐火材料的好坏直接影响到冶金工业各种产品的产量、质量和成本。

所以冶炼工作者要对耐火材料有所了解，本章对耐火材料的分类、指标和使用作了简单的介绍。

8.2　耐火材料的分类

耐火材料品种繁多，用途复杂，通常按其化学特性、化学矿物组成等进行分类。

8.2.1　按化学特性分类

按化学特性耐火材料可分为三类。

8.2.1.1　碱性耐火材料

碱性耐火材料，主要是指以 MgO、CaO 为主要成分的耐火材料。如反射炉用的镁砖、镁铝砖、镁铬砖等均是碱性耐火材料。碱性耐火材料对碱性渣有较强的抗侵蚀能力。

8.2.1.2　酸性耐火材料

酸性耐火材料，主要是指以 SiO_2 为主要成分的耐火材料。酸性耐火材料能耐酸性溶渣侵蚀。

8.2.1.3　中性耐火材料

中性耐火材料，主要是指以 Al_2O_3、Cr_2O_3 和碳为主要成分的耐火材料，如反射炉下料孔处使用的钢纤维增强耐火浇注料以及余热锅炉炉墙使用的轻质高铝砖等。其特性是对酸性渣和碱性渣均具有抗侵蚀能力。

8.2.2 按烧制方法分类

8.2.2.1 烧制砖

烧制砖，如反射炉用的镁质砖和黏土砖。

8.2.2.2 不定形耐火材料

不定形耐火材料也称散状耐火材料，是由一定级配的耐火骨料和粉状物料、结合剂、外加剂混合而成。不定形耐火材料具有施工工艺简单、便于机械施工等特点。如钢纤维增强耐火浇注料和水淬镍中频电炉炉衬用的刚玉尖晶石耐火浇注料等。

8.2.2.3 不烧砖

不烧砖是指不经烧制而成型的耐火砖。如不烧镁砖等。反射炉未使用不烧砖。

8.2.3 按耐火材料的耐火度分类

（1）普通耐火材料：耐火度为 1580～1770℃。
（2）高级耐火材料：耐火度为 1770～2000℃。
（3）特级耐火材料：耐火度为 2000℃以上。

8.2.4 根据化学—矿物组成分类

8.2.4.1 氧化硅质耐火材料

硅酸铝质耐火材料，又可分为：
（1）半硅质耐火材料。
（2）黏土质耐火材料。
（3）高铝质耐火材料。

8.2.4.2 氧化镁质耐火材料

氧化镁质耐火材料又可分为：
（1）白云石质耐火材料。
（2）镁石质耐火材料。
（3）镁橄榄石质耐火材料。
（4）镁铝质耐火材料。
（5）镁铬质耐火材料。
还有铬铁质耐火材料，碳质耐火材料，以及其他高耐火度制品，包括锆质耐火材料以及某些元素的碳化物、硼化物、氮化物等。

8.3 耐火材料的性质

耐火材料因其化学组成、结构、制造成型工艺等的不同，具有不同的物理化学性质。

同时，耐火材料应具有适应于各种操作条件的性质。其一般性质包括化学组成、矿物组成、结构力学、热学性质和高温使用性质。

8.3.1 常用氧化物和复合矿物的熔点

耐火材料常用氧化物和复合矿物的熔点见表8-1。

表8-1 耐火材料常用氧化物和复合矿物的熔点

名　称	化学组成	熔点/℃	名　称	化学组成	熔点/℃
氧化镁	MgO	2800	镁铝尖晶石	$MgO \cdot Al_2O_3$	2135
二氧化硅	SiO_2	1725	镁橄榄石	$2MgO \cdot SiO_2$	1890
氧化铝	Al_2O_3	2050	莫来石	$3Al_2O_3 \cdot 2SiO_2$	1810

8.3.2 耐火度

耐火材料抵抗高温而不变形的性能称为耐火度。耐火材料是由多种矿物组成的，所以没有固定的熔点，加热时耐火材料中的各种矿物组成之间会发生反应，并生成易熔的低熔点结合物，而使之软化，故耐火度只是表明耐火材料软化到一定程度的温度。

测定耐火度时，将耐火材料的试样制成一个上底边为2mm，下底边为8mm，高为30mm，截面为等边三角形的三角锥，把三角锥试样和比较用的标准锥放在一起加热，三角锥在高温作用下则软化而弯倒，当锥的顶点弯倒并触及底板时，此时的温度与标准锥比较称为该材料的耐火度。如图8-1所示。

应该注意的是，耐火度并不能代表耐火材料的实际使用温度。因为，在实际使用时，耐火材料承受一定的机械强度，故实际使用温度比测定的耐火度要低。

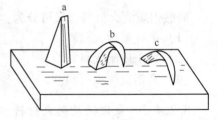

图8-1 三角锥软倒情况

8.3.3 荷重软化点

耐火材料在常温下的耐压强度很高，但在高温下发生软化，耐压强度也就显著降低。一般用荷重软化点来评定耐火材料的高温结构强度。所谓荷重软化点就是耐火材料受压发生一定变形的温度。

测定荷重软化点的方法是：将待测耐火材料制成高为20mm，直径为36mm的圆柱体试样，在$2kg/cm^2$的荷重压力下，按照一定的升温速度加热，测出试样的开始变形温度和压缩4%及40%的温度作为试样的荷重软化点。

耐火材料的实际使用温度常较荷重软化点高是因为：一方面耐火材料的实际荷重很少达到$2kg/cm^2$；另一方面耐火材料在炉子中一般只是单面受热。某些耐火材料在高温下的结构程度，见表8-2。

表 8-2　某些耐火材料在高温下的结构程度

耐火材料名称	荷重软化开始点温度 t_0/℃	荷重软化终止点温度 t_1/℃	耐火度 t_2/℃	$t_2 \sim t_0$/℃
氧化硅质	1630	1670	1730	100
黏土质	1650	1600	1730	80
氧化镁质	1500	1550	2000	500

注：1. 荷重软化开始点 t_0，表示开始变形的温度；

　　2. t_1 荷重软化终点，表示压缩变形40%时的温度。

从表 8-2 可以看出，氧化硅质耐火材料的荷重软化温度和耐火度接近，因此氧化硅质耐火材料的高温结构强度好，而黏土质耐火材料的荷重软化温度远比其耐火度低，这是黏土质耐火材料的一个缺点。氧化镁质耐火材料的耐火度虽然很高，但是高温结构强度同样很差，所以实际使用温度仍然低于其耐火度很多，当然，在没有什么荷重的情况下，其使用温度可以大大提高。

8.3.4　温度急变抵抗性

耐火材料抵抗温度急变而不破裂或剥落的能力称温度急变抵抗性或称耐急冷急热性，材料的温度急变抵抗性是一个非常重要的性质。

温度急变抵抗性的测定方法很多，我国颁布的测定方法是将试样在850℃的温度下加热40min后，再置于流动的冷水（10~20℃）中冷却，并反复进行之，直到其脱落部分的质量达到最初总质量的20%时为止，此时其经受的急冷急热次数就作为该材料的温度急变抵抗性指标，对于某些怕水的材料，可以用吹风冷却，但需注明风冷次数。

耐火材料的抵抗温度急变性能除和它本身的物理性质如膨胀性，导热性，气孔度等有关外，还与制品的尺寸、形状有关。一般薄的、尺寸不大和形状简单的制品比厚的、尺寸较大和形状复杂的制品有较好的耐急冷急热性。

8.3.5　高温体积稳定性

耐火材料的高温体积稳定性是指耐火材料在高温下长期使用时体积发生的不可逆的变化。有些体积膨胀称为残存膨胀；有些体积收缩称为残存收缩。膨胀或收缩的值占原尺寸的百分比，就表示其体积稳定性。这一变化严重时往往能引起炉子的开裂和倒塌。因此，使用耐火材料时，对这个性能必需十分注意。

黏土砖和镁砖在使用过程中常产生残存收缩。硅砖常产生残存膨胀。只有碳质制品的高温稳定性良好。各种耐火材料残存膨胀和残存收缩的允许值一般为0.5%~1.0%这一范围。

8.3.6　抗渣性

炉渣化学性质主要分两种：即酸性渣和碱性渣，含酸性氧化物较多的耐火材料，对酸性渣的抵抗能力强，对碱性渣的抵抗能力差，反之，碱性耐火材料抵抗碱性渣的能力强，对酸性渣的抵抗能力差。

耐火材料在高温下抵抗炉渣侵蚀的能力称为抗渣性。

耐火材料受炉渣侵蚀的过程是很复杂的，因而使得测量抗渣性的方法很难标准化。

影响耐火材料的抗渣性的主要因素有：

（1）工作温度。温度在 800 ~ 900℃时，炉渣对耐火材料的侵蚀作用不太显著，但温度达到 1200 ~ 1400℃以上时，耐火材料的抗渣性就大大降低了。

（2）耐火材料的致密程度。提高耐火材料的致密度，降低它的气孔率是提高耐火材料抗渣性的主要措施，所以在制砖过程要有合适的颗粒配比和较高的成型压力。

8.3.7 气孔率、密度和体积密度

8.3.7.1 气孔率

气孔率是表示耐火材料致密度的指标。和大气相通的称为开口气孔，其中贯穿的称为连通气孔；不和大气相通的气孔称为闭口气孔，如图 8-2 所示。

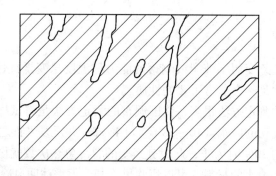

图 8-2   耐火材料的气孔类型

如果砖块的总体积（包括其中全部气孔）为 V，质量为 G，开口气孔的体积为 V_1，闭口气孔的体积为 V_2，连通气孔的体积为 V_3，则：

$$真气孔率 = \frac{V_1 + V_2 + V_3}{V} \times 100\%$$

即砖块中全部气孔体积占整块砖的体积百分率，又称全气孔率。

$$显气孔率 = \frac{V_1 + V_3}{V} \times 100\%$$

即砖块中的开口气孔（包括连通气孔在内）占整块体积百分率显气孔率或假气孔率。

$$闭口气孔率 = \frac{V_2}{V} \times 100\%$$

即砖块中闭口气孔体积占整块砖体积百分率。

8.3.7.2 密度

密度又分真密度和假密度两种

$$真密度 = \frac{G}{V - (V_1 + V_2 + V_3)}$$

即不包括气孔的每立方米砖块体积的质量千克数。

$$假密度 = \frac{G}{V - (V_1 + V_3)}$$

即包括闭口气孔在内的每立方米砖块体积的质量千克数。

8.3.7.3 体积密度

体积密度愈接近真密度，说明耐火材料的气孔率愈小。即包括全部气孔在内每立方米砖块体积的千克数，体积密度单位为 kg/m^3。

8.3.8 耐火材料的外形尺寸

耐火材料的外形尺寸也是鉴定耐火材料质量的一种重要指示，如果外形尺寸不合格，则在砖筑时会使砖缝过大，易被炉渣、金属、水镍、炉气所侵蚀，加快这部分的损坏而引起整个砖体的毁坏，除了尺寸大小要符合标准外，耐火制品的表面没有裂纹、溶洞、侵蚀、裂缝和扭曲等现象。

8.3.9 抗热震性

耐火材料在使用过程中，其环境温度的变化是不可避免的。如反射炉进料时下料孔处温度的急剧变化。耐火材料抵抗温度急剧变化而不被破坏的性能被称为热稳定性，又称为抗热震性。检测方法是将其所处环境急剧的冷热交替，记录其不损毁次数。一般来说，耐火制品的热膨胀率越大，抗热震性越差。故而在反射炉下料孔处使用了热稳定性较好的钢纤维增强耐火浇注料。

8.4 常用耐火材料

8.4.1 耐火材料的使用

8.4.1.1 硅砖

硅砖是含氧化硅（SiO_2）在93%以上的硅质耐火制品。它是以石英岩为原料，加入矿化剂（如铁磷、灰乳）和结合剂（亚硫酸纸浆废液）在1350～1450℃的高温下烧成的酸性耐火材料。其特性如下：

（1）荷重软化点高达1620～1650℃，接近其耐火程度，这是硅砖的主要优点。硅砖的荷重软化点之所以高，是因为硅砖中的鳞石英、白硅石和石英之间形成一个紧密的结晶做骨架，杂质形成的玻璃体（硅酸盐）充填在骨架之间，温度升高后，虽有液相出现，但砖的形状和荷重由骨架保持和承受，故受压并不变形，直到温度达到骨架的熔化强度为止。

（2）耐火度 1670 ~ 1730℃。

（3）耐急冷急热性差，水冷次数只有 1 ~ 2 次，这主要是因为有晶型转变的体积变化大的原因，由于硅砖有这个缺点，所以不宜于温度急变之处。

（4）体积稳定性差，加热时产生体积膨胀，因此砌筑时必须注意留有适当的膨胀缝。此外硅砖在低温时体积变化更大，所以在烘炉时，在 600℃ 以上升温应缓慢。

（5）二氧化硅是酸性，因此硅砖是酸性耐火材料，对酸性渣的抵抗是耐火材料中最强的而不耐碱性渣的侵蚀。

（6）真密度为 $2.33 ~ 2.42 g/cm^3$，以小为好，真密度小说明石英晶型转变完全，使用过程的残余膨胀就小。

用途：硅砖的用途很广，在有色冶金方面用于砌反射炉、锌蒸馏炉、退火炉、电炉等的炉顶和侧墙，在金川公司主要用于电解车间的耐酸砌筑，用来代替价格较贵的白瓷砖。

8.4.1.2　硅酸铝质耐火材料

硅酸铝质耐火材料是由 Al_2O_3 和 SiO_2 及少量的杂质所组成，根据其的含量不同可分为三类：

（1）半硅质耐火材料含 Al_2O_3（15% ~ 30%）。

（2）黏土质耐火材料含 Al_2O_3（30% ~ 46%）。

（3）高铝质耐火材料含 Al_2O_3（46%）以上。

由于硅酸铝质耐火材料资源丰富，成本便宜，用途广泛，所以它在耐火材料中产量最大，而黏土质耐火材料比其他耐火材料的总和还多，在人们的生产、生活中是必不可少的，如陶瓷主要就是黏土质耐火材料。

8.4.1.3　黏土质耐火材料

自然界产出的黏土质耐火材料有耐火黏土和高岭土，它们主要组成为高岭石，其余部分为 K_2O、Na_2O、CaO、MgO、TiO_2（TiO_2 性能与 Al_2O_3 相似为有用成分）及 Fe_2O_3 等杂质，含量约为 7%。

根据杂质含量的不同，耐火黏土又分为硬质黏土和软质黏土两种，前者 Al_2O_3 含量较多，杂质含量较少，耐火度高，但可塑性差，后者则相反，Al_2O_3 含量较少，杂质较多，耐火度较低，但可塑性好。

耐火黏土受热后，首先放出结晶水，继续升高温度，则发生一系列的变化而烧结，用化学式表示为：

$$3(Al_2O_3 \cdot 2SiO_2 \cdot 2H_2O) \Longrightarrow 3Al_2O_3 \cdot 2SiO_2 + 4SiO_2 + 6H_2O$$

　　　　高岭石　　　　　　　　　　莫来石　　　　白硅石

上式说明高岭石煅烧后分解生成莫来石和白硅石，这两部分都是砖中的有用成分。部分白硅石和原料中的杂质结合形成玻璃体（非晶体）。

耐火黏土加热时产生体积收缩，所以天然产出的耐火黏土必须预先进行煅烧成熟料，以免砖坯在烧成时因体积收缩而产生裂纹，但熟料没有可塑性和黏结性，制砖时必须加入一部分软质黏土做结合剂，这种未经煅烧的黏土称为生料。熟料和生料按一定的比例配合。

黏土砖的性质:

（1）耐火度，黏土砖的耐火度决定于化学成分及杂质含量，由图8-3看出：成分中含量越多，对应的液相线温度越高，耐火度也越高，一般黏土砖的耐火度1580～1730℃，当温度升高到1540℃时，就产生液相，砖开始变软，达1800℃时全部成液相。

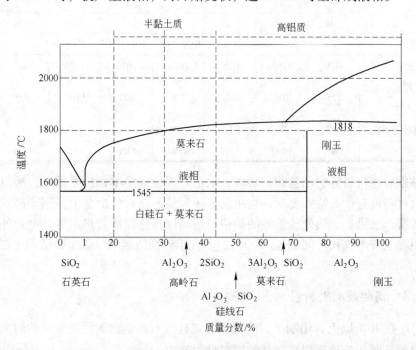

图 8-3 Al_2O_3-SiO_2 系相图

（2）荷重软化点低，因为黏土砖在较低的温度下出现液相开始软化，如果受外力就会变形，因此黏土砖的荷重软化点比耐火度低得多，只有1350℃。

（3）抗渣性，黏土砖是弱酸性的耐火材料，它能抵抗酸性渣的侵蚀，对于碱性渣的侵蚀作用的抵抗能力差。

（4）耐急冷急热性，由图8-4可看出，黏土砖的热膨胀系数最小，所以它的耐急冷急

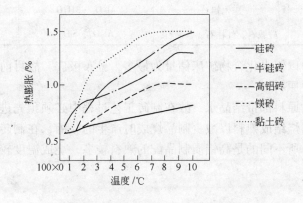

图 8-4 常见耐火材料的热膨胀曲线

热性好，一般为水冷 10~12 次。

（5）体积稳定性，在高温下产生残存收缩（或称重烧收缩），黏土砖的性能见表 8-3。

表 8-3 黏土砖的性能

指 标	Ⅰ			Ⅱ			Ⅲ	
	一级	二级	三级	一级	二级	三级	一级	二级
化学成分	$Al_2O_3 + TiO_2$ 不小于 30%							
耐火度不低于/℃	1730	1730	1730	1670	1670	1670	1580	1580
常温耐压强度不小于/kg·cm^{-2}	125	100	80	125	100	80	100	80
残余收缩不大于/%	0.7	1	1	0.71	1	0.7	1	
试验温度/℃	1400	1400	1400	1350	1350	1350	1250	1250

耐火黏土砖在自然界中的蕴藏量很多，制造过程也较简单，价格低廉，所以，如果砌筑体对耐火材料没有什么特殊要求，均用黏土砖砌筑，在有色冶金上多用来砌筑电炉、熔炼炉、回转窑、鼓风炉、热处理炉等的炉顶、炉墙以及燃烧窑蓄热室等，电炉外衬也用黏土砖，使用黏土砖不宜长时间超过 1500℃，不宜于碱性渣接触。黏土砖适用于温度变化较大的部位。

8.4.1.4 高铝质耐火材料

含 Al_2O_3 在 46% 以上，用刚玉、高铝矾土或硅线石系矿物做原料制成的耐火材料为高铝质耐火材料，制造各种高铝质制品的原料见表 8-4。

表 8-4 各种高铝质制品的原料

制品种类	原 料	原料的理论化学组成	制品矿物组成
刚玉制品	天然或人造刚玉	Al_2O_3	刚玉质
铝水化合物制品	水铝石	$Al_2O_3 \cdot H_2O$	刚玉质或莫来石
	铝矾土	$Al_2O_3 \cdot nH_2O$ （$n=1~3$）	
	三水铝石	$Al_2O_3 \cdot 3H_2O$	
硅线石制品	硅线石、红柱石、蓝晶石	$Al_2O_3 \cdot SiO_2$	莫来石质

在这几种原料中以铝水化合物矿床储量为最多，分布极广，故目前以铝矾土为制造高铝质耐火材料的主要原料。

由于铝水化合物原料都带结晶水，故在制砖工艺过程中必须预先进行煅烧，去除其中的结晶水，并使原料烧结成熟料以减少制品烧成时产生的收缩，在制砖工艺上，高铝质制品和黏土制品相似，所不同的是高铝质制品配的熟料较多，烧成温度较高，制砖时成型压力较高。

高铝砖的性质：

（1）耐火度。由图 8-3 可看出，含 Al_2O_3 愈高时，相对应的液相线温度越高，因此高铝砖的耐火度比黏土砖和半硅砖的耐火度都要高，达 1750～1790℃，属于高级耐火材料。

（2）软化点。因为高铝砖中 Al_2O_3 高，杂质少，形成易熔的玻璃体少，所以荷重软化点比黏土砖高。但因莫来石结晶未形成网状组织，故荷重软化点仍没有硅砖高。

（3）抗渣性。高铝砖中 Al_2O_3 较多，接近于中性耐火材料，能抵抗酸性渣和碱性渣的侵蚀，但抗碱性渣的能力比抗酸性渣的能力弱些，这也可以说明是由于其中还含有 SiO_2 的原因。

（4）体积稳定性好，它的热膨胀系数小，温度急变抵抗性好，高温下也会产生残存收缩。

高铝砖用途：由于各方面的性能都比黏土砖好，用来代替高级黏土砖，广泛地用于金川公司的炉窑上。

8.4.1.5　半硅质耐火材料

Al_2O_3 含量在 15%～30% 的耐火材料制成的砖称为半硅砖。制造半硅砖的原料大都利用含有石英杂质的耐火黏土和高岭土，如砂质石英岩，半酸性黏土，泡砂石等成分见表 8-5。

表 8-5　半硅质耐火材料

名　称	质量分数/%					耐火度/℃
	$w(SiO_2)$	$w(Al_2O_3)$	$w(Fe_2O_3)$	$w(CaO)$	$w(灼碱)$	
泡砂石	85.38	9.49	0.50	0.56	3.12	1650
半酸性黏土	54～60	28～31	0.9～1.8			约1690

半硅砖的性能，体积稳定性好是半硅砖的一个优点，这是因为原料中黏土的加热收缩和加热膨胀互相抵消。所以体积稳定性好，但如果较多，则会有残存膨胀，此外，半硅砖的荷重软化点和抗酸性渣的能力均比黏土砖高，耐急冷急热性好。

半硅砖的用途：半硅砖所用的原料广泛，价格低廉，加上具有上述特性，所以这类制品使用广泛，可以替代二等、三等黏土砖。常用来砌筑化铁炉、蓄热格子砖、加热炉炉顶和烟囱等。

8.4.1.6　镁质耐火材料

镁砖就是镁石质耐火材料的制品。它是以菱镁矿（主要成分是碳酸镁 $MgCO_3$）为原料，氧化镁含量 80%～85% 以上，按工艺生产的不同可分为不烧结镁砖、烧结镁砖和熔铸镁砖三种：

（1）不烧结镁砖又称结合镁砖，是在配好的镁砂中加入一部分矿化剂和低温结合剂，加压成型后经干燥而成的制品。

（2）烧结镁砖是用焙烧好的镁砂做原料。加入亚硫酸纸浆废液，加压成型，在 1600～1700℃ 的温度下烧成的制品。

（3）熔铸镁砖又称电铸镁砖，是将镁砂做原料，在电炉内进行熔化后铸造的镁砖。

镁砖源于碱性耐火材料，具有抵抗碱性炉渣侵蚀的良好性能，它最大的优点是耐火度高，一般镁砖的耐火度在 2000℃ 以上，但它的荷重软化点低，仅为 1500～1550℃，原因是方镁石的结晶没有形成网状组织，而是被玻璃体黏结在一起，所以其荷重软化点低，这是镁砖的最大缺点。

此外，镁砖的耐急冷急热性差，空冷 3 ~ 5 次，在高温下长期使用时体积稍有收缩。镁砖的导电、导热良好，使用时应注意绝缘和绝热问题，煅烧不够的氧化镁与空气中的水分作用生成 $Mg(OH)_2$ 而粉化，使镁砖破裂或塌落。经过高温煅烧的镁砖，其氧化镁的水化性大大降低，但若镁砖在潮湿状态下放置过久，则不可避免会进行水化而严重降低砖的质量，因此，镁砖在储存过程中必须注意防潮。

根据镁砖的上述性能，在有色冶金炉中用炼铜、镍、铅的鼓风炉炉缸、前床、反射炉炉墙、转炉内衬、闪速炉内衬等处，由于镁砖是一种昂贵的耐火材料，只有在炉子重要部位，炉渣侵蚀严重的地方才使用它。

8.4.1.7 白云石耐火材料

天然产出的白云石是一种碳酸钙和碳酸镁的复合矿物，其化学组成为 $MgCO_3 \cdot CaCO_3$。白云石原料必须经过高温（1500 ~ 1600℃）煅烧后才能使用，煅烧后的白云石熟料粉碎到一定的粒度，不同粒度的白云石按比例配合，用脱水焦油沥青做黏合剂将料拌匀，然后用压砖机压制成型或振动成型，成型后的砖即可使用，不需烧制工序。

焦油白云石砖具有极高的耐火度（可达 2000℃以上），也是抵抗碱性渣最强的耐火材料。所以成功地做碱性炼钢炉的内衬，但白云石砖的水化性比镁砖厉害，一般不能久置于空气中，制成后应尽快使用。

8.4.1.8 镁橄榄石质耐火材料

镁橄榄石质耐火材料是含 MgO 33% ~ 35%，MgO 与 SiO_2 的比例为 0.94 ~ 1.3 的制品，其化学式为 $2MgO \cdot SiO_2$，耐火度为 1890℃，属于高级耐火材料。

制造镁橄榄石质耐火材料的原料主要有镁橄榄石（$2MgO \cdot SiO_2$），滑石（$3MgO \cdot 4SiO_2 \cdot H_2O$），橄榄岩 $2(Fe \cdot Mg)O \cdot SiO_2$ 等，这些矿物都属于硅酸镁系，它们在自然界中的蕴藏量比菱镁矿多，分布很广，这给生产镁橄榄石质耐火材料提供了有利条件。

镁橄榄石质耐火材料的耐火度没有镁砖高，但荷重软化点（1550 ~ 1630℃）比镁砖高，这是因为镁橄榄石间可以形成结晶网的缘故，抵抗碱性渣的能力没有镁砖和白云石砖好，温度急变抵抗性比镁砖稍好，空冷 5 ~ 14 次。

镁橄榄石质耐火材料可以做蓄热格子砖，以及加热炉炉底，可以代替镁砖使用。

8.4.1.9 镁铝质耐火材料

镁砖的最大缺点是耐急冷急热性差，以致在工作中常引起砖块掉片剥落，经研究证明在制造镁砖的配料中加入 5% ~ 10% 的氧化铝（工业氧化镁或高铝矾土），则在烧成的制品中，方镁石的周围能生成铝镁尖晶石，这种尖晶石的耐火度很高（2135℃），热稳定性好，由这种配料烧成的制品就是镁铝质耐火材料，镁铝砖是耐火材料中人工合成的，它具备了镁砖的优点，又克服了镁砖的缺点，即耐急冷急热性比镁砖好，荷重软化点 1600℃ 以上，比镁砖高，且制作的原料丰富，发展前途大。

和镁砖比较，镁铝砖具有以下特点：

（1）耐急冷急热性好，可承受水冷 20~30 次，甚至更多，这是它突出的特点。

（2）高温结构强度比镁砖有所改善，荷重软化点温度为 1600℃，镁铝砖的其他性能也比镁砖强。

由于镁铝砖具有以上优良性能，故广泛用做炼钢平炉，炼铜反射炉，回转窑等高温炉窑的砌筑材料，取得了延长炉子寿命的效果。

8.4.1.10 镁铬质耐火材料

镁铬砖是用铬铁矿和烧结镁砂作为原料，制成含 Cr_2O_3 大于 8%，MgO 大于 48% 的耐火制品，其矿物组成为方镁石（MgO）和镁铬尖晶石（$MgO \cdot Cr_2O_3$）。

这种砖的性能与镁砖差不多，但价格比镁砖贵，它的耐急冷急热性好，主要用于转炉、闪速炉、自热炉的砌筑。

8.4.1.11 碳质耐火材料

碳质耐火材料制品主要有焦炭制品、石墨制品和碳化硅制品，这类耐火材料按其化学性质分类属于中性耐火材料。

8.4.1.12 焦炭制品

碳砖是以焦炭或无烟煤作原料，加焦油、沥青等结合剂，在强迫还原气氛中烧成，含碳约 85%~90% 以上的耐火材料。

碳砖的主要特性是耐火度高，实际使用上认为是不熔化的（3000℃以上），热膨胀系数很少，温度急变性良好，荷重软化点高，在 $2kg/cm^2$ 的荷重下至 1700℃ 才变形，具有良好的导电性、导热性，具有特殊的抗氟能力，抗渣性极好，几乎不为炉渣所侵蚀。

碳砖的最大缺点是易氧化，故不能用于氧化气氛下。

在冶金工业上，碳砖大量的使用在高炉炉底和炉缸、化铁炉炉缸和电炉炉衬。

8.4.1.13 石墨制品

是以石墨作原料，用耐火黏土作结合剂，在还原气氛中烧成的制品，所含碳是石墨状态，一般石墨黏土制品中石墨含量在 20%~70%。

由于在石墨中加入黏土，使片状石墨的表面上形成一层保护薄膜，在烧成时它形成一个坚硬的外壳，因而可以减缓石墨的氧化速度。

石墨制品的性质在许多方面和焦炭制品相似，但是也有一些由于结构不同而产生的差别，石墨制品的导热能力比碳砖要强，由于石墨晶形的抗氧化能力较强，加之石墨颗粒周围有黏土构成的保护膜，故石墨制品的抗氧化能力比碳砖强的多。石墨制品的导电能力比碳砖更强。

由于石墨制品具有上述优良性能，故广泛应用于冶炼金属的坩埚、电极、衬套、电解的不溶阳极等。

8.4.1.14 碳化硅制品

碳化硅质耐火制品是含碳化硅（SiC）80%~90% 加上 10%~20% 的耐火黏土制成。

碳化硅质耐火制品的特性是:

(1) 耐火度高 1900℃,荷重软化点高 1650~1750℃。

(2) 耐急冷急热性好,导热性好,导电性好,比黏土砖强 10 倍。

(3) 抗酸性渣的侵蚀能力强,抗碱性及碱金属氧化物侵蚀能力弱。

(4) 机械强度大,坚硬耐磨,重度大。

(5) 高温时大于 1300℃ 容易氧化。

碳化硅质耐火材料可做锌蒸馏竖缸,精馏塔、电热体、马弗胆、高温热换器及高温计护管等。

8.4.2 镍熔铸车间常用耐火材料

8.4.2.1 反射炉及中频炉常用耐火材料

常用耐火材料种类及砌筑部位见表 8-6。

表 8-6 常用耐火材料种类及砌筑部位

材料名称	规格/mm × mm × mm	砌筑部位
吊挂形镁铝砖	460 × 150 × 81/75	炉顶
吊挂形镁铝砖	380 × 150 × 80/75	炉顶
吊挂形镁铝砖	380 × 150 × 80/70	炉顶
直形镁砖	300 × 150 × 75/65	烟道顶
直形镁砖	450 × 125 × 90(拉挂砖)	直升烟道
直形镁砖	300 × 150 × 75	炉墙、烟道
直形镁砖	400 × 150 × 75	炉墙
直形镁砖	460 × 150 × 75	炉墙、直升烟道
竖楔形镁砖	300 × 150 × 75/65	炉底
竖楔形镁砖	380 × 150 × 75/65	炉底
竖楔形镁砖	380 × 150 × 75/65	炉底
竖楔形镁砖	380 × 150 × 75/70	炉底
竖楔形镁砖	230 × 114 × 65/55	炉底
直形镁砖	300 × 150 × 75	炉底
直形镁砖	380 × 150 × 75	炉底
直形镁砖	230 × 114 × 65	炉底
镁铬砖	460 × 150 × 85/65	托弦
镁铬砖	460 × 150 × 82/65	托弦
黏土砖	230 × 114 × 65	外墙、烟道外墙
钢纤维增强耐火浇注料	50kg/袋	反射炉下料孔
刚玉尖晶石耐火捣打料	50kg/袋	中频炉炉衬

8.4.2.2 合金硫化转炉常用耐火材料

常用耐火材料种类及砌筑部位见表8-7。

表8-7 常用耐火材料种类及砌筑部位

材料名称	规格/mm×mm×mm	单 位	数 量	砌筑部位
直形砖	300×150×75	块	1420	端墙、炉口
侧楔形砖	230×115×65/45	块	205	炉口、咽喉口
侧楔形砖	230×115×65/55	块	66	炉口、咽喉口
直形砖	230×115×65	块	80	炉口、咽喉口
竖楔形砖	300×150×65/45	块	2448	炉底、炉肩
竖楔形砖	300×150×75/65	块	1053	炉底、炉肩
风口砖	520×170×75/60	块	6	风眼
竖楔形砖	460×150×85/65	块	170	风眼区
竖楔形砖	380×150×85/72	块	170	风眼区
竖楔形砖	350×150×85/75	块	85	风眼区
三角形砖	300×300×75/80	块	84	风眼区
直形砖	520×150×75	块	250	风眼区
侧楔形砖	300×150×65/75	块	40	炉口
填料（镁砖粉）		kg	7500	炉体
黏土砖	230×115×65	块	18800	二次燃烧室墙体
黏土砖	300×150×65/45	块	150	二次燃烧室进出口弦
黏土砖	300×150×65/75	块	150	二次燃烧室进出口弦
钢纤维电炉浇注料	50kg/袋	袋		炉口盖，水平烟道、空气换热器底座浇铸

合金硫化转炉用镁铬砖或者直接结合镁铬砖、镁砖粉属碱性耐火材料，主要用于炉内砌体及填料；黏土砖属酸性耐火材料，主要用于二次燃烧室；还有钢纤维耐火浇注料属中性耐火材料，主要用于浇铸炉口盖子、二次燃烧室盖板、水平烟道及空气换热器底座等。

8.5 筑炉常识

8.5.1 砌砖的基本规则

砌砖的基本规则如下：

（1）耐火材料一般要防止受潮。

（2）耐火砌体应错缝砌筑，砖缝应以泥浆填满；干砌时，应以干耐火粉填满。

（3）预留膨胀缝，防止砌体损坏。

8.5.2 砌砖的方法

砌砖的方法包括墙的砌法、炉底的砌法、拱顶的砌法等方面的内容。均应遵循上述砌砖的基本规则。

8.5.3 反射炉筑炉的基本内容

（1）打炉。根据反射炉各砌体的状况决定拆打部位。

（2）准备耐火材料。根据打炉的情况，准备足够的耐火砖和耐火土、镁砖粉等耐火材料。

（3）砖的检查。耐火砖的检查包括对砖的外形如裂纹、缺棱、掉角的检查和线尺寸的检查。

对外形的检查主要是通过目视进行检查。反射炉筑炉时对砖的尺寸检查主要是对炉底烧镁砖进行检查，方法是过门法。过门法是指在选砖平台上安设若干个依次排列的不同高度的金属框架，进行检查分类。

8.5.4 筑炉

目前，筑炉工作由专门的修炉车间施工。在配合施工过程中，为确保修炉质量应注意以下 3 个方面的问题：

（1）保证卤水质量。宜用蒸汽加热搅拌，制备卤水。

（2）耐火砖在搬运过程中，应防止碰撞，防止缺角少棱。

（3）配合修炉人员确定托弦位置、渣口尺寸、烧油嘴尺寸及位置，以及炉底倾角等关键部位的数据。

反射炉筑炉方法：

（1）砌筑铬镁砖不大于 1.5mm，其中反拱部分砖缝为 1mm，炉底黏土砖为 1mm。

（2）炉墙长度方向每 3 块砖留设 3mm 膨胀缝，并填一纸板；炉底上反拱长度方向每 3 块砖留设 3mm 膨胀缝，并填一纸板；圆周方向每 4 块砖留设 3mm 膨胀缝，并填一纸板；炉底下反拱圆周方向每 7 块砖留设 3mm 膨胀缝，并填一纸板；沿炉子长度方向每 4 块砖留设 3mm 膨胀缝，并填一纸板。

复 习 题

一、填空题

1. 耐火材料是指耐火度在（　　　）℃以上，能满足高温作业条件下使用的无机非金属材料。

2. 耐火材料的气孔分为（　　）、（　　）、（　　）三类。

3. 修炉大、中、小修期间，可能用到的砖有（　　）、（　　）、（　　）、（　　）、（　　）。

4. 转炉炉衬主要用的耐火材料有（　　）、（　　）、（　　）、（　　），它们属于（　　）耐火材料。

5. 转炉炉衬分（　　）个区域。分别为（　　），（　　），（　　），（　　），（　　），（　　），（　　）。
6. 耐火材料在（　　）抵抗高温作用而不熔化的性能称为（　　）。
7. 耐火材料在（　　）下抵抗炉渣侵蚀的能力称为（　　）。

二、判断题

1. 所有能抵抗高温以及在高温下所产生的物理和化学作用的材料，统称耐火材料。（　　）
2. 耐火度指耐火材料在高温下，开始融化时的温度。（　　）
3. 耐压强度是耐火材料常温机械指标之一。它的实际意义是表示耐火材料制品成型的加工，均匀性以及烧成质量，在一定程度上说明制品对冲击作用，和其他机械作用的抵抗力。（　　）
4. 抗渣性指耐火制品在高温下抵抗熔体侵蚀作用的能力。（　　）
5. 耐火砖要错缝砌筑，砖缝用泥浆填满。（　　）
6. 耐火度在1580℃，能满足高温作业条件下使用的有机金属材料称为耐火材料。（　　）
7. 耐火度为1580～1770℃的耐火材料是高级耐火材料。（　　）
8. 耐火材料在高温下抵抗熔体物理化学作用的能力称为抗渣性。（　　）
9. 耐火度是指耐火材料在无荷重时抵抗高温作用而不熔化的性能。（　　）

三、单项选择题

1. 镁铬砖对（　　）渣具有一定的抵抗能力，高温下体积稳定性好，在1500℃时的重烧线收缩小。
   A. 碱性　　　　　　　　B. 酸性　　　　　　　　C. 两性
2. 以耐火熟料作骨料耐火黏土作结合剂，制成的含氧化铝为30%～48%的耐火制品是（　　）。
   A. 铬镁砖　　　　　　　B. 黏土砖　　　　　　　C. 高铝砖
3. 黏土砖属于（　　）的耐火材料，能抵抗酸性渣的侵蚀。
   A. 弱酸性　　　　　　　B. 酸性　　　　　　　　C. 碱性
4. 修炉时对于炉体结构复杂的部位必须（　　）。
   A. 直接砌　　　　　　　B. 湿砌　　　　　　　　C. 试砌
5. 对于质量要求严格及某些异型砖必须进行（　　）。
   A. 试砌　　　　　　　　B. 干砌　　　　　　　　C. 湿砌
6. 所有耐火材料及隔热材料都要防止（　　）。
   A. 受潮　　　　　　　　B. 受热　　　　　　　　C. 受压
7. 合金硫化炉炉衬用（　　）。
   A. 铬镁砖　　　　　　　B. 黏土砖　　　　　　　C. 碳砖
8. 合金硫化炉所用耐火砖属于（　　）耐火材料。
   A. 碱性　　　　　　　　B. 中性　　　　　　　　C. 酸性
9. 耐火材料抵抗高温而（　　）的性能称为耐火度。

    A. 不变形   B. 变形

10. 根据耐火材料的（   ）可分为酸性耐火材料、碱性耐火材料、中性耐火材料。

    A. 形状   B. 化学性质

11. 普通耐火材料的耐火度为（   ）。

    A. 1580~1770℃   B. 1770~2000℃   C. 2000℃以上

12. 高级耐火材料的耐火度为（   ）。

    A. 1580~1770℃   B. 1770~2000℃   C. 2000℃以上

13. 特级耐火材料的耐火度为（   ）。

    A. 2000℃以上   B. 1770~2000℃   C. 1580~1770℃

14. 含酸性氧化物（   ）的耐火材料对酸性渣的抵抗能力强，对碱性渣的抵抗能力差。

    A. 较多   B. 较少

15. 含碱性氧化物（   ）的耐火材料对碱性渣的抵抗能力强，对酸性渣的抵抗能力差。

    A. 较少   B. 较多

16. 炉温控制的越高，耐火材料的抗渣性就（   ）。

    A. 升高   B. 降低

17. 黏土砖的主要成分是由 Al_2O_3 和 SiO_2 组成的，其中 Al_2O_3 的含量为（   ）。

    A. 15%~30%   B. 30%~46%   C. 10%~15%

18. 黏土砖的热膨胀系数最（   ），耐急冷急热性好，所以用来外墙保温。

    A. 大   B. 小

19. 氧化镁含量（   ）以上，按工艺生产的耐火材料，称为镁质耐火材料。

    A. 80%~85%   B. 60%~80%   C. 50%~60%

20. 镁砖属于碱性耐火材料，具有抵抗（   ）性炉渣侵蚀的良好性能。

    A. 酸   B. 碱

21. 镁砖的耐火度为（   ）。

    A. 2000℃以上   B. 1770~2000℃   C. 1580~1770℃

22. 镁砖的急冷急热性（   ），遇雨水则严重降低镁砖的使用性能。

    A. 好   B. 差

23. 凡是新砌成或大、中、小修后的炉子，都必须把炉衬烘干，并使炉衬加温到（   ）℃以上，除去耐火材料中的水分。

    A. 300~500   B. 500~700   C. 800~900

四、多项选择题

1. 镁铬砖是加铬铁矿于烧结砂中，作为原料制成的含氧化铬大于8%耐火制品，其主要矿物组成为（   ）和（   ）。

    A. 方镁石   B. 铬尖晶石   C. 三氧化二铝

2. 黏土砖最突出的优点是（   ）。

    A. 导热系数小   B. 热稳定性好   C. 耐火度高

3. 耐火砖砌体要求错缝砌筑，灰浆饱满（   ）。

    A. 横平竖直   B. 膨胀缝预留准确   C. 全部湿砌

4. 合金硫化转炉炉衬损失的原因主要是（　　）。

 A. 机械力　　　　　　　B. 热应力　　　　　　　C. 化学腐蚀　　　D. 高温熔化

5. 新砌的炉子必须按照（　　）。

 A. 缓慢升温　　　　　　B. 快速升温

 C. 按升温曲线升温　　　D. 温度波动范围每小时不超过 50℃

6. 耐火材料中所存在的水分有（　　）。

 A. 游离水　　　　　　　B. 结晶水　　　　　　　C. 残余结合水

7. 合金硫化炉生产工艺所用耐火材质有（　　）。

 A. 黏土砖　　　　　　　B. 高铝砖　　　　　　　C. 直接结合铬镁砖

五、简答题

1. 转炉炉衬是什么？

2. 烘炉的目的？

3. 合金炉使用的炉衬是什么砖，它属于什么性质的耐火材料？

4. 转炉炉衬主要用哪些耐火材料，是什么性质耐火材料。

5. 合金硫化转炉烤炉的要求是什么？

6. 转炉炉衬为什么要用碱性耐火材料？

7. 什么是耐火材料？

8. 什么是耐火度？

9. 合金硫化炉生产工艺主要是用哪些型号的耐火材料，各用在什么部位？

10. 什么是耐火材料的抗热震性？

11. 简述砌筑的基本原则。

12. 合金硫化炉为什么要使用碱性耐火材料？

13. 合金硫化炉除要求耐火材料为碱性外，对耐火材料还有什么要求？

14. 请简述合金硫化炉炉内衬的砌筑方法。

15. 合金硫化炉为什么要烤炉？

16. 烤炉有什么要求？

17. 反射炉炉底砌筑的要求有哪些？

18. 反射炉上反拱的砌筑要求有哪些？

六、计算题：

1. 转炉端墙需挖补 1.71925m³，问需 230mm×115mm×65mm 的铬镁砖多少块？

2. 合金硫化炉修一面端墙需 300mm×150mm×75mm 的砖多少块？（孔洞忽略不计）

9 燃料及其燃烧

<<<<<<<<<<<<<<<<<<<<<<<<<<<<<<<<<<<<<<<<<<<<<<<<<<<<<<<<<<<<<<<<<<

9.1 综　述

2010 年我国人均石油开采储量 2.6t，人均天然气可开采量 1074 立方米，人均煤炭可开采储量 90t，分别为世界平均值的 11.1%、4.3% 和 55.4%。目前国内原油产量平均增幅为 1.5%，而需求量年均增长率约为 16%。2010 年我国进口原油 9000 万吨，成品油 1.3 亿吨，预计 2020 年我国石油进口量约达到 3.2 亿吨。

我国石油的对外依赖度增加，我国属于贫油富煤国。从我国经济的现实承受力看，煤炭在较长时期内是主体能源。

9.2 燃料的一般性质

凡是在燃烧时能够放出大量的热，并且此热量能够有效地被利用在工业和其他方面的物质称为燃料。燃料有固体燃料、液体燃料和气体燃料。反射炉和合金炉所用的燃料主要有重油和粉煤，重油属于液体燃料，粉煤属于固体燃料。

燃料的发热量是衡量燃料特性的重要指标，燃料的发热量是指单位质量或单位体积的燃料在完全燃烧时所放出的热量，通常用符号 Q 表示。

固体燃料和液体燃料一般都含有碳（C）、氢（H）、氧（O）、氮（N）、硫（S）、灰分和水分七种，其中碳、氢和有机硫能燃烧放热，属液体燃料和固体燃料中的可燃物，其他属不可燃物。

碳是固、液燃料中热量的最主要来源，碳的燃烧反应为：

$$C + O_2 \rel CO_2 + 8100kcal(Q)$$

$$(1kcal = 4.1868kJ)$$

氢也是燃料中的重要热量来源，氢的燃烧反应为：

$$2H_2 + O_2 \rel 2H_2O + 34200kcal(Q)$$

从以上反应可看出，氢燃烧时放出的热是碳燃烧放出热的 3 倍，但通常燃料中碳含量比氢含量要大（重油含碳量为 86% 以上，含氢量 10% 左右；粉煤含碳量 50%～99%，含氢量 6% 以下）。

硫是燃料中的有害成分，虽然能燃烧放热（发热量 2700～2600kJ/kg，）但发热量很低，且生成二氧化硫腐蚀金属设备，污染环境。

硫的燃烧反应为：

$$S + O_2 \!=\!=\!= SO_2 + Q$$

氮是惰性气体，燃烧时一般不参加反应而进入废气中，燃烧中的水是有害成分，它的存在降低了可燃成分的比例，在燃烧时要吸收大量热而蒸发。

灰分是煤中的有害成分，为不可燃物。它影响燃烧反应的进行，尤其是低熔点的灰分，在燃烧过程中易熔化结块，妨碍通风，造成燃料的浪费和增加除灰操作的困难。

综上所说碳和氢气是液体和固体燃烧中的有益成分，氧、氮、硫、灰分和水分是有害成分，有益成分越高，有害成分越少，则燃料的质量越好，在相同的含量时，燃料中灰分的熔点越高，则该燃料的质量越好。

9.3 重油的种类及特性

9.3.1 重油的来源及特性

重油是原油加工后各种残渣的总称，根据原油加工方法的不同，又分为直馏重油和裂化重油。市场上的商品重油就是各种渣油加进一部分轻油配制而成。

重油的牌号是按重油在50℃的恩氏黏度来确定的，恩氏黏度即

$$E = 50℃\ 200mL\ 重油流出时间\ /20℃\ 200mL\ 水流出时间$$

我国商品重油分为 4 种牌号，即 20 号、60 号、100 号和 200 号重油。镍熔铸反射炉和合金炉用重油要求为 100 号或 200 号重油。

9.3.2 重油的化学组成和特性

重油是由多种碳氢化合物混合而成，化学组成用 C、H、O、N、S、灰分（A）和水分（W）的质量分数来表示。重油的元素成分见表 9-1。

表 9-1　重油的元素成分（可燃基）　　　　　（质量分数/%）

成 分	$w(C)$	$w(H)$	$w(O + N)$	$w(S)$
含 量	85 ~ 88	10 ~ 13	0.5 ~ 1.0	0.2 ~ 1.0

从表 9-1 可以看出，重油的主要可燃元素是 C 和 H，它们约占重油可燃成分的95%以上。

重油的物理性能和燃烧特性如下所述。

9.3.2.1 闪点、燃点、着火点

当重油被加热时，在油的表面上将出现油蒸气。当空气中的蒸气浓度大到遇到点火小火焰能使油蒸气发生闪火现象时，这时的油温就称为重油的闪点。重油闪点是按照国家规定的统一标准专门仪器测定出来的，并有"开口"闪点（油表面暴露在大气中）和"闭口"闪点（油表面封闭在容器内）之分，通常用开口闪点，重油的开口闪点为80 ~ 130℃。

闪火只是瞬间的现象，油热气不会继续燃烧，如果油温超过闪点，油的蒸发速度加快，以致闪火后能继续燃烧而不熄灭，这时的油温称为燃点。重油的燃点一般比闪点高10℃左右。

如果继续提高油温，油蒸气会自燃，这时的油温称为油的着火点。重油的着火点为 $500 \sim 600℃$。

9.3.2.2 密度

在常温下（$20℃$），重油的密度的大致范围是 $\rho_{20} = 0.92 \sim 0.98t/m^3$。重油的密度随温度上升略有减小。$80℃$重油的密度大致范围是 $\rho_{80} = 0.88 \sim 0.94t/m^3$。

9.3.2.3 发热量

重油的低位发热量是指用 $Q_{低}$ 表示。$Q_{低} = 39900 \sim 42000kJ/kg$。

9.3.2.4 残炭

残炭是把重油在隔离空气的条件下加热时，蒸发出油蒸气后所剩下的一些固体炭素。我国重油残炭率一般在 10% 左右，残炭的存在能提高火焰的黑度，有利于强化火焰的辐射传热能力，但是析出大量固体碳粒，较难以燃烧，容易因残炭的析出而造成喷嘴出口结集，影响喷嘴的正常工作。且进入烟尘的碳粒易吸附在空气换热器、排烟机等设备上，严重时影响这些设备的正常工作。所以应当特别注意烧油嘴和排烟系统设备的维护和管理。

9.4 重油的雾化及燃烧过程

9.4.1 重油的雾化过程

重油的雾化过程是指通过油喷嘴把重油破碎为细小颗粒的过程，雾化过程大致按以下几个阶段进行：

（1）重油由喷嘴喷出时形成薄幕或流股。

（2）由于流体的初始紊流状态和空气对流股的作用，使液体表面发生弯曲波动。

（3）在空气压力作用下，产生了油流体薄膜。

（4）靠表面张力的作用，薄膜分裂成颗粒。

（5）颗粒的继续破裂。

（6）颗粒互相碰撞聚合。

由此可以看出，雾化过程是一个复杂的物理过程。无论是油流的流出和薄膜的形成，还是克服表面张力而形成小颗粒，都是要消耗能量的。只有对体系做功，才能使油雾化。根据雾化过程消耗能量来源，可把雾化方法分为以下两大类：

（1）靠附加介质的能量使油雾化。这种附加介质称为雾化剂。实际常用的雾化剂是空气和蒸气。根据气体雾化剂压力的不同，这类方法还可以分为：

1）高压雾化，雾化剂压力在 100kPa 以上；

2）中压雾化，雾化剂压力在 $10 \sim 100kPa$；

3）低压雾化，雾化剂压力在 $3 \sim 10kPa$。

（2）主要靠油自身的压力高速喷出，或以旋转方式使油流加以搅动，使油雾化。这种方法称为油压式雾化或机械式雾化。

镍熔铸反射炉由 3 个粉煤燃烧器改造后即可燃烧粉煤，也可燃烧重油。$50m^2$ 和 $45m^2$ 3 个粉煤燃烧器燃烧重油时，采用压缩空气的高压雾化法。高压雾化空气压力在 300 ~ 400kPa 之间。

无论是哪种雾化方法，作用于油表面的力，必须大于油的内力（表面张力和黏性力），重油流股才会被破碎成分散的油粒，油的雾化才会继续下去。沿油流股，雾化剂和油的速度都是逐渐减小的，即外力越来越小，而油粒变小时，表面能逐渐增加，因而外力和油粒的内力将会达到平衡，雾化过程也将不再进行。

9.4.2 油雾炬的特点

重油雾化后所形成颗粒群，分布在气体介质中，这些颗粒的运动轨道组成了比较规则的轮廓称为油雾炬。

油雾炬特性包括如下 4 个方面：

（1）油粒直径。雾化后油粒的直径是不均匀的，反映油粒直径的参数有 3 个，即油粒的平均直径，最大直径和直径分布。平均直径是反映雾化量的一个主要指标，对雾化的研究主要研究平均直径与各因素之间的关系，从而研究改善雾化质量的途径和方法。

影响雾化质量的因素有油温、雾化剂压力、油压以及烧油嘴结构等因素。在生产中，为了改善雾化质量，将油加热到一定的温度，如果油温过低，增大了油的黏性，雾化质量将下降。提高雾化剂压力，均可使雾化质量得到改善，而使用压缩空气作雾化剂的烧嘴，油压不宜太高。特别对于低压雾化的油烧嘴，油压太高，油流股速度太快，油流股可能会穿过雾化剂流股，使油得不到良好的雾化。但对油压（机械）式雾化烧嘴，则要求高的油压。

（2）雾化角。雾化角即油雾炬的张角。雾化角大，则可形成短而粗的火焰；反之，则可形成细而长的火焰。镍反射炉采用带旋流装置的喷嘴，可得到大的张角，甚至可得到中空锥体的油雾炬。而采用直流喷出的喷嘴，雾化角只有 $10° ~ 20°$。

（3）油粒流量密度及其分布。油雾中油粒流量密度指单位时间内在油粒运动的法线方向上，单位面积上通过的油粒的流量。旋流喷嘴产生的油雾炬中心流量密度较小，说明油量是呈锥体散开的，火焰张角较大。

（4）油雾射程。在水平喷射时，油粒降落前在轴线方向移动的距离，称为油雾的射程，由于油雾中油粒直径并不均匀，因而它们移动的距离并不相同，甚至有极细小的油粒会悬浮于气流中而不降落。射程比较远的喷嘴常形成长的火焰。但射程与火焰长度并不等同。直流喷嘴的射程比旋流喷嘴的长。

9.5 重油的燃烧过程

重油的燃烧过程是一个复杂的物理化学过程。实际上，重油在炉内的燃烧是以油雾炬的形式燃烧，因此，各个油粒在同一时间并不经受同一阶段。首先是油的雾化过程，这一过程在比较短的距离内就结束了，此后油的颗粒不再变小，随后油粒被加热蒸发，并开始热解和裂化，同时与助燃空气开始混合过程，温度达到着火点时即开始燃烧。由于混合过程较长，所以油和空气是边混合边燃烧形成了有一定长度的火焰。沿火焰长度，平均温度是逐渐升高的，而 O_2 的平均浓度是逐渐降低的。在火焰中，油的雾化、加热蒸发、热解和裂解、与空气混合，以及最后的燃烧各个阶段之间并不存在明显的界限。

雾化应看做是燃烧的先决条件，而油的雾化是通过油喷嘴来实现的。只有油雾化得很细，油蒸发得足够快，且油蒸气与空气混合地越快，才能迅速燃烧。控制雾化和混合过程是控制油燃烧的主要手段。

总之，稳定和强化重油燃烧的基本途径有三项：

（1）改善雾化质量。

（2）供给适量的空气，强化空气和油的混合。

（3）保证燃烧室的高温。

9.6　粉煤的来源与性质

粉煤是原煤磨细而成。原煤是远古的植物死亡后埋藏在地下，经过长期的地质和化学变化而形成的一种矿物燃料。由于所处的温度、压力和地质年代的不同，所生成的煤的种类也不同，有块煤、褐煤、烟煤和无烟煤。现在使用的原煤为烟煤。煤的工业分析通常分析固定碳、挥发分、灰分、水分和发热量。固定碳含量越高煤的发热量越大；挥发分含量越高煤越容易点燃，但不能过高，否则会发生粉煤爆炸事故；水分含量越高，不但输送粉煤困难，下煤不畅，而且不利于粉煤的燃烧。

9.6.1　粉煤中各元素的成分特征

（1）碳（C）。粉煤中主要的可燃成分之一，1kg 碳完全燃烧放出热量 33900kJ，占可燃成分的 50% ~98%。

（2）氢（H）。粉煤中的另一种可燃成分之一，1kg 氢完全燃烧放出热量 125600kJ，占可燃成分的 2% ~8%。

（3）硫（S）。粉煤中的有害成分，1kg 硫完全燃烧放出热量 10900kJ，燃烧生成 SO_2、SO_3，与水形成 H_2SO_3、H_2SO_4。

（4）氮（N）和氧（O）是燃料中的主要内部杂质。

（5）水分。粉煤中的主要杂质之一，由于它的存在不仅降低燃料中的可燃成分的含量而且吸收汽化潜热。水分分为外水（W_w）和内水（W_n）。

（6）灰分。夹杂在粉煤中的不可燃烧的矿物质，是主要杂质，用 A 表示。

9.6.2　煤的成分的几种表示方法及指标

对燃料进行分析时，固体和液体燃料用质量的分数表示，气体燃料用体积的分数表示。为了更确切地说明煤的特性，将煤的分析结果用应用基、分析基、干燥基、可燃基表示。

9.7　煤的燃烧特征

9.7.1　煤的工业分析

煤的加热燃烧时发生一系列变化，这些变化分为 4 个阶段：

（1）预热和干燥。当煤的温度升高以后，煤中的水分首先蒸发出来，直到烘干。

（2）挥发物逸出。当温度继续升高，煤开始分解，分解后逸出可燃气体称之为挥发物。

（3）焦炭的形成。挥发物析出完的剩下的固体物称为焦炭，它包括煤中的固定碳和全部灰分。

（4）形成灰渣。焦炭燃尽时的残留物称为灰渣，在煤的燃烧过程中，挥发物对着火点和燃烧有较大影响，高挥发物的煤着火迅速，燃烧稳定，燃烧完全。

9.7.1.1 煤的工业分析

煤的工业分析包括测定煤的水分、灰分挥发物和固定碳的含量以及煤的发热量。

9.7.1.2 煤的工业分析和元素分析的关系

煤的工业分析和元素分析的关系见表9-2。

表9-2 煤的工业分析和元素分析的关系

工业分析	固定碳	挥发物	灰 分	水 分
元素分析	C	H S O N	A	W

9.7.2 煤的发热量

（1）发热量。单位质量的燃料完全燃烧所放出的热量称为发热量，单位为 kJ/kg（千焦/千克）。

（2）高位发热量。每千克燃烧完全所产生的热量，它包括燃料燃烧时生成水蒸气的汽化潜热。

（3）低位发热量。从高位发热量中扣除水蒸气的汽化潜热后则称为地位发热量。

以上发热量作为热的计算依据。

9.7.3 煤的燃烧过程

煤分为泥煤、褐煤、烟煤、无烟煤。

烟煤挥发物占 18% ~28%。

煤沫中所含粉尘为煤粉，浓度大、粒度小、易燃、易爆属于危险品。

（1）烟煤爆炸：

下限浓度 110~335g/m³；

上限浓度 1500g/m³。

（2）无烟煤爆炸：

下限浓度 45~55g/m³；

上限浓度 1500~2000g/m³。

（3）可燃爆的粒度临界点：

上限 0.5~0.8mm；

下限小于 75μm（200目）。

（4）煤粉的着火温度 500~530℃。

（5）煤粉的自燃湿度140～350℃。

煤粉只要同时具备以下三要素，才有可能进行燃烧和发生爆炸：

（1）有可燃物质，即煤粉。

（2）有氧气。

（3）达到着火温度或有火源。

煤粉堆密度700kg/m³。

9.7.4　煤的分类表示

煤的分类见表9-3。

表9-3　煤的分类

煤　种		挥发物/%	低位发热量/kJ·kg⁻¹
褐　煤		>40	>8370～14650
无烟煤	Ⅰ	5～10	>14650～20930
	Ⅱ	5～10	>20930
贫　煤		10～20	≥16840
烟　煤	Ⅰ	≥20	≥11300～15490
	Ⅱ	≥20	≥15490～19680
	Ⅲ	≥20	>19680

从表9-3中看出：固定碳含量越高，煤的发热量越大，挥发分成分含量越高煤越容易点燃，但不能过高否则会发生煤粉爆炸事故。

9.7.5　煤粉的燃烧过程

燃烧是将燃料中的可燃物质于空气中的氧气进行发光放热的高速氧化反应过程。

粉煤的燃烧过程首先是挥发物逸出及燃烧，其次是剩下焦炭的燃烧。

输送粉煤的空气称一次风，约占燃烧所需空气量的15%～20%，其余助燃的空气称二次风。

反射炉粉煤燃烧是把原煤磨细到－200目（0.074mm）不小于80%、水分小于1%的煤粉，通过一次风输送到炉内，二次风助燃的燃烧方法。

便于分析，燃烧分3个部分：着火前的热力准备阶段、挥发物与焦炭的燃烧阶段、燃烬阶段（灰渣形成阶段）。

有利于燃烧的3个条件：

（1）在燃烧时必须供应充足适量的空气。

（2）燃烧时要有一定的环境温度。

（3）空气与燃料要良好的接触混合，并有足够的时间和空间。

9.8　粉煤制备

9.8.1　粉煤制备的目的

粉煤制备的生产目的是把原煤进行干燥、磨细从而满足反射炉及本系统生产需要。

9.8.2 粉煤制备生产过程

原煤经过电子皮带秤进入球磨机，在球磨机里被磨细，并由来自加热炉的热风对其进行烘干，被磨细烘干后的粉煤在气流的带动下，进入粗粉分离器，在其中进行粗细粉分离，粗粉又返回球磨机进行二次磨细，细粉则被细粉分离器、六筒漩涡收尘器、脉冲布袋收尘器等设备收集下来，成为合格的粉煤，供各使用点使用。

9.8.3 粉煤制备工艺流程

粉煤制备工艺流程，见图9-1。

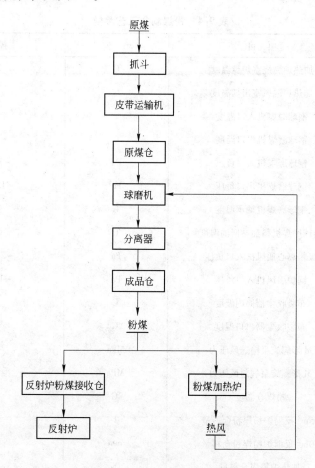

图9-1　粉煤制备工艺流程

9.8.4 生产工艺参数和技术经济指标

（1）煤的化学成分：

1）固定碳57%～60%；

2）挥发分25%～30%；

3）灰分小于15%；

4）发热值 6500 ~ 6800kcal/kg(1kcal = 4.1868kJ)。

（2）原煤：

1）粒度 0 ~ 12mm；

2）水分 6% ~ 8%。

（3）粉煤：

1）粒度 - 200 目大于 80%；

2）水分 0.5% ~ 1%；

3）堆密度 700kg/m³。

（4）粉煤制备工艺参数见表9-4。

表9-4 粉煤制备工艺参数

序 号	项 目	单 位	控 制 范 围
1	加热炉燃烧室炉膛温度	℃	700 ~ 1100
2	加热炉混风室出烟温度	℃	<550
3	钢球磨煤机入口温度	℃	280 ~ 420
4	钢球磨煤机出口温度	℃	50 ~ 65
5	钢球磨煤机入口负压	Pa	- 700 ~ - 2000
6	钢球磨煤机出口负压	Pa	- 1500 ~ - 3000
7	钢球磨煤机轴承温度	℃	≤50
8	钢球磨煤机稀油站回油温度	℃	≤40
9	煤粉离心通风机入口负压	Pa	- 2800 ~ - 4500
10	锅炉引风机入口负压	Pa	- 1200 ~ - 2000
11	布袋收尘器筒内温度	℃	<100
12	布袋收尘器出口温度	℃	<100
13	M 形螺旋泵输送风压力	MPa	≥0.17
14	M 形螺旋泵气封风压力	MPa	0.4 ~ 0.6
15	粉煤仓温度	℃	<60
16	45m² 反射炉粉煤粉仓料量	t	0 ~ 15
17	50m² 反射炉粉煤粉仓料量	mm	0 ~ 2350
18	加热炉粉煤仓料量	t	<6.5
19	电子计量皮带秤给料量	t	<12
20	2 号原煤仓料位	m	<6

（5）球磨机钢球配比见表9-5。

表9-5 球磨机钢球配比

直径/mm	φ30	φ40	φ50	合 计
质量/t	9	6	10	25

9.8.5 主要生产设备

9.8.5.1 磨煤机

（1）磨煤机设备构造。由电动机、减速机、稀油站、油管路、水管路和磨机组成。

（2）工作原理。在转动内部装有一定量的研磨介质——钢球，当转动时钢球在离心力和摩擦力的作用下，被动地被筒体提升到一定的高度后，由于自身重力的作用而下落，进入筒体的煤在下落钢球的冲击和研磨作用下形成煤粉，磨好的煤粉流过制粉系统的风动设备运送至煤仓中储存。

（3）磨煤机技术性能见表9-6。

表9-6 磨煤机技术性能

项 目	单 位	技 术 参 数
筒体有效直径	mm	2500
筒体有效长度	mm	3900
筒体有效容积	m^3	19.14
筒体转速	r/min	0.77
最大装球量	吨	22
生产能力	t/h	10
电机型号	防爆型	YB450M_2-8
功 率	kW	315
转 速	r/min	736
电 压	V	6000
设备总重	t	53.14

（4）磨煤机常见故障及处理方法见表9-7。

表9-7 磨煤机常见故障及处理方法

故 障 现 象	原 因 分 析	消 除 方 法
轴承过热或融化，电机超负荷断电	润滑油中断或油量过少 油质不纯或黏度不合格 粉煤进入轴承 轴径与轴瓦接触不良 循环水量少或水温较高	停车查明原因，针对具体情况增加油量，清洗轴承整筒体或轴径，调整轴承位置，重新刮研轴瓦，增加水量等措施
启动超负荷	经长时间停车，内部湿料结块球载不能抛落或泻落	卸出部分钢球，对余下的钢球进行搅拌松动
产量过低	给料器堵塞或折断 给料不充分 给入物料粒度性能有变化 介质磨损过多或数量不足 水分过大 棒条阀堵塞	检查修理给料器 消除供料不足 调整介质配比 补充介质 提高温度或降低水分 清理棒条

故障现象	原因分析	消除方法
齿轮传动有噪声	齿轮磨损或润滑不良 轴承或固定轴承的螺栓松动	停车，进行检查消除隐患
油压过高或过低	油管堵塞 油箱中油量不足 油泵或油管渗入空气或漏油 油泵故障	停车，检查油路，解决有关问题

9.8.5.2 螺旋输送机

（1）设备构造。该设备主要由传动装置、头节、吊轴承、中间节、尾节、支座构成。

（2）工作原理。由电动机驱动，带动螺旋轴转动以达到输送物料的目的。

（3）螺旋输送机技术性能，见表9-8。

表9-8 螺旋输送机技术性能

名　称	技术参数	名　称	技术参数
型　号	LS40	输送物料	粉煤
螺旋直径/mm	400	输送物料粒度/mm	<5
主轴转速/r·min^{-1}	48	倾角/(°)	0
输送机长度/mm	9000	驱动装置	XWD6-23-7.5
螺距/mm	355	电机型号及功率	YB2-132M-4 380V 7.5kW
输送量/m³·h^{-1}	50		

（4）设备常见故障及处理方法，见表9-9。

表9-9 设备常见故障及处理方法

故障现象	原因分析	消除方法
启动困难	带料或卡异物	清理物料或异物
电机过载运行	下料量过大	调整料量
运转过程中螺旋轴振动大	物料中有大块或异物	清理大块或异物

9.8.5.3 煤粉离心通风机

（1）主要构造。该设备主要由电动机、轴承箱、风机组成。

（2）煤粉离心通风机技术性能，见表9-10。

表9-10 煤粉离心通风机技术性能

型　号	风机		电动机			
	流量/m³·h^{-1}	全压/Pa	型　号	电压/V	功率/kW	转速/r·min^{-1}
M7-29№16D	36800	10415	YB400S2-4	6000	220	1488

9.8.5.4 加热炉工作原理

煤粉由叶轮给粉机均匀地下到水平风管内，在鼓风机作用下向加热炉方向流动，在风管的另一侧装有燃烧器，将鼓风机吹过来的粉煤喷成雾状，当燃烧室内温度达到一定值后粉煤燃烧，炉膛温度越来越高，热量由隔墙下方的通口进入混风室、火花捕集器，然后由风机将热风导向球磨机内。

性能参数：

(1) 有效容积 $10m^3$；

(2) 燃煤量 $200 \sim 400kg/h$；

(3) 一次风量 $450 \sim 850m^3/h$；

(4) 一次风压 980Pa；

(5) 二次风量 $1000 \sim 2000m^3/h$；

(6) 二次风压不小于 1960Pa；

(7) 出烟温度不小于 500℃；

(8) 出烟量 $6000 \sim 12000m^3/h$；

(9) 设备总重 99t，其中金属结构 7t，耐火材料 92t。

9.8.5.5 布袋收尘器工作原理

含尘气流由粉煤接受仓进入过滤室上部空间，大颗粒尘及凝聚尘粒在离心力作用下，沿筒壁旋落灰斗，小颗粒尘则弥散于过滤室滤袋间空隙，由于布袋内部呈负压，因而粉尘在随气流进入布袋时被阻留在布袋外表面。净化空气透过布袋由引风机吸入排放于大气中。当布袋外表面积灰达到一定程度时，启动压缩空气脉冲阀，依次对各布袋逐排进行反吹，引起滤袋实质性振动，将其上附着的尘粒抖落，沉积在灰斗内，排入粉煤接受仓。

性能参数：

(1) 过滤面积 $520m^2$；

(2) 处理风量 $36800m^3/h$；

(3) 入口烟气含尘浓度 $272g/m^3$；

(4) 粒度 180 目；

(5) 过滤速度 1.18m/min；

(6) 滤袋数量 196 条；

(7) 滤袋规格 $\phi130mm \times 6520mm$；

(8) 骨架规格 $\phi130mm \times 6500mm$；

(9) 滤袋材质防油、防水、防静电涤纶针刺毡滤袋；

(10) 过滤效率不小于 98%。

9.8.6 粉煤制备技术操作

9.8.6.1 开车顺序控制要求

A 上料系统

原煤仓料位在 $0 \sim 8m$ 范围内设定一个下限值，设定一个上限值（上、下限值均可调），当仓储到达下限时，计算机报警并给现场一个开车警示信号，并在计算机上依次开启胶带输送机、波状挡边胶带输送机、反击式破碎机和电磁振动给料机；

当仓储到达上限或原煤上够时，在计算机报警并给现场一个停车提示信号，在计算机上依次停电磁振动给料机、反击式破碎机、波状挡边胶带输送机、胶带输送机。此过程控制要求：在计算机上动态显示原煤仓料位情况；

按顺序开车过程中，在计算机依次显示已启动并正常运行的设备；

当某台设备出现故障时，全部停车，并报警显示故障设备。

B　制粉系统

（1）在计算机上依次开启袋式除尘器脉冲控制仪、锅炉引风机、螺旋输送机、煤粉通风机及各电动刚性叶轮出灰器。打开煤粉离心通风机进口阀，慢慢增加负荷。

（2）当磨煤机入口温度升到设定值（可调）以上，煤粉通风机出口正压在设定值（可调）左右时，在计算机上才能依次开启磨煤机润滑油泵、磨煤机及电子皮带秤。

（3）逐渐调大电子皮带秤的给料速度，开始加料。

9.8.6.2　生产过程中的检查、调整

（1）查看燃烧室内粉煤燃烧情况，及时调整冷、热风阀开度和小粉煤仓叶轮给粉机的转速，以保持磨煤机出口温度控制在 65～75℃ 之间。

（2）定时巡检，以保证磨机的进、出料正常，并及时调整煤粉通风机、锅炉引风机进口阀开度，使煤粉通风机入口负压控制在 -3000～-5000Pa 之间，布袋收尘器进出口压差控制在 -300～-500Pa 之间。

（3）根据系统的温度和负压情况，及时调整电子皮带秤的给料速度，以保证磨煤机不发生空磨、闷磨现象。

9.8.6.3　停车

（1）当成品粉煤仓煤量已够各用煤点使用时，控制室向指挥系统汇报停车。

（2）接到指挥系统的停车指令后，执行下列操作。

（3）通知加热炉岗位进行灭火降温操作。

（4）当磨煤机出口温度降至 65℃ 以下，布袋收尘器进口温度降至 60℃ 以下时，将电子皮带秤转速调至零位后，再停电子皮带秤。

（5）当磨煤机的进、出压差小于 -500Pa 时，停磨煤机及其稀油站油泵。

（6）当磨煤机停止 2～5min 后，停煤粉离心通风机并关闭其进口阀门。

（7）锅炉引风机停车后，再停布袋收尘器脉冲控制仪、电动刚性叶轮出灰器及螺旋输送机。

9.8.7　粉煤输送

（1）控制室接到送煤指令后，通知输送岗位进行"开车前的检查和准备"。

（2）控制室接到检查结果正常，可以开车的信号后，在计算机上开启电动两路阀切换输送方向，完成后，依次开启 M 形螺旋输送泵、旋转喂料机进行粉煤输送。

（3）调整旋转喂料机转速，使输送系统达到最佳状态。

（4）当粉煤输送完毕，先停旋转喂料机，几分钟后，再停 M 形螺旋输送泵。

9.8.8 系统参数调整

9.8.8.1 磨煤机入口温度调整

当磨煤机入口温度低于 280℃，监控并控制系统负压在正常范围内，依次采取下列操作：

（1）逐渐调大叶轮给粉机的转速，提高加热炉炉膛温度。

（2）减小磨煤机入口冷风阀开度或增大磨煤机入口热风阀开度。

（3）调小电子皮带秤转速，减小原煤给料量。

当磨煤机入口温度高于 320℃，监控并控制系统负压在正常范围内，依次采取下列操作：

（1）逐渐调小叶轮给粉机的转速。

（2）增大磨煤机入口冷风阀开度或通知燃烧室增大冷风阀开度。

（3）逐渐调大电子皮带秤转速，增大给料量。

9.8.8.2 煤粉离心通风机入口负压控制

当煤粉通风机入口压力低于 $-3000Pa$（或高于 $-5000Pa$）时，监控并控制系统温度在正常范围之内，依次采取下列操作：

（1）逐渐调节电子皮带秤转速以增大（或减小）磨机给料量。

（2）逐渐调大（或调小）煤粉通风机入口阀开度。

9.8.9 系统出现故障时操作

9.8.9.1 事故停电

（1）当出现突发性停电造成停车时，立即保存 DCS 站数据，通知各岗位进行检查。并及时汇报联系电工进行检查处理。

（2）送电后，检查 DCS 站所有设备有无损坏，确认正常后，通知各岗位并按正常开车作业程序启动设备。

（3）控制室发现螺旋卡死或接到布袋着火故障通知时，及时汇报并按停车作业程序进行停车。

9.8.9.2 粉煤仓内存煤时间过长

由于临时检修或其他原因造成成品煤粉仓的存煤放时间超过 24h，为防止煤仓着火，执行如下操作：

（1）通知各岗位，将系统中所有的工作门密封好，阀门关闭，将消防蒸汽充入成品煤粉仓内。

（2）经常观察粉煤仓内温度，通过继续往仓内充入消防蒸汽的方式，以保证仓内温度在控制范围内。如果温度继续上升，则应将仓内煤粉尽快排空或运往安全地方。

（3）将本班生产及设备情况详细做好记录。

9.8.10　磨煤机及煤粉离心通风机岗位技术操作规程

磨煤机岗位接到控制室的开车信号后，执行下列操作程序：

（1）开车前的检查：

1）检查磨煤机稀油站油泵、过滤器、冷却器等各部位连接螺栓是否紧固，油箱油量及油质是否符合要求，供油系统有无渗漏现象，各仪表显示是否准确；磨煤机冷却水是否畅通，进出料斗部位密封是否完好，地脚螺栓及各部位连接是否紧固，高压电机、高压线路隔离网及各传动部位的防护装置是否牢固、可靠，联轴器柱销是否完好，发现问题及时处理。

2）各润滑点油量是否符合要求，润滑是否良好。

3）检查磨煤机周围有无妨碍运转的杂物，危险地点是否有人。

4）检查煤粉离心通风机地脚螺栓及各部位连接是否紧固，轴承箱润滑油位是否正常，冷却水是否畅通，高压电机、高压线路隔离网及联轴器防护罩是否牢固、可靠，发现问题及时处理。

5）检查煤粉通风机的进口阀门是否关闭。

（2）开车：

1）一切正常具备开车条件时，将开车信号返回控制室。

2）在控制室开启磨煤机过程中，注意磨机各部有无异常声响；主电动机电流有无异常波动。

3）磨煤机工作是否平稳，有无急剧的振动。

4）筒体各螺栓孔、人孔和法兰结合面有无漏风、漏粉现象。

5）发现上述之一存在问题，及时汇报。

（3）运转中的检查：

1）主轴承温度不应大于50℃（控制回油温度不大于40℃）。

2）观察电流变动，并使均匀下料，不砸空磨或发生闷磨现象。

3）根据电流变动情况，判断研磨体的级配，按需添加。

4）注意听传动部、转动部有无异常声音；观察传动部有无振动情况，轴承的温度不得超过60℃。

5）每个轴承冷却水入口水温不大于35℃，出口水温不大于40℃。

（4）紧急情况的处理：

1）主轴瓦出现温升太快，或温度达到极限时应立即减少下料量，增加润滑。

2）出现研瓦或粉尘进入主轴瓦，不要立即停磨，应加润滑油清洗，以防抱轴。

钢球的检查、添加与取出：

（1）钢球级配。最大装球量22t，一般以球磨机进料口下沿往下100～150mm即可。

（2）钢球的检查。定期打开人孔门进入到磨煤机内，观察钢球的磨损及破损情况，如发现钢球磨损严重或破损较多时，将所有钢球从人孔门倒出，按大小归类称量后，按级配量补充损耗的钢球。

（3）磨煤机加入或添加钢球时，可从电子皮带秤的给料口或磨煤机进料口的前侧开口加入磨煤机内。

9.8.11　粉煤燃烧室及原煤供应岗位技术操作规程

（1）检查及开车。燃烧室及原煤供应岗位接到控制室的升温通知后，执行下列操作：

1）检查反击破碎机、波状挡边胶带输送机、皮带输送机、电子皮带秤、一次风机、二次风机、一次风机和叶轮给粉机地脚及各连接螺栓有无松动，各润滑点油位是否正常，润滑是否良好，发现问题，及时处理。

2）打开燃烧室工作门，清理燃烧室内积灰和结焦。

3）关闭冷风阀，打开热风阀。

4）将棉纱或木板点燃后靠于燃烧室炉内墙壁上，关闭工作门，并远离。

5）开启一次风机，缓慢打开进风阀，然后启动叶轮给粉机，调整好风煤比。

6）粉煤燃烧后，开启二次风机，打开进风阀，供给助燃空气，并调整负荷，直至符合需要。

7）逐渐调大小粉煤仓叶轮给粉机转速，使燃烧室升温。

8）检查破碎机、电振给料机、皮带、电子皮带秤等原煤给料设备地脚及各连接部位螺栓是否完好及原煤仓的贮煤情况。

9）一切正常后，将操作结果汇报控制室。

（2）停车：

1）粉煤燃烧室岗位接到控制室的降温通知后，将叶轮给粉机的转速调至零位，待1~2min后，停一次风机和二次风机。

2）清理现场和设备卫生。

9.8.12　粉煤输送岗位技术操作规程

（1）接到控制室输送指令后，执行如下操作：

1）开车前的准备。

2）检查注油滑片式压缩机各部位连接螺栓是否紧固、风管、油路是否畅通，油箱是否有渗油现象，气温、气压表是否灵敏，各转动部位润滑是否良好、机油是否足够，电气系统是否正常，并确认压缩排气阀是否打开，开关是否位于零位。

3）检查M形螺旋及旋转喂料机地脚及各部位连接螺栓是否紧固，各仪表是否正常，各转动部位润滑是否良好，手动盘车检查M形泵螺旋轴有无卡死情况，电气系统是否正常。

4）确认两路阀的位置，并将其打到需要输送粉煤的一侧。

5）以上确认正常后，方可开车。

（2）开车：

1）接通压缩机开关柜电源，总电源指示灯、复位按钮（故障指示）灯亮，按下复位按钮，故障指示灯灭，将开关位置切换到"Ⅱ"位，压缩机启动。

2）确认压缩空气进入M形泵两端密封装置后，打开输送风阀门，将操作结果返回中控室。

（3）运转中的检查：

1）进行巡检，密切注意压缩机气温、气压是否正常，观察电子自动排水器排水是否正常，发现问题及时汇报。

2）注意 M 形泵启动后，进气总管和输送管道上压力表的压力，输送管道压力几乎为零，进气总管的压力约为 $0.35kgf/cm^2$（$1kgf/cm^2 = 98.07Pa$）。

3）注意 M 形泵正常输送的过程中，总进气管压力总比输送管压力高，在泵平衡运转的情况下，压力表的数值都是否保持稳定。

（4）停车：

1）接到停车信号后，先关闭输送风阀门，再将压缩机开关打到零位，压缩机停止运行。

2）清理设备及现场卫生。

（5）注意事项：

1）停止 M 形泵运行后，应让空气吹扫输送管道，直到管道压力几乎为零为止。

2）定期检查变距螺旋轴及出料口法兰片、压盖磨损情况。

9.8.13 布袋收尘岗位技术操作规程

（1）检查及开车。接到控制室的开车通知后，执行下列操作：

1）检查锅炉引风机地脚及各连接螺栓有无松动，轴承箱润滑油位是否正常，冷却水是否畅通，袋式收尘器工作门密封是否良好，发现问题，及时处理。

2）关闭引风机进口阀，打开其出口阀。

3）一切正常后，将操作结果汇报控制室。

4）控制室开车后，等引风机启动正常时，打开进口阀，并负责调整其开度。

（2）停车：

1）接到控制室的停车通知后，等引风机停稳后，关闭其进出口阀门。

2）打开收尘器工作门，用压缩空气吹扫收尘器内积灰，吹扫完毕，密封好工作门。

3）清理现场和设备卫生。

（3）常见故障判断及处理。

1）螺旋卡死。螺旋卡死主要是由于检修时，没将现场清理干净，致使杂物或铁件掉入卡住螺旋等原因所造成。当发现螺旋卡死时班长组织本班人员执行下列操作：

①打开螺旋工作门，将螺旋内的杂物及积料清理干净。

②开启螺旋进行空负荷试车，待运转正常后，密封好螺旋工作门，控制室汇报指挥系统准备生产。

2）布袋收尘器中布袋着火。布袋收尘器中布袋着火主要是由于布袋收尘器进口温度持续偏高，布袋内的积灰时间长等原因所造成。当发现布袋收尘器中布袋着火时，班长组织本班人员执行下列操作：

①将收尘器的工作门打开，用干粉灭火器灭火，火势较大时，采用消防蒸汽灭火，直至不见到火星为止。

②更换烧坏的布袋后，密封好布袋收尘器的工作门。

③待故障处理完毕后，控制室汇报指挥系统准备进料。

3）排气口冒灰：

①如发现排气口有冒灰现象：应检查滤袋有否脱落、破损，框架压板有否松动，橡胶件有否老化，可打开上箱盖判别。

②如每次喷吹后发现排气口冒灰，属于清灰过度，应相应延长清灰周期。

复 习 题

一、填空题

1. 重油的主要可燃成分是（　　　）和（　　　），约占可燃成分的（　　　）以上。

2. 合金硫化炉物料熔化主要靠炉膛的（　　　）。

3. 空气换热器的作用是利用烟气余热加热（　　　）。

4. 重油的主要组成元素有（　　　）、（　　　）、（　　　）、（　　　）、（　　　）等。其中（　　　）约占85%以上。

5. 火焰的几何特征包括火焰的（　　　）、（　　　）、（　　　）。

6. 重油的雾化按雾化介质压力分为（　　　）、（　　　）和（　　　）三种方法。

7. 重油火灾用（　　　）灭火。

8. 燃烧是指燃料在一定温度下与（　　　）或其他（　　　）进行剧烈化学反应而发生的（　　　）的现象。

9. 理论空气量是按燃烧化学反应式计算的燃料（　　　）所需要的（　　　）。

10. 重油开始凝固时的温度称为（　　　）。

11. 辐射是以（　　　）形式向周围传播热能的现象，它不受（　　　）的影响。

12. 火焰黑度增加，其辐射能力（　　　）。

13. 一般来说，重油黏度越大，含碳量（　　　），而含氢量（　　　）。

14. 传热的三种基本方式有（　　　）、（　　　）、（　　　）。

二、判断题

1. 重油火灾要用水扑灭。（　　　）

2. 燃烧温度是燃烧产物在燃烧过程中所能达到的温度。（　　　）

3. 重油开始凝固时的温度称凝固点。（　　　）

4. 油雾炬的张角称雾化角。（　　　）

5. 碳是重油中的主要成分占90%以上。（　　　）

6. 火焰的黑度增加，其辐射能力减弱。（　　　）

7. 重油的雾化介质压力分为低压、中压和高压三种方法。（　　　）

8. 重油自燃时的温度称为着火点。（　　　）

9. 比热是指单位质量的物质温度升高1℃所吸收的热量。（　　　）

10. 辐射是指以电磁波形式向外传播热能的现象，它受介质的影响。（　　　）

11. 燃料率是指入炉物料所消耗的燃料量。（　　　）

12. 重油能否完全燃烧的关键是重油的雾化程度。（   ）

13. 重油的燃点一般比闪点高 50℃。（   ）

14. 重油的闪点高低对重油的燃烧没有影响。（   ）

15. 重油的黏度对输送和雾化没有影响。（   ）

16. 重油的密度越大流动性越好。（   ）

17. 碳是重油中的主要成分占 90% 以上。（   ）

18. 采用合理炉型可以降低重油消耗。（   ）

19. 重油完全燃烧的低位发热量是 39900 ~ 42000kJ/kg。（   ）

20. 重油能否完全燃烧的关键是重油的雾化质量。（   ）

21. 火焰的几何特性包括火焰的张角、形状、长度。（   ）

22. 重油燃烧产出的主要气体是一氧化碳。（   ）

23. 一般重油的闪点是 50℃。（   ）

24. 重油的含硫量随标号的增大而降低。（   ）

25. 重油在规定条件下加热，随温度升高有要燃性气体挥发出来，与空气混合，当接触到火源时，能发生燃烧，这时的温度称为重油闪点。（   ）

26. 发热量指每千克每立方米燃料完全燃烧时所放出的热量。（   ）

27. 燃烧温度指燃料燃烧时使气态产物所能达到的温度。（   ）

28. 供给炉内的风量和油量的比值称风油比。（   ）

29. 粉煤球磨机岗位职责：不负责所属区域原材料、备品备件的定置摆放及防盗工作。（   ）

30. 如果发现原煤仓仓存不足 1/2 时，联系上料系统上原煤。（   ）

31. 输送系统有 3 种控制方式：现场手动、中央控制室手动、中央控制室自动。（   ）

32. 燃烧室大修后开车：开启锅炉引风机，调整风机阀门使炉膛压力保持在 −50 ~ −100Pa 之间。（   ）

33. 燃烧室烘炉升温：用粉煤保温 8h 后，在 10h 内连续升温至 700℃，每小时温升保持在 35 ~ 45℃ 之间。（   ）

34. 当粉煤通风机入口压力低于 −2800Pa 时应逐渐调电子皮带秤转速给定量（每次调整 2% ~ 5%）。（   ）

35. 质量管理：粉煤的粒度为 −200 目不小于 85%。（   ）

36. 可以用高压风、氮气、氧气风管吹扫卫生和身体。（   ）

37. 粉煤球磨机岗位的生产设备、设施有：球磨机（包括稀油站、水泵）、煤粉离心通风机、加热炉等。（   ）

38. 粉煤球磨机岗位：本岗位负责将上料系统供给的含水小于 8%、粒度小于 12mm 的原煤，经过球磨机进行烘干、研磨，产出含水不大于 1%、粒度 −200 目不小于 90% 的粉煤供给反射炉及本系统生产需要。（   ）

39. 氮气在常温下为无色、无味的气体；氮气化学性质不活泼，在常态下基本不与可燃物发生反应，氮气是窒息性气体。（   ）

40. 设备点检方法：点检人员通过仪器仪表、点检仪、五官对设备进行短时间的外观检查：如振动、发热、松动、异响、异味、损伤、腐蚀、泄漏等。（   ）

41. 轴承检查方法有四种分别是：目视、耳听、测温仪、手触。（   ）

42. 球磨机出口压力控制范围是 –1600 ~ –2800Pa。（   ）

43. 监控仪表气压小于 0.40MPa，母管压力达到 0.40MPa 时，将控制盘上的选择开关分别打到"中控"、"自动"位置，按系统"启动"按钮。（   ）

44. 依照正常停车程序停车电动刚性除灰器和螺旋里可以存料。（   ）

45. 燃烧室点火、着火及灭火期间，人不得正面从炉门或观察孔观察燃烧情况，以防火焰反扑伤人。（   ）

46. 造成齿轮传动有噪声的原因是齿轮磨损或润滑不良，或者是齿轮加工或装配不符合要求或者是轴承或固定轴承的螺栓松动。（   ）

47. 粉煤磨煤机筒体转速 0.77r/min。（   ）

48. 球磨机主轴承温度应大于 50℃。（   ）

三、单项选择题

1. 重油单耗是指生产 1t 二次高镍锍所消耗的（   ）。
   A. 重油　　　　　　　B. 重油数量　　　　　　　C. 班消耗重油量

2. 重油的着火点是（   ）。
   A. 80 ~ 130℃　　　　B. 500 ~ 600℃　　　　　C. 600℃以上

3. 重油的燃点一般比闪点高（   ）左右。
   A. 20℃　　　　　　　B. 50℃　　　　　　　　　C. 10℃

4. 在常温下 20℃重油的密度大致范围是（   ）。
   A. 0.88 ~ 0.94t/m^3　　B. 0.92 ~ 0.98t/m^3

5. 在空气或氧气供给充足的情况下，燃料中的可燃成分被全部氧化的过程称为（   ）。
   A. 不完全燃烧　　　　B. 完全燃烧　　　　　　　C. 物理完全燃烧

6. 在空气或氧气供给不足的情况下，燃料中的可燃成分未被全部氧化的过程称为（   ）。
   A. 不完全燃烧　　　　B. 完全燃烧　　　　　　　C. 化学完全燃烧

7. 燃烧产物在燃烧过程中所能达到的温度称为（   ）。
   A. 点火温度　　　　　B. 燃烧温度　　　　　　　C. 灭火温度

8. 燃料发热量是单位质量或单位体积的燃料（   ）所放出的热量。
   A. 熔炼　　　　　　　B. 完全燃烧　　　　　　　C. 不完全燃烧

9. 重油开始凝固的温度是（   ）。
   A. 重油凝固点　　　　B. 着火点　　　　　　　　C. 燃点

10. 油雾炬就是重油雾化后形成的颗粒分布在气体介质中，这些颗粒的（   ）组成的比较规则的油雾轮廓。
    A. 运动轨道　　　　　B. 法线　　　　　　　　　C. 张角

11. 重油的雾化角是（   ）。
    A. 油雾射程　　　　　B. 油雾炬的张角　　　　　C. 运动轨道

12. 火焰黑度增加，其辐射能力（   ）。
    A. 减弱　　　　　　　B. 增强　　　　　　　　　C. 不变

13. 合金硫化炉重油温度控制在（   ）。

A. 小于 70℃　　　　　　B. 70 ~ 95℃　　　　　　C. 225℃

14. 合金硫化转炉重油压力要控制在(　　)MPa。

A. 小于 0.4　　　　　　B. 0.4 ~ 0.5　　　　　　C. 大于 0.8

15. 粉煤的燃烧过程，首先是挥发物的逸出及燃烧，其次是剩下（　　）的燃烧。

A. 焦炭　　　　　　　　B. 灰分　　　　　　　　C. 水分

16. 重油的黏度随温度升高而（　　）。

A. 升高　　　　　　　　B. 降低　　　　　　　　C. 不变

17. 合金炉重油燃烧采用（　　）雾化。

A. 机械　　　　　　　　B. 高压风　　　　　　　C. 蒸汽

18. 沿火焰长度，其平均温度（　　）。

A. 升高　　　　　　　　B. 降低　　　　　　　　C. 不变

19. 重油加热时表面会产生油蒸汽，加热温度越高，油蒸汽（　　）。

A. 越低　　　　　　　　B. 越高　　　　　　　　C. 不变

20. 把重油加热到一定温度时，火种接触油气混合物会产生闪火现象，这时的温度称为重油的（　　）。

A. 闪点　　　　　　　　B. 燃点　　　　　　　　C. 着火点

21. 闪火以后继续加热，不仅闪火还可以连续燃烧，这时的温度称为重油的（　　）。

A. 闪点　　　　　　　　B. 燃点　　　　　　　　C. 着火点

22. 重油能自燃时的油温称为重油的（　　）。

A. 闪点　　　　　　　　B. 燃点　　　　　　　　C. 着火点

23. 重油燃烧时，供给的空气过量会（　　）热损失。

A. 增加　　　　　　　　B. 减少

24. 温度差别越大，传热过程将（　　）。

A. 越快　　　　　　　　B. 越慢

25. 燃烧温度的高低取决于燃烧产物所放出（　　）的多少。

A. 灰分　　　　　　　　B. 水分　　　　　　　　C. 热量

26. 重油火灾用（　　）。

A. CO_2 灭火器扑救　　B. CCl_4 灭火器扑救　　C. 干粉灭火器扑救

27. 重油的着火点为（　　）。

A. 300℃　　　　　　　B. 400℃　　　　　　　C. 500 ~ 600℃

28. 燃料中的可燃成分和空气中的氧发生剧烈的化学反应并伴随发光、发热的现象称为（　　）。

A. 放热　　　　　　　　B. 燃烧　　　　　　　　C. 着火

29. 粉煤球磨机岗位职责不正确的有（　　）。

A. 负责根据生产情况定期检查球磨机内钢球和衬板的磨损情况以及球磨机润滑系统和循环水系统的运行情况

B. 负责本岗位所属设备、现场与控制室内（包括消防器材）卫生

C. 不负责所属区域原材料、备品备件的定置摆放及防盗工作

D. 负责本岗位所属设备的使用维护与保养工作

30. 粉煤制备操作参数正确的有（　　）。

    A. 粒度 –200 目≥90%，水分≤1%

    B. 球磨机入口温度 280 ~ 420℃

    C. 煤粉通风机入口压力 – 2800 ~ – 4500Pa

    D. 布袋收尘器入口温度 70 ~ 120℃

31. 粉煤制备操作参数不正确的有（　　）。

    A. 球磨机入口压力 – 1000 ~ – 1600Pa

    B. 粉煤仓温度 <70℃

    C. 球磨机入口压力 – 1600 ~ – 2600Pa

    D. 锅炉引风机入口压力 – 1200 ~ – 2000Pa

32. 粉煤制备控制室在接到其他岗位工检查完毕的通知后，在计算机上的开车顺序正确的有（　　）。

    A. 依次开启锅炉引风机、一次风机、二次风机、小粉煤仓的叶轮给粉机、煤粉离心通风机、螺旋输送机、3 个电动刚性出灰器、球磨机及电子皮带秤

    B. 依次开启锅炉引风机、二次风机、一次风机、小粉煤仓的叶轮给粉机、煤粉离心通风机、螺旋输送机、3 个电动刚性出灰器、球磨机及电子皮带秤

    C. 依次开启锅炉引风机、煤粉离心通风机、一次风机、二次风机、小粉煤仓的叶轮给粉机、螺旋输送机、3 个电动刚性出灰器、球磨机及电子皮带秤

    D. 依次开启锅炉引风机、3 个电动刚性出灰器、二次风机、一次风机、小粉煤仓的叶轮给粉机、煤粉离心通风机、螺旋输送机、球磨机及电子皮带秤

33. 粉煤制备生产过程中的检查、调整操作程序不正确的有（　　）。

    A. 球磨机工要定时巡检，以保证球磨机的进、出料及运转正常

    B. 三楼岗位工负责掌握原煤仓的煤量情况，及时补充仓位，以保证系统连续生产

    C. 加热炉岗位工负责查看燃烧室内粉煤燃烧情况，根据控制室要求及时调整冷、热风阀开度、小粉煤仓叶轮给粉机的转速给定量，以保持球磨机入口温度控制在 250 ~ 420℃之间

    D. 控制室负责根据系统的温度和负压情况及时调整电子皮带秤转速给定量和煤粉通风机的负荷，以保证球磨机不发生空磨、闷磨现象

34. 粉煤制备停车作业程序，控制室接到班长的停车指令后，执行的操作程序正确的有（　　）。

    A. 通知加热炉岗位工进行灭火降温操作。加热炉岗位工先将小粉煤仓叶轮给粉机的转速给定量调至零位，待 10min 后，停助燃风机

    B. 当球磨机入口温度已降至 280℃以下时，将电子皮带秤转速调至零位后，再停电子皮带秤

    C. 当球磨机的进、出压差小于 – 1000Pa 时，停球磨机，待球磨机停止运行后，再停油泵、水泵

    D. 当布袋收尘器入口温度小于 60℃后，停锅炉引风机

35. 粉煤制备输送作业程序，控制室自动（手动）输送程序不正确的有（　　）。

    A. 监控仪表气压大于 0.40MPa，母管压力达到 0.40MPa 时，将控制盘上的选择开关

分别打到"中控"、"自动"位置，按系统"启动"按钮

B. 仓式泵运行程序为：开排气阀→开进料阀→（待料装满后）关进料阀 → 关排气阀→开出料阀→开一次进气阀→开二次进气阀→（待仓式泵吹空后）关一次进气阀→（延时15s后）关二次进气阀→关出料阀。至此一个输送循环结束，下一个输送循环开始，如此反复循环进行输送

C. 仓式泵运行程序为：开排气阀→开进料阀→（待料装满后）关进料阀 → 关排气阀→开一次进气阀→开出料阀→开二次进气阀→（待仓式泵吹空后）关一次进气阀→（延时15s后）关二次进气阀→关出料阀。至此一个输送循环结束，下一个输送循环开始，如此反复循环进行输送。

D. 将控制盘上的选择开关分别打到"中控"、"手动"位置，按仓式泵自动运行程序逐个切换按钮，可实现中控手动输送

36. 粉煤制备输送作业程序，排堵程序，排堵不正确的有（　　）。

A. 在送料过程中，如灰管压力接近或等于母管压力，一般在 0.3 MPa 以上时，称重表显示质量不持续下降，系统处于堵管状态

B. 将系统切换到手动位置，在中控室排堵，再将另一转换开关切至中控位置，如在现场排堵，请切换到相应位置

C. 首先确认进料阀、二次进气阀处于关闭状态，排空阀处于关闭状态

D. 操作程序如下：关闭出料阀→打开二次进气阀→（当灰管压力接近或等于母管压力时）关闭二次风阀→打开出料阀。当灰管压力不能接近母管压力时，可以判断灰管排堵成功，反之则需重复排堵程序，直至排堵成功

37. 粉煤制备燃烧室烘炉升温操作不正确的有（　　）。

A. 加热炉工负责准备好烘炉用的木柴、油、棉纱等材料，检查砖体及炉体附件是否完好，并关闭燃烧室炉门，按烘炉升温曲线进行操作

B. 首先用木柴烘烤，每小时升温保持在 25~35℃ 之间，20h 升温至 400℃

C. 加热炉工负责控制好燃烧室温度，温度高低使用添加或减少木柴、利用炉门开度、调节叶轮给粉机转速给定量来进行调整，严禁出现温度忽高忽低或快速升温现象

D. 加热炉工将燃烧室温度升至 900℃，通知控制室

38. 粉煤制备粉煤仓内存煤时间过长的作业程序不正确的有（　　）。

A. 如临时检修，造成粉煤仓内的煤存放时间超过 2 天时，为防止煤仓着火，执行此操作程序

B. 将系统中所有的工作门密封好，阀门关闭

C. 将氮气充入粉煤仓内

D. 经常观察粉煤仓内温度，超过 80℃ 则应继续往仓内充入氮气，以保证温度小于 80℃

39. 粉煤制备事故停电的作业程序不正确的有（　　）。

A. 通知各岗位工到现场进行检查确认

B. 及时汇报班长，并联系电工进行检查和处理

C. 待送电后，控制室检查计算机控制有无损坏

D. 不需空负荷试车，待检查确认无问题后，控制室汇报班长

40. 粉煤制备布袋收尘器着火故障的作业程序不正确的有 （   ）。
    A. 布袋收尘器着火故障主要是由于布袋收尘器进口温度持续偏高，布袋内的积灰时间长等原因所造成
    B. 控制室汇报班长，通知加热炉岗位工将燃烧室灭火降温
    C. 依次停电子皮带秤、电动刚性除灰器、螺旋、球磨机、煤粉通风机（先将煤粉通风机的负荷调至零位）及锅炉引风机
    D. 将布袋收尘器的工作门打开，视火情大小用消防蒸汽、氮气或灭火器灭火，直至不见火星为止

41. 粉煤球磨机岗位安全操作不正确的有 （   ）。
    A. 服从班长安排的工作，详细了解本班工作内容，生产情况
    B. 严格按交接班制度交接班，交班者向接班者介绍本班生产及设备运行情况，双方共同检查现场情况并试运行设备
    C. 如遇故障，先接班再处理故障
    D. 交班者将检查出的问题如实记录，双方进行共同确认后签字，办理交接班手续。

42. 粉煤球磨机岗位安全操作检查内容不正确的有 （   ）。
    A. 检查球磨机稀油站油量是否充足，油质是否正常
    B. 检查球磨机油站油泵、过滤器、冷却器等连接是否完好
    C. 检查粉煤通风机各紧固点紧固情况是否良好
    D. 定期检查消防蒸汽管道、阀门完好情况

43. 粉煤球磨机岗位安全操作开车操作不正确的有 （   ）。
    A. 控制室与各岗位联系好，在确保安全的情况下做好开车准备
    B. 在计算机上依次开启锅炉引风机、一次风机、二次风机、小粉煤仓的叶轮给粉机、煤粉离心通风机、螺旋输送机、三个电动刚性出灰器以及检查球磨机的供油、供水，监视各压力、温度显示是否正常
    C. 系统温度上升到适合温度后，在确认球磨机四周无人后，启动球磨机
    D. 待球磨机正常运行后，开启电子皮带秤并调整至合适的转速开始下料

44. 粉煤球磨机岗位安全操作不正确的有 （   ）。
    A. 当接到主操手停车命令后，先将叶轮给粉机转速降到零，然后停叶轮给粉机
    B. 待系统温度降到适合温度后，停止电子皮带秤停止下料，并倾听磨音，待磨内料不太多时，方可停车
    C. 停车顺序与开车顺序相同。停车前电动刚性除灰器和螺旋里不得存料
    D. 做好岗位记录，并清理岗位卫生

45. 粉煤球磨机岗位安全操作注意事项不正确的有 （   ）。
    A. 每周生产完后，要用风管吹扫布袋内积灰
    B. 在球磨机上进行检修作业前，必须将球磨机电停掉
    C. 进入布袋收尘器上部清洁箱体或灰斗时，必须有两人以上作业，并在控制室挂"安全作业确认"牌以防有人开启风机
    D. 燃烧室点火、着火及灭火期间，人不得正面从炉门或观察孔观察燃烧情况，以防火焰反扑伤人

46. 设备使用维护规程中球磨机技术技能不正确的有 （　　　）。
    A. 筒体有效直径：2500mm　　　　　　　　B. 筒体有效长度：3900mm
    C. 生产能力：10t/h　　　　　　　　　　　D. 最大装球量：25t

47. 球磨机点检维护内容不正确的有 （　　　）。
    A. 主轴承温度不应大于40℃
    B. 注意倾听磨音，观察电流电压，做到均匀下料，不砸空磨
    C. 减速机运转中是否有杂音，振动情况是否正常，轴承的温度不得超过60℃
    D. 转动体的螺栓及大齿连接螺栓是否松动，如有松动应紧固

48. 设备使用维护规程中球磨机设备点检标准不正确的有 （　　　）。
    A. 轴承安装状态：目视，不松动
    B. 轴承温度：手触，不高于60℃
    C. 声响：耳听，无异音
    D. 轴承油量：目视，规定量

四、多项选择题

1. 我国商品重油可分为四种牌号，即 （　　　）和200号重油。
   A. 20　　　　　　B. 60　　　　　　C. 100　　　　　　D. 150

2. 重油是由多种碳氢化合物混合而成，化学组成 C、H 、O、N、S、（　　　）的质量百分比表示。
   A. 灰分　　　　　　　B. 水分　　　　　　　C. 磷

3. 重油的主要可燃元素是 （　　　）。
   A. 碳　　　　　　B. 氢　　　　　　C. 硫　　　　　　D. 氧

4. 重油闪点有 （　　　）之分，通常用开口闪点。
   A. 开口闪点　　　　　B. 闭口闪点　　　　　C. 室内闪点

5. 重油的雾化按雾化介质压力可分为 （　　　）和高压三种方法。
   A. 低压　　　　　　B. 中压　　　　　　C. 全压

6. 通常火法冶金热能来源有 （　　　）。
   A. 燃料燃烧热能　　　B. 电能产生的热能　　C. 化学反应放出的热能

7. 火焰的几何特征包括火焰的 （　　　）长度。
   A. 张角　　　　　　B. 形度　　　　　　C. 射程

8. 粉煤燃烧必须满足以下条件 （　　　）。
   A. 在燃烧时必须供给适当的空气
   B. 在燃烧时要有适当的反应温度
   C. 要有足够的反应时间
   D. 空气与粉煤要有良好的接触
   E. 要有充足的反应空间

9. 原油经过加工，提炼了 （　　　）等轻质产品后剩下的分子量较大的油就是重油。
   A. 汽油　　　　　　B. 煤油　　　　　　C. 柴油　　　　　　D. 碳和氢

10. 重油的重要特性包括 （　　　）。

A. 黏度　　　　　　B. 燃点　　　　　　C. 着火点　　　　　　D. 凝固点

11. 重油的燃烧过程包括重油的雾化、（　　　）和着火燃烧。

A. 加热和蒸发　　　　　　　　　B. 热解和裂化

C. 油雾和空气的混合　　　　　　D. 汽化

12. 重油的可燃成分是（　　　）。

A. 碳　　　　　　B. 灰分　　　　　　C. 氢

13. 重油能否完全燃烧的关键（　　　）。

A. 油滴粒度大小　　B. 重油的雾化质量　　C. 雾化剂

14. 单位时间内供给炉内（　　　）之比称为风油比。

A. 风量　　　　　　B. 油量　　　　　　C. 氧气量

15. 重油燃烧要经过（　　　）和着火几个过程。

A. 加热　　　　　　B. 雾化　　　　　　C. 蒸发

D. 汽化　　　　　　E. 混气

16. 重油中的氢燃烧时会生成（　　　）。

A. CH_4　　　　　　B. SO_2　　　　　　C. H_2O

17. 重油在燃烧过程中产生大量黑烟，说明（　　　）。

A. 风油配比不当　　B. 重油燃烧较好　　C. 重油燃烧不好

18. 如果重油的黏度较高会引起（　　　）。

A. 电机负荷过高　　B. 重油雾化不好　　C. 输送困难

19. 重油用（　　　）加热。

A. 蒸汽　　　　　　B. 烟气　　　　　　C. 电热

20. 粉煤球磨机岗位安全操作程序不正确的有（　　　）。

A. 电机出现打火或冒烟时　　　　B. 各传动部位出现剧烈振动时

C. 各部温度急剧上升超过额定值时　　D. 电动机电流超过额定值时

21. 设备使用维护规程，球磨机设备常见故障及处理方法，正确的有（　　　）。

A. 轴承过热原因：润滑油中断或油量过少

B. 轴承过热原因：油质不纯或黏度不合格

C. 启动超负荷原因：主轴承安装不正

D. 启动超负荷处理方法：卸出部分钢球，对余下的钢球进行搅拌松动

22. 设备使用维护规程，球磨机设备常见故障及处理方法正确的有（　　　）。

A. 产量过低原因：给料器堵塞或折断

B. 产量过低原因：介质磨损过多或数量不足

C. 齿轮传动有噪音处理方法：停车，进行检查消除隐患

D. 油压过高或过低原因：齿轮磨损或润滑不良

23. 粉煤球磨机岗位危险预知、事故预防及控制，危险因素正确的有（　　　）。

A. 传动轮及旋转体的绞轧　　　　B. 上下楼台、楼梯的失足

C. 游动吸烟　　　　　　　　　　D. 作业环境中的氮气泄漏

24. 粉煤球磨机岗位危险预知、事故预防及控制，事故类型正确的有（　　　）。

A. 机械伤害；高处坠落　　　　　B. 灼烫

　　C. 中毒和窒息　　　　　　　　　　　　　　D. 火灾；爆炸

25. 粉煤球磨机岗位设备设施确认正确的有（　　　）。
　　A. 确认球磨机是否正常运行
　　B. 确认安全保护设施是否齐全有效
　　C. 确认消防器材是否齐全，有效
　　D. 确认氮气阀门和高压风切换阀门所处的位置是否正确

26. 现场环境确认正确的有（　　　）。
　　A. 确认工作现场有无障碍物、安全通道是否畅通
　　B. 确认现场有无其他维护性作业
　　C. 确认现场有无闲杂人员
　　D. 确认照明是否完好、视线是否清晰

27. 岗位自我确认正确的有（　　　）。
　　A. 确认自己劳保用品穿戴情况
　　B. 确认自己对当前安全注意事项是否清楚
　　C. 确认自己岗前是否酗酒
　　D. 确认自己对当班生产任务是否明确

28. 粉煤球磨机岗位开车前的检查正确的有（　　　）。
　　A. 定期检查球磨机减速机油质、油量、柱销磨损情况
　　B. 检查筒体衬板及磨门螺栓是否紧固
　　C. 检查两端轴承冷却水系统是否正常
　　D. 检查各阀门及控制机构动作是否灵活可靠

29. 当球磨机入口温度低于280℃，采取的操作程序正确的有（　　　）。
　　A. 逐渐调大粉煤仓叶轮给粉机的转速给定量（每次调整2%～5%），提高加热炉炉膛温度
　　B. 减小球磨机入口冷风阀开度
　　C. 逐渐调大电子皮带秤转速给定量（每次调整2%～5%）
　　D. 打开电子皮带秤观察孔插板

30. 当球磨机入口温度高于450℃时，正确的有（　　　）。
　　A. 减小球磨机入口热风阀开度
　　B. 打开电子皮带秤观察孔插板
　　C. 逐渐调小电子皮带秤转速给定量（每次调整2%～5%）
　　D. 监控系统负压，使负压控制在正常范围之内

31. 当煤粉通风机入口压力高于 -4500Pa 时，正确的有（　　　）。
　　A. 逐渐调大电子皮带秤转速给定量（每次调整2%～5%）
　　B. 逐渐调小粉煤通风机负荷（每次调整2%～5%）
　　C. 监控系统温度，使温度控制在正常范围之内
　　D. 通过上述控制程序，将粉煤通风机入口负压调至 -2800～-4500Pa 之间

32. 判断如果是装料时间过长引起的故障，则应（　　　）。
　　A. 检查粉煤料仓是否出现蓬料现象

B. 检查电液动插板阀运转是否正常

C. 检查进料阀是否开到位

D. 检查一、二次风阀门开关是否灵活

33. 判断如果是吹送时间过长引起的故障，则应（　　）。

A. 检查一、二次风阀门开关是否灵活

B. 检查进料阀是否开到位

C. 根据灰管压力判断输送管道是否堵塞

D. 根据仓式泵内物料的多少判断计量秤是否计量正常，如有故障则应汇报班长

34. 设备点检标准中的减速机需检查的项目有（　　）。

A. 安装状态　　　　B. 损伤　　　　C. 声响　　　　D. 油质

35. 发生螺旋卡死故障时，应执行的操作程序有（　　）。

A. 汇报班长，加热炉岗位工接到灭火降温通知后，按"停车作业程序"操作

B. 在控制室岗位挂"安全确认"牌并进行安全确认

C. 打开螺旋工作门，将螺旋内的杂物及积料清理干净

D. 开启螺旋进行空负荷试车，待运转正常后，停车密封好螺旋工作门，控制室汇报班长准备生产

36. 当煤粉通风机入口压力低于 -2800Pa 时，正确的有（　　）。

A. 逐渐调大电子皮带秤转速给定量（每次调整 2% ~ 5%）

B. 逐渐调小粉煤通风机转速给定量（每次调整 2% ~ 5%）

C. 监控系统温度，使温度控制在正常范围之内

D. 通过上述控制程序，将粉煤通风机入口负压调至 -2800 ~ -4500Pa 之间

37. 我国的安全生产方针是什么？不正确的有（　　）。

A. 安全第一，预防为主　　　　B. 安全第一，防消结合

C. 安全第一，以人为本　　　　D. 安全第一，防治结合

38. "三违"是指什么？正确的有（　　）。

A. 违章操作　　　　　　　　　B. 违反治安管理条例

C. 违章指挥　　　　　　　　　D. 违反劳动纪律

39. 粉煤球磨机开车操作中叙述正确的有（　　）。

A. 待系统温度上升到适合温度后，在确认球磨机四周无人后，启动球磨机

B. 待球磨机正常运行后，开启电子皮带秤并调整至合适的转速开始下料

C. 做好岗位记录，根据负压和温度及时调节电子皮带秤转速和叶轮给粉机转速

D. 监视各点压力、温度显示情况，如出现异常情况应立即通知所在岗位处理

五、简答题

1. 在冶金炉窑上影响燃料消耗的主要因素有哪些？

2. 冶金炉窑的燃料率如何表示，确定因素有哪些？

3. 稳定和强化重油燃烧的途径是什么？

4. 在什么情况下重油的雾化不再进行，影响重油雾化效果的因素有哪些？

5. 什么是闪点？

6. 什么是燃料的发热量?

7. 什么是重油的凝固点?

8. 什么是黏度?

9. 什么是燃料率?

10. 什么是着火点?

11. 重油燃烧要具备什么条件?

12. 试述从节油方面考虑,生产实际操作中应注意哪些方面?

13. 简述重油的燃烧过程。

14. 简述重油的雾化过程。

15. 在什么情况下,重油的雾化过程将不再进行?

16. 稳定和强化重油燃烧的途径有哪些?

17. 简述本岗位危险因素。

18. 简述本岗位事故类型。

19. 简述本岗位事故预防。

20. 简述本岗位设备设施确认。

六、计算题

1. 已知油池有 10t 重油,油泵每小时可输出重油 1.25t,油池底存油 20%,问油池中的油能用多长时间?

   合金硫化炉每小时烧油 225kg,重油的发热量为 10000kcal/kg,问烧嘴每小时供给炉子多少 kcal 热量?

10 余热锅炉

反射炉用粉煤作燃料，粉煤燃烧的同时产生温度达1200℃的烟气。这里的余热均指烟气的物理热，在反射炉的排烟系统中，设计了烟气余热的利用装置，熔铸车间现有三台余热锅炉，一期余热锅炉后没有设置空气换热器，二期两台余热锅炉均设置空气换热器，冷风经过空气换热器后产生的二次热风供给反射炉生产，不但可提高热利用率，同时可以减少粉煤燃料的用量。

无论是余热锅炉，还是空气换热器，其明显的特征是没有供燃料燃烧的炉膛。如果在余热锅炉或空气换热器部位发生粉煤的二次燃烧，会影响其正常运行。

余热锅炉（见图10-1）和空气换热器作为附设在反射炉外部的热利用装置，可以改善反射炉的运行条件，对后续的烟气进行降温，确保后续的收尘设施和风机的正常运行。另外，有些情况下，也会影响反射炉生产，由于反射炉的原料为粉状的镍精矿，因而烟气中烟尘含有Ni_3S_2等矿物，出现余热锅炉或空气换热器积灰严重，甚至堵死，导致反射炉余热锅炉冒正压，既不利于反射炉的良好运行，致使重油燃烧不完全，造成冒烟现象，增加了重油消耗，也严重污染了作业环境。

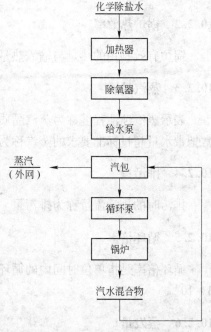

图 10-1 余热锅炉工艺流程

10.1 概 述

反射炉余热锅炉按水循环方式分为自然循环和强制循环两种。自然循环就是在闭合回路中，水不停地循环流动，在并列的上升管中受热蒸发，产生一部分蒸汽，形成汽水混合物。上升管有共同的下降管与之相联，由于下降管中水的密度大于上升管中汽水混合物的密度，依靠这个密度差使水沿着下降管向下流，而汽水混合物则沿着上升管向上流动。

强制循环是指蒸发受热面的下降管系统中装有一台或几台循环泵，用以保证蒸发受热面的水循环。与自然循环不同的是在下降管系统中加装循环泵。

由于余热锅炉热源来自冶金炉，由于受进料、出炉、扒渣等作业过程的影响，无法灵活调节热量、负压及烟灰等工况，因此自然循环锅炉有时难以保证可靠水循环，使管子内部有连续的水膜流动，如果在上升管中出现停滞、倒流、汽水分层、膜气分流等现象，管壁受水膜冷却的条件就会受到破坏，受热面就有可能超温或疲劳而损坏。因而自然循环余热锅炉要求反射炉的炉况要稳定，温度波动不能太大。而采用强制循环余热锅炉就不存在上述问题。

10.2　余热锅炉的基本理论

10.2.1　受热面

受热面即水冷壁，是从放热介质中吸收热量并传递给受热介质的表面，入锅炉的筒体和炉管。

10.2.2　锅炉热效率

锅炉有效利用的热量与输入热量的百分比即为锅炉的热效率，用 η 表示。

10.2.3　蒸汽品质

表示蒸汽纯洁程度称为蒸汽品质，一般饱和蒸汽中或多或少带有微量的饱和水分，通常把带水量超过标准要求的蒸汽称为蒸汽品质不好。

10.2.4　排污量

排污时的排污流量称为排污量。

10.2.5　循环倍率

循环倍率是指单位时间内的循环水量产生的蒸汽量直比，强制循环锅炉的循环倍率为 3～10。

10.2.6　蒸发量

锅炉的蒸发量表示锅炉的产气能力，是锅炉的基本特性参数。每小时所产生的蒸汽量，称为这台锅炉的蒸发量。用 D 表示，常用的单位为吨/时（t/h）。

10.2.7　压力

垂直均匀作用在单位面积上的力，称为压强，人们通常把它称作压力，用符号 p 表示，单位为兆帕（MPa），测量压力有两种表示方法，一种是以压力为零作为测量起点，称为绝对压力，用符号 $p_绝$ 表示，另一种是以当地的大气压为测量起点，也是压力表测出的数值，称为表压力，也称为相对压力，用符号 $p_表$ 表示。锅炉所用的压力均为表压力。

10.2.8　锅炉炉水的控制指标

10.2.8.1　pH 值

水的酸碱度，pH 值越大，碱性越强；pH 值越小，酸性越强，炉水呈碱性，通常炉水 pH 值控制在 pH 值大于 9（10～12）25℃，当 pH 值小于 8 时，容易对钢材表面的保护膜溶解，加速腐蚀速度。

10.2.8.2 碱度

碱度是指水中所含能够接受氢离子或氢氧根离子的物质的含量，常用单位为毫克/升或毫克当量/千克（mvat/kg）表示，炉水正常控制在小于 2mvat/kg。

10.2.8.3 电导率

电导率的单位是 1S/m，截面积为 $1m^2$ 的导体的电导，即 $1m^2$ 溶液中的电导，炉水正常的电导率为小于 80mS/m。

10.2.8.4 磷酸根浓度

磷酸根浓度是指水中含磷酸根的含量，为消除水中残余硬度，或为了防止晶间腐蚀而进行锅内校正处理，需向锅炉内加入一定数量的磷酸盐。因此，磷酸根浓度列为锅水的一项控制指标。正常控制磷酸根小于 15×10^{-6}，当磷酸根超过 30×10^{-6}，容易生成磷酸盐沉淀，黏附在金属壁上，形成水垢。

10.3 锅炉分类

锅炉的类型很多，分类的方法也很多，主要由以下几类。
（1）按蒸发量分类：小型锅炉、中型锅炉、大型锅炉。

蒸发量小于 20t/h 时的锅炉称小型锅炉，蒸发量在 20～75t/h 时的锅炉为中型锅炉，蒸发量大于 75t/h 的锅炉称大型锅炉。
（2）按压力分类有：低压锅炉、中压锅炉、高压锅炉。

工作压力低于 2.5MPa 的为低压锅炉，工作压力在 3.0～5.0MPa 的为中压锅炉，工作压力为 8～11MPa 的锅炉为高压锅炉。

10.4 余热锅炉中主要设备

10.4.1 汽包

10.4.1.1 概述

汽包（也称锅筒）是自然循环锅炉中最重要的受压元件，汽包的作用主要有：
（1）是工质加热、蒸发、过热三过程的连接枢纽，保证锅炉正常的水循环。
（2）内部有汽水分离装置和连续排污装置，保证锅炉蒸汽品质。
（3）有一定水量，具有一定蓄热能力，缓和气压的变化速度。
（4）汽包上有压力表、水位计、事故放水、安全阀等设备，保证锅炉安全运行。

10.4.1.2 汽包工作原理

（1）从水冷壁来的汽水混合物经过汽包上部引入管进入汽包内部，沿着汽包内壁与弧形衬板形成的狭窄的环形通道流下，使汽水混合物以适当地流速均匀的传热给汽包内壁，这样克服了锅炉启停时汽包上下壁温差过大的困难，可以较快地启动。

（2）进入汽包的汽水混合物分别进入汽水旋风分离器，利用改变流动方向时的惯性进行惯性分离，这是汽水混合物的第一次分离。

（3）被分离出来的蒸汽仍带有不少水分，从分离器顶部进入波形板分离器，它装在旋风分离器顶部，带有部分水滴的蒸汽在波形板间的缝隙中流动，利用使水黏附在金属壁面上形成水膜往下流，将水滴再次分离出来，称为二次分离。

（4）二次分离后的蒸汽最后经过蒸汽清洗，利用水的密度差进行重力分离，这是三次分离。

（5）蒸汽经过三次分离后，达到了蒸汽质量标准，再由汽包顶部饱和蒸汽管引往屏式过热器。

10.4.2　除氧器

10.4.2.1　概述

除氧器是锅炉及供热系统关键设备之一，如除氧器除氧能力差，将对锅炉给水管道和其他附属设备的腐蚀造成的严重损失，引起的经济损失将是除氧器造价的几十或几百倍。

在压强不变时，一定质量的气体的温度每升高1℃，其体积的增加量等于它在0℃时体积的1/273；或在压强不变时，一定质量的气体的体积跟热力学温度成正比。由法国科学家盖吕萨克在实验中发现，故名除氧定律，盖吕萨克定律。适用于理想气体，对高温、低压下的真实气体也近似适用。

亨利定律，在一定温度下，气相总压不高时，对于稀溶液，溶质在溶液中的浓度与它在气相中的分压成正；比道尔顿分压定律，在温度和体积恒定时，混合气体的总压力等于组分气体分压力之和，各组分气体的分压力等于该气体单独占有总体积时所表现的压力。

10.4.2.2　除氧器结构原理

除氧设备主要由除氧塔头、除氧水箱两大件以及接管和外接件组成，其主要部件除氧器（除氧塔头）是由外壳、新型旋膜器（起膜管）、淋水箅子、蓄热填料液汽网等部件组成。除氧塔头的结构原理：

（1）外壳是由筒身和冲压椭圆形封头焊制成，中、小低压除氧器配有一对法兰连接上下部，供装配和检修时使用，高压除氧器留配有供检修的人孔。

（2）旋膜器组由水室、汽室、旋膜管、凝结水接管、补充水接管和一次进汽接管组成。凝结水、化学补水、经旋膜器呈螺旋状按一定的角度喷出，形成水膜裙，并与一次加热蒸汽接管引进的加热蒸汽进行热交换，形成了一次除氧，给水经过淋水箅子与上升的二次加热蒸汽接触被加热到接近除氧器工作压力下的饱和温度即低于饱和温度2~3℃，并进行粗除氧。一般经此旋膜段可除去给水中含氧量的90%~95%左右。

（3）淋水箅子是由数层交错排列的角形钢制作组成，经旋膜段粗除氧的给水在这里进行二次分配，呈均匀淋雨状落到装在其下的液汽网上。

（4）蓄热填料液汽网是由相互间隔的扁钢带及一个圆筒体，内装一定高度特制的不锈钢丝网组成，给水在这里与二次蒸汽充分接触，加热到饱和温度并进行深度除氧目的，低压大气式除氧器低于 $10\mu g/L$、高压除氧器低于 $5\mu g/L$（部颁标准分别为 $15\mu g/L$、$7\mu g/L$）。

（5）水箱除过氧的给水汇集到除氧器下部容器即水箱内，除氧水箱内装有最新科学设计的强力换热再沸腾装置，该装置具有强力换热，迅速提升水温，更深度除氧，减小水箱振动，降低声音等优点，提高了设备的使用寿命，保证了设备运行的安全可靠性。

10.4.2.3 除氧器工作原理

凝结水及补充水首先进入除氧头内旋膜器组水室，在一定的水位差压下从膜管的小孔斜旋喷向内孔，形成射流，由于内孔充满了上升的加热蒸汽，水在射流运动中便将大量的加热蒸汽吸卷进来（试验证明射流运动具有卷吸作用）；在极短时间很小的行程上产生剧烈的混合加热作用，水温大幅度提高，而旋转的水沿着膜管内孔壁继续下旋，形成一层翻滚的水膜裙（水在旋转流动时的临界雷诺数下降很多即产生紊流翻滚），此时紊流状态的水传热传质效果最理想，水温达到饱和温度。氧气即被分离出来，因氧气在内孔内无法随意扩散，只能上升的蒸气从排气管排向大气（老式除氧器虽加热了水，分离出了氧但氧气密度大于加热蒸汽，部分氧又被下流的水带入水箱，也是造成除氧效果差的一种原因）。经起膜段粗除氧的给水及由疏水管引进的疏水在这里混合进行二次分配，呈均匀淋雨状落到装到其下的液汽网上，再进行深度除氧后才流入水箱。水箱内的水含氧量为高压 $0\sim7\mu g/L$，低压小于 $15\mu g/L$ 达到部颁运行标准。

因旋膜式除氧器在工作中使水始终处于紊流状态，并有足够大的换热表面积，所以传热传质效果越好，排气量小（即用与加热的蒸汽量少，能源损失小带来的经济效益也可观）除氧效果好产生的富余量能使除氧器超负荷运行（通常可短期超额定出力的 50%）或低水温全补水下达到运行标准。

10.4.2.4 除氧器的工作步骤

（1）确认除氧器启动排气电动门、连续排气旁路门在开启位置。

（2）当凝结水系统冲洗合格后，开启除氧器冲洗放水门，除氧器上水冲洗。

（3）除氧器水质合格后，将水位降至 $-900mm$，关闭除氧器冲洗放水门。

（4）投除氧器辅气加热，开启辅气至除氧器调门前后隔离门，缓慢开启辅气至除氧器压力调节阀，控制除氧器给水温升率不大于 $4.26℃/min$，加热过程中注意除氧器振动情况，如振动大时，应减缓加热速度。

（5）除氧器投加热过程中，继续用凝结水泵将除氧器上水至正常水位。

（6）当除氧器水温达到 $100℃$ 以后，关闭启动排气电动门，将辅气至除氧器压力调节阀投入自动，检查除氧器温升率不大于 $4.26℃/min$，除氧器压力逐渐上升到 $0.147MPa$。

（7）辅气加热过程中，应控制除氧器水位，如凝汽器未建立真空，禁止开启溢流、放水至凝汽器电动阀。

（8）凝结水系统启动后，根据需要，除氧器水位调节投自动。

（9）当四抽压力达到 $0.147MPa$，检查除氧器压力、水位正常，开启四段抽气至除氧器电动阀，除氧器由辅气切至四抽供汽，辅气至除氧器压力调节阀关闭，除氧器由定压运行变为滑压运行。

（10）当四段抽气电动阀后逆止阀已开后，应检查四段抽气至除氧器电动阀前气动疏水阀关闭。

（11）根据给水含氧量调节除氧器的连续排气电动门。

10.4.2.5　除氧器的停运

（1）当负荷小于 20% 额定负荷时，除氧器由四抽切换为辅气加热，维持 0.147MPa 定压运行。

（2）当机组停止运行后，根据具体情况决定是否停止除氧器上水。

（3）除氧器若停运两个月以上，应采用充氮保护，切断一切汽源、水源，放尽水箱余水，关闭放水阀，全面隔离后开启充氮总门和隔离门，对除氧器充氮并维持一定压力。

10.4.3　循环泵

装置中输送反应、吸收、分离、吸收液再生的循环液用泵。一般采用单级离心泵。循环泵的流量中等大小，在稳定工作条件下，泵的流量变化比较小。它的扬程小，只是用来克服循环系统的压力降。可采用低扬程泵。

原理：循环泵是指泵的作用而言，离心泵是指泵的结构而言，两者完全是两个概念。循环泵的工作原理要将水循环起来所用的泵就称为循环泵，例如水暖供热管道中的热水是靠循环泵循环起来的。

10.4.4　给水泵

为保证锅炉正常与安全运行，必须有可靠的给水设备。给水设备的容量必须大于锅炉的蒸发量，给水压力必须高于锅炉的工作压力。给水泵的作用是将经除氧器的除氧水提高一定的压力进入锅炉汽包。

离心泵的外形像蜗牛，主要由叶片、叶轮、外壳和吸水管等构件组成，离心泵启动之前，必须往吸水管和泵内灌满水，否则叶轮空转，不能自行吸水。当叶轮以 1500~3000r/min 的高速旋转时，在离心力的作用下经吸水管进入泵内。被叶轮甩出的水具有一定压力，从而顶开止回阀进入锅炉。水泵的叶轮直径越大，出水压力就越大，只有一个叶轮的水泵叫单级离心泵，一般可产生 0.5~0.8MPa 的压力。如果需要更高的出水压力，可在泵主轴上顺序装置数个叶轮，并用隔板将他们彼此隔开，再用连接管把各组泵体依次串联起来，成为多级离心泵，使水压逐级递增。

10.4.5　加药泵

加药泵的作用是将处理锅炉水质的药剂通过泵输送至汽包内。锅炉内加药是向水或锅炉中投加适当的药剂，与锅水中 Ca、Mg、SiO_2 等容易结垢的物质，发生化学作用生成松散的悬浮在锅水中的浮渣，通过排污排出锅炉外，以达到减轻锅炉结垢的目的。正常运行过程中，岗位人员要根据水质的变化，定期向锅炉内添加相应的药剂。每班及时对水样经行分析化验，根据分析数据的结果计算加药量。

10.5 余热锅炉三大安全附件

余热锅炉三大安全附件是指安全阀、水位计、压力表。

10.5.1 安全阀

安全阀的使用：是能自动将锅炉工作压力控制在预定的允许范围之内的安全附件。当锅炉压力超过允许工作压力 1.27MPa 安全阀会自动开启，能迅速泄放出足够多的蒸汽，使锅炉压力下降，直至降到允许工作压力时，它会自动关闭。安全阀在使用过程中必须每星期人工启动一次，以防阀芯和阀座锈死。

10.5.2 水位计

水位计显示锅炉内水位的高低，便于操作人员控制进水，也可凭此调整和校验给水自控系统的工作，避免发生缺水和满水事故。锅炉正常运行时，水位表需经常冲洗，保证液位清晰。

10.5.3 压力表

压力表是锅炉必不可少的安全附件之一，用以测量和表示锅炉汽水系统的工作压力。压力表应经常检查，保证安全可靠。

10.6 空气换热器

管式空气预热器的主要传热部件是薄壁钢管。管式空气预热器多呈立方形，钢管彼此之间垂直交错排列，两端焊接在上下管板上。管式空气预热器在管箱内装有中间管板，烟气顺着钢管上下通过预热器，空气则横向通过预热器，完成热量传导。

管式空气预热器的优点是密封性好、传热效率高、易于制造和加工，因此多应用在电站锅炉和工业锅炉中。管式空气预热器的缺点是体积大、钢管内容易堵灰、不易于清理和烟气进口处容易磨损。

10.7 余热锅炉基本操作

余热锅炉基本操作主要包括：开炉操作、停炉操作、锅炉排污、锅炉清灰运行控制。

10.7.1 开炉操作

首先打开除氧器上水阀门，并打开蒸汽阀门加温，水位始终保持在水箱的 1/2～2/3 之间。

开启锅炉给水泵，缓慢上水。此时汽包排空阀应打开，当汽包水位超过 1/2 时，应停止上水，上水温度不应超过 90℃。

当以上都正常后，方可通知调度，反射炉可点火运行。

随着炉膛升温的同时，升压工作也应同时进行。一般先升至 0.2MPa 运行 30min，并检查锅炉各膨胀点和泄漏点，然后再缓慢升压至 0.8MPa，并进行并汽，并汽后投入自动调节状态。整个升压过程至少需要 1h。

10.7.2 停炉操作

停炉操作主要有以下内容：

（1）当确认反射炉灭火或放下水冷闸板时，方可停炉。

（2）关闭主汽阀门，打开排空阀门给汽包降压，当压力降至 0.4MPa 以下时，方可全部打开排空阀门快速泄压。

（3）如果此时水位下降，应持续上水，保持水位正常。

（4）当锅炉进口烟温下降至 400℃ 以下时，方可打开人孔门自然通风冷却，如无特殊情况，应杜绝炉膛急剧降温。

（5）当压力全部下降时，停止给水泵，关闭除氧器上水阀门和加温阀门。等锅炉完全冷却后，方可缓慢放水。

10.7.3 锅炉排污

为了保持锅炉水质的各项指标，控制在标准范围内，就需要从锅炉中不断地排除含盐量较高的锅炉水和沉积的污垢，再补入含盐量低的给水，以上作业称为锅炉排污。

排污方式可分为连续排污和定期排污。

（1）连续排污：又称表面排污，一般在锅炉运行时进行，是连续不断地从锅炉水表面将浓度较高的锅炉水排出，降低锅炉水中含盐量和碱度，以及排除锅炉水表面的油脂和泡沫的重要方式。

（2）定期排污：又称简短排污和底部排污。定期排污是在锅炉系统的最低点间断地运行，它是排除锅炉内形成的泥垢以及其他沉淀物的有效方式。另外，定期排污还能迅速地调节锅炉水浓度，以补充连续排污的不足。汽包定期排污一般两星期进行一次，集箱排污一般一星期进行一次，排污量大约为 20~40mm。

排污的目的：排除锅炉水中过剩的盐量和碱量，使锅炉水质各项指标始终控制在国家要求的范围之内；排除锅炉内结生的泥垢；排除锅炉水表面的油脂和泡沫；保证蒸汽品质。

锅炉排污的要求：勤排、少排、均衡排、在锅炉低负荷下排污。

10.7.4 锅炉清灰

余热锅炉正常运行时，每班要定期对锅炉本体及空气预热器进行清灰作业，目前清灰作业采用冲击波清灰，每班定期开启锅炉刮板机卸灰，防止出现刮板机压死现象。

10.7.5 运行控制

接班时必须了解掌握上一班的运行情况，泵的运行情况，锅炉运行情况必须全面了解。

锅炉运行时密切监视锅炉仪表压力、水位、除氧器水位、温度；炉膛温度、负压等参数,每小时记录一次。

经常校对仪表参数的准确性,如有误差及时找仪表工解决。

每班冲洗水位一次,始终保持水位计清晰可辨。

每4h开启冲击波除灰器一次对锅炉进行除灰,每2~3h必须开启刮板机一次,以防积灰压死刮板机。

锅炉正常运行时每周人工启动安全阀一次,以防安全阀阀座与阀芯粘死。

每天白班必须两次采水样化验,根据化验结果给锅炉加药或者排污处理保证炉。

10.8 常见事故及处理

余热炉常见故障有缺水、满水等故障。

10.8.1 缺水故障的处理

当锅炉水位经确认为轻微缺水时,可进行大量上水。若为严重缺水,应紧急打开所有炉门,同时通知反射炉放水冷闸板和停止升温,必要时停风停油,关闭所有排污阀和主蒸汽阀。此时禁止上水,待炉膛内温度降至200℃时方可上水。

10.8.2 满水故障的处理

应立即打开排污阀排放水,同时停止上水,通知反射炉放水冷闸板或停风停油,严禁升温。待水位正常后关闭所有排污阀,投入生产。

10.9 反射炉余热锅炉参数

10.9.1 反射炉余热锅炉性能参数

反射炉余热锅炉性能参数,见表10-1。

表10-1 反射炉余热锅炉性能参数

项 目	50m² 反射炉余热锅炉	45m² 反射炉余热锅炉
规格型号	QFC31/1250-13-1.27	QC30/1250-15-1.27
工作压力/MPa	1.27	1.27
蒸汽温度/℃	194	194
给水温度/℃	104±4	104±4
额定蒸发量/t·h⁻¹	13	15
进口烟气温度/℃	1250±50	1250±50
出口烟气温度/℃	650±20	550±20
进口烟气量(标态)/m³·h⁻¹	35884	31269.49

10.9.2 反射炉余热锅炉技术参数

反射炉余热锅炉技术参数,见表10-2。

表 10-2 反射炉余热锅炉技术参数

序 号	项 目	50m² 反射炉余热锅炉	45m² 反射炉余热锅炉
1	汽包压力/MPa	1.27	1.27
2	汽包水位/mm	0 ± 50	0 ± 50
3	除氧器水位/mm	600 ± 50	600 ± 50
4	除氧器温度/℃	104 ± 4	104 ± 4
5	循环水流量/m³·h⁻¹	240 ± 20	240 ± 20
6	进口烟气温度/℃	1250 ± 50	1250 ± 50
7	出口烟气温度/℃	650 ± 20	550 ± 20

复 习 题

1. 简述冲洗水位计的操作步骤及注意事项。

2. 简述预防锅炉结焦的措施。

3. 简述水冷壁管爆破的现象、原因及处理。

4. 锅炉阀门的维护保养和操作注意事项有哪些?

5. 锅炉启动前对汽水系统检查有哪些方面?

6. 锅炉安全阀的作用有哪些?

7. 旁路阀门的作用有哪些?

8. 空气预热器发生堵灰时的影响有哪些?

9. 给水泵为什么要装再循环管?

10. 蒸汽品质不良对锅炉、汽轮机有何危害?

11. 水泵出口为何要装逆止阀?

12. 水压试验的安全注意事项有哪些?

13. 锅炉启动前对转动机械应检查哪些方面?

14. 水位不明时如何判断?

15. 锅炉炉水的控制指标有哪些?

16. 简述锅炉上水的作业程序。

17. 锅炉出现突然停水的应急处理方法有哪些?

11 排烟收尘

《《

11.1 概　述

　　排烟收尘系统的作用是烟气及时排走，维持炉内一定的负压，并将烟气中的烟尘收集下来，不但是对环保的要求也是保证炉窑正常生产的需要。在冶炼行业的烟气中存在大量的有价金属颗粒，通过不同的收尘设施将含尘颗粒从烟气中分离出来，不但可以减少有价金属的流失，还可以改善环境。由于各种烟气有不同的性质，因此在选用收尘设施时尤为关键。近年来随着环保要求的逐步提高，环保收尘设施正常运行和生产同等重要，国内外也针对环保的要求研发高效、节能的收尘设施，本文中我们将介绍目前在国内外运行较为成熟的几种除尘工艺及设施。

11.2　烟气及烟尘常用术语

11.2.1　烟气量

　　烟气量是指单位时间内通过一定截面积的烟气，单位用 m³/h（工况）或 m³/h（标态）表示。

11.2.2　烟气温度

　　烟气温度是收尘设施正常运行的一项关键参数，由于冶炼烟气中含有大量的 SO_2，烟气温度在输送过程中如果温度过低会对输送的管道及设备造成腐蚀；同时烟气温度也不能过高，如电收尘器进口的温度不能过高，否则会使内部的钢结构变形。因此烟气温度的控制对于收尘设施的运行很关键。

11.2.3　烟气含尘量

　　烟气含尘量是指烟气中粉尘的含量，也可称作烟气中粉尘浓度，通常用 mg/m³（标态）或 g/m³（标态）表示。由于环保和回收有价金属的要求，通过收尘设施将烟气中的粉尘回收利用，收尘效率是评价收尘器性能的重要指标。

11.2.4　收尘效率

　　收尘效率是经过收尘设施所收集烟尘与进入收尘设施前的烟尘的百分数。

　　根据收尘器进出口管道内烟气流量和烟尘浓度计算：

　　当收尘器结构严密，没有漏风率，即 $Q_{进} = Q_{出}$。

$$\eta = \left(1 - \frac{C_{出}}{C_{进}}\right) \times 100\%$$

式中　η——收尘效率；

　　　$C_{出}$——出口含尘浓度；

　　　$C_{进}$——入口含尘浓度。

当收尘器存在漏风，$Q_{进} \neq Q_{出}$。

$$\eta = \left(1 - \frac{C_{出}}{C_{进}} \frac{Q_{出}}{Q_{进}}\right) \times 100\%$$

式中　η——收尘效率；

　　　$C_{出}$——出口含尘浓度；

　　　$C_{进}$——入口含尘浓度。

收尘器串联时总效率：

$$\eta = 1 - (1 - \eta_1)(1 - \eta_2)(1 - \eta_3) \cdots (1 - \eta_n)$$

11.2.5　烟气成分

反射炉烟气的成分主要是指二氧化硫、三氧化硫、一氧化碳、水蒸气等。由于烟气的成分含量的高低不仅对收尘流程选择、收尘设备及操作条件的确定有关，对烟气的净化和综合回收也有影响。对烟气中含有可燃气体或可能产生可燃气体的收尘系统，在选择时要考虑防爆措施。

11.2.6　烟尘的性质

11.2.6.1　烟尘粒径

A　粉尘的分散度

一般分为质量分散度和颗粒分散度两类，指尘粒中各种粒级（某一粒径范围，如 5 ~ 10μm，10 ~ 15μm 等）的质量和颗粒数占的百分比，称为质量分散度或颗粒分散度。

B　分割粒径（临界粒径）

除尘器分级除尘效率为50%的粒子直径称为分割粒径，它是表示除尘器性能有代表性的粒径。

11.2.6.2　粉尘的比表面积

单位质量粉尘的总比表面积称为粉尘的比表面积。比表面积增加时，表面能也随之增大，从而增强了表面活性。

11.2.6.3　烟尘的密度

粉尘的密度分为真密度和容积密度也称堆积密度。在松散状态下单位体积粉尘的密度称为容积密度。排除颗粒之间及颗粒内部空气，测出在密实状态下单位体积粉尘的密度称真密度。研究单个粉尘在空气中运动时用真密度，计算灰斗体积时用容积密度。

11.2.6.4 烟尘的黏结性

烟尘的黏结性和烟尘的含水、温度、粒度、几何形状化学成分有关。烟尘的黏结性强，易使烟道黏冷却设备和收尘器内壁黏接而堵塞，降低冷却效率、电收尘器极板和极线上的烟尘不易除去、造成反电晕和电晕闭锁现象，从而影响收尘效率。

11.2.6.5 烟尘的化学活性

烟尘的化学活性是指自然性。某些粒径小、比表面积大的烟尘中含有未被氧化的金属、碳、硫化合物和元素硫等物质，在烟尘热量不能及时散开而由于空气接触时，常可能引起自燃。

固体物体破碎后总表面积大大增加，与空气中的氧有了充分的接触，可燃物（有机物、硫化物等）在一定的温度下可能发生爆炸。

11.2.6.6 烟尘的湿润性

粉尘是否易被水或其他液体润湿的性质称为可湿性。根据粉尘被水润湿的程度可分为两类：容易被水润湿的称为亲水性粉尘；难以被水润湿的称为疏水性粉尘。疏水性粉尘不易用湿法除尘，亲水性粉尘可用湿法除尘。

11.2.6.7 烟尘的比电阻

烟尘的比电阻是烟尘导电性能的标志，它与烟尘的成分、烟气温度和烟气的成分有关，烟尘的比电阻对电收尘器的性能影响极大。比电阻的单位为 $\Omega \cdot cm$(欧姆·厘米)，电导率的倒数为电阻率，烟尘的比电阻对电收尘器的性能影响极大，电收尘器能捕集粉尘的最佳比电阻为 $10^4 \sim 10^{10}\Omega \cdot cm$，比电阻大于 $10^{10}\Omega \cdot cm$ 属于高比电阻粉尘，比电阻小于 $10^4\Omega \cdot cm$，属于低电阻粉尘。

11.2.6.8 烟尘的摩擦角

一般分为内摩擦角和外摩擦角。内摩擦角也称为安息角，是指粉尘在平面上自由堆积时，自由表面（倾斜面）与水平面形成的最大夹角。

11.3 常用收尘设施及分类

11.3.1 惯性收尘

11.3.1.1 概述

惯性收尘是指利用重力、冲击力和离心力等惯性作用使尘粒与气流分离而回收的方法。

11.3.1.2 重力沉尘室

重力沉降室是利用重力沉降原理使尘粒从气体中分离出来的除尘设备。该设备结构简单，液体阻力少，缺点除尘效率低，体积庞大。

11.3.1.3 水平气流沉降室

水平气流沉降室如图 11-1 所示。

当含尘气体从管道进入沉降室后，由于截面积的扩大，气体的流速就减慢，在流速减慢的一段时间内，尘粒从气流中沉降下来进入灰斗中，净化气体就从沉降室另一端排出。

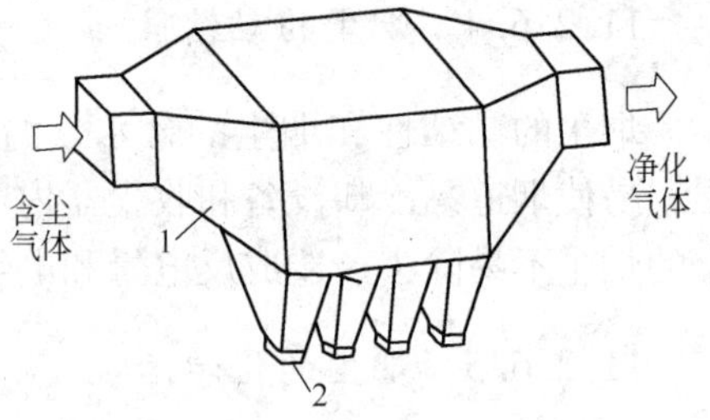

图 11-1　水平气流沉降室
1—沉降室本体；2—灰斗

11.3.1.4 垂直气流沉降室

当气流从管道进入沉降室后，由于截面扩大降低了气流速度，沉降速度大于气流速度的尘粒就沉降下来。垂直气流沉降室如图 11-2 所示。

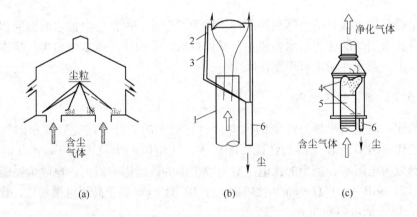

(a)　　　　　　　　(b)　　　　　　　　(c)

图 11-2　垂直气流沉降室
1—烟道；2—反射板；3—耐火涂料；4—反射锥体；5—斜板；6—下灰管

图 11-2(a)是最简单的一种，尘粒沉降在入口周围，需要定期停止排尘设备运转以清除积尘。图 11-2(b)、图 11-2(c)两种沉降室分别设置反射板 2 和反射锥体 4 以提高除尘效率，除下的灰可通过下灰管进入灰斗。

11.3.1.5 惯性除尘器

为了改善重力沉降室的除尘效果，可在其中设置各种形式的挡板，利用尘粒的惯性使其和挡板发生碰撞而捕集，这种利用惯性力来除尘的设备称为惯性除尘器，惯性除尘器的结构形式分为碰撞式和回转式两种，气流在碰撞式方向转变前速度愈高，方向转变的曲率半径愈小，则除尘效率愈高，惯性除尘器（见图 11-3）主要用于捕集 $20\sim30\mu m$ 以上的粗大颗粒，常用作高级除尘器中的第一级除尘。

旋风除尘器是利用离心力原理从气体中除去尘粒的设备。旋风除尘器结构简单，造价便宜维护管理方便，主要用于捕集 $10\mu m$ 以上的粉尘，常用作多级除尘中的第一级除尘

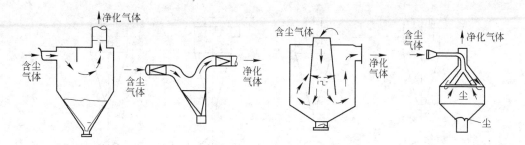

图 11-3 惯性除尘器

器,这种除尘器已在我国工业与民用锅炉上得到广泛的应用,如图 11-4 所示。

A 旋风除尘器的构造和工作原理

该旋风除尘器由箱体、锥体、排出管三部分组成,有的在排出管上设有蜗壳形出口。含尘气流由切线进口进入除尘器,沿外壁由上向下做螺旋形旋转运动,这股向下旋转的气流称为外涡旋。外涡旋到达锥体底部后,转而向上,沿轴线向上旋转,最后经排出管排出,这股向上旋转的气流称为内涡旋,向下的外涡旋和向上的内涡旋的旋转方向是相同的,气流做旋转运动时,尘粒在惯性离心力的推动下要向外壁移动,到达外壁的尘粒在气流和重力作用下,沿壁而落入灰斗。旋风除尘器气流除了做切线运动外,还要做径向运动。外涡旋的径向速度是向心的,而内涡旋的径向速度是离心的。

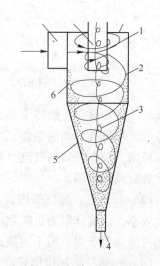

图 11-4 旋风除尘器
1—气流;2—外旋气流;3—内旋气流;
4—排尘口;5—锥体;6—圆筒体

B 旋风除尘器的分类

旋风除尘的类别繁多,可按不同的分类方法。按除尘效率可分为高效和普通旋风除尘器,按处理烟气量分为大流量、中流量旋风除尘器;按流体阻力可分为低阻、中阻旋风除尘器;按结构外形可分为长锥体、长筒体、扩散式、旁通式旋风除尘器;按安装方式可分为立式、卧式、倒装式旋风除尘器;按组合情况可为单管和多管旋风除尘器;按气体导入方向可分为切向和轴向旋风除尘器;按气体在旋风除尘器内流动和排出路线分为反转式和直流式旋风除尘器等。

C 影响旋风除尘器性能的因素

(1) 进口速度。旋风除尘器进口速度大,尘粒受到的离心力也大,除尘效率就高,但是,进口速度过高,旋风除尘器内尘粒的反弹,返混及尘粒碰撞被粉碎等现象反而影响除尘效果继续提高,因此,必须根据除尘器的特点、尘粒特性,使用等条件综合考虑,来选择合适的进口流速,例如,高效旋风除尘器进口速度可取 $14 \sim 21 m/s$,低阻、大容量或串联使用的旋风除尘器进口速度可取 $25 \sim 30 m/s$。

(2) 进口形式。旋风除尘器进口形式是影响其性能的重要因素,常用的进口形式如图 11-5 所示。

切入进口是普遍使用的一种,它制造简单、外形尺寸紧凑。螺旋面进口能使气流与水

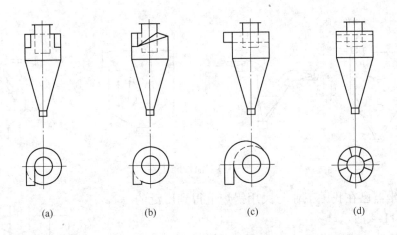

图 11-5 旋风除尘器常用进口形式

（a）切向进口；（b）螺旋面进口；（c）渐开线蜗壳进口；（d）轴向进口

平面呈一定角度向下旋转流动，可减小进口部分气流的相互干扰。渐开线蜗壳进口加大了进口气流和排气管间的距离，减小进口部分气流对内部逆转气流的干扰和短路逸出，除尘效率较高。轴向进口的气流分布均匀、流体阻力大，但除尘效率低，常用于组合成小直径的多管旋风除尘器。

（3）排气管。排气管内径愈小，使内涡流直径愈小，最大切线速度增大，有利于提高除尘效率，但流体阻力也随之增大，普通旋风除尘器排气管内径可达 $0.6d$，排管的插入深度超过进口管下缘，但不应接近锥体上边缘。

（4）锥体。增加锥体长度，可提高除尘效率，降低流体阻力，减小排灰口附近锥体的磨损，高效旋风除尘器锥体长度不应小于筒体直径的两倍。

（5）卸灰装置。旋风除尘器在运行中排灰口多数是负压状态，如卸灰装置漏风，将极大影响除尘效率。因此，对卸灰装置的选型和维护管理必须引起足够的重视。

卸灰装置可分为干式和湿式两类。干式的有圆锥式闪动阀、重锤式锁气阀、翻板阀、星形卸灰阀、螺旋卸灰机等。湿式的有水力冲灰阀、水封排浆阀、水冲式泄尘器等。

D　旋风除尘器的组合

旋风除尘器有并联和串联两种基本组合形式。

并联组合的旋风除尘器的处理气体量等于单筒旋风除尘器处理气量之和，其阻力为单筒阻力的 1.1 倍，收尘效率略低于同规格单筒旋风除尘器。只有型号和规格相同的旋风除尘器并联方能有较好的使用效果。

串联使用的旋风除尘器可以用相同型号不同规格的，也可以是不同型号不同规格的，旋风除尘器串联一般不宜超过两级，其处理气量等于各台的处理气量，阻力等于各台的阻力之和，除尘效率按串联除尘器效率的计算公式。

E　旋风除尘器的磨损及防护措施

旋风除尘器磨损的部位主要是筒体与进口管连接处，含尘气体由直线变为旋转运动的部位和靠近排灰口的锥体底部，其磨损与下列因素有关：

（1）含尘浓度：含尘浓度大，内壁磨损得快。

（2）粉尘粒径：粒径越大，内壁磨损越快。

（3）粉尘的磨琢性：密度大、硬度大、外形有棱角的粉尘磨性强，对气壁的磨损严重。

（4）气流速度：气流速度越大，磨损越严重。

（5）棱角：棱角越大，锥体底部越容易磨损。

在磨损大的条件下使用的旋风除尘器应多考虑抗磨，可以对整个旋风除尘器作抗磨处理，也可以只对磨损严重的部位作抗磨处理，常用的处理方法有：使用抗磨材料、渗硼、内衬和涂料等。

11.3.2 过滤式收尘

11.3.2.1 概述

过滤式收尘器是通过滤料（纤织、碎石等）的过滤作用使粉尘从气体中分离的设备。它具有除尘效率高、结构简单、处理风量范围广等优点，广泛地应用于工业排气净化及进气净化。按照过滤方式可分为表面过滤和颗粒层过滤，目前常用的为袋式收尘，颗粒层收尘仅在少数领域使用，尚处于适用摸索阶段。

11.3.2.2 袋式收尘器

袋式收尘是利用纤纺织物的过滤作用来除尘的一种方法。当滤布黏附一层粉尘后，便有粉尘层和滤布同时进行除尘。袋式除尘一般能捕集 $1\mu m$ 以上的粉尘，效率可达到 98%~99%，但对于气体性质，如湿度、温度、有无腐蚀性等要求较高。

11.3.2.3 袋式除尘器的分类

袋式收尘器按滤袋形式可以分为扁袋和圆袋两种；按照进气方式分为上进气、下进气和直流式；按过滤方式可分为外滤式和内滤式；按清灰方式可分为机械振打式、气环反吹式、脉冲喷吹式和低压反吹式等。

11.3.2.4 性能参数

A 过滤速度

过滤速度是指单位时间内每平方米滤料表面所通过的空气量，也成为气布比。过滤速度 $v_F(m^3/(min \cdot m^2))$ 的计算公式如下：

$$v_F = L/60F$$

式中 L——收尘器处理风量，m^3/h；

F——过滤面积，m^2。

过滤速度是影响袋式收尘器性能的重要因素之一。选用较高的过滤速度可以减小过滤面积，使设备小型化，但会使阻力增大，收尘效率下降，并影响滤袋的使用寿命。对于采用简易清灰的袋式除尘器其风速 $v_F = 0.35 \sim 0.5 m^3/(min \cdot m^2)$，对于采用振动和逆气流反吹的袋式收尘器，处理粗大粉尘时 $v_F = 1.5 \sim 2.0 m^3/(min \cdot m^2)$，处理普通粉尘时 $v_F =$

$1m^3/(min \cdot m^2)$；处理细粉尘时 $v_F=0.5 \sim 0.75m^3/(min \cdot m^2)$。

B 阻力

阻力与袋式收尘器的结构、滤袋材质及布置、粉尘层特性、清灰方式、过滤风速、含尘浓度等因素有关。袋式收尘器的阻力包括机械设备阻力、滤料本身阻力和粉尘层阻力。

C 收尘效率

袋式收尘器的收尘效率较高，一般均在98%以上。影响收尘效率的因素主要有：灰尘的性质，织物性质、运行参数及清灰方式等。

D 滤料

滤料的性能对袋式收尘器的工作具有很大的影响，选择滤料时必须考虑含尘气体的特性和粉尘的气体性质温度、湿度、粒径等。良好的滤布应由耐高温、耐腐蚀、耐磨、阻力小，使用寿命长、成本低等特点。

11.3.2.5 滤布的分类

A 天然纤维滤布

棉织物常用温度为 $60 \sim 80°C$，可用于无腐蚀性气体收尘。柞蚕丝织物使用温度一般不超过90°C，可用于低腐蚀酸性气体。毛织物使用温度一般不超过90°C，可用于低腐蚀性气体，滤尘效果最好，但价格较高。

B 玻璃纤维滤布

玻璃纤维滤布一般使用温度为 $150 \sim 200°C$，经石墨、有机硅树脂处理后，使用温度可达250°C以上。这种滤布原料广泛、价格低、耐湿性好，同时表面光滑，粉尘容易脱落。缺点是不耐磨、不耐折，不适用于机械和压缩空气振打清灰。

C 化学纤维滤布

使用温度为 $80 \sim 150°C$，定型的有208号圆筒涤纶绒布，729号圆筒聚酯滤布和涤纶针刺毡。高温滤布可在 $180 \sim 200°C$ 以下工作。

11.3.3 电收尘器

11.3.3.1 电收尘器概述

电除尘器是含尘气体在通过高压电场进行电离的过程中，使尘粒荷电，并在电场力的作用下使尘粒沉积在集尘板上，将尘粒从含尘气体中分离出来的一种除尘设备。

11.3.3.2 电收尘器的优点

(1) 能处理温度高，有腐蚀性的气体。
(2) 处理气量大。
(3) 阻力低，节省能源。
(4) 除尘效率高、能够捕集 $1\mu m$ 的粉尘。
(5) 劳动条件好，自动化水平高。

11.3.3.3 缺点

(1) 钢材消耗多，一次性投资大。

（2）结构复杂、制造、安装要求高。

（3）对粉尘的比电阻有一定的要求。

11.3.3.4 电收尘器的结构

电收尘器由电收尘本体，收尘器电源，和附属设备三大部分组成。

A 电收尘器本体

电收尘器本体包括：气流分布装置、电晕极、集尘板、清灰振打装置、灰斗。其中电晕极也成为阴极，集尘板称作阳极，目前常见电收尘器阴极采用"RS"型芒刺线，阳极采用"Z-480"型阳极板，气流分布板为多孔板，出口分布板多为迷宫式槽形板。进口气流分布板的作用是烟气能够均匀的进入电场，出口槽形板的作用是收集部分逸散的尘粒。

B 电收尘器的电源

输入的电源为单相或三相交流电，经过电压调整、升压整流后，向收尘器输入高压直流电。

C 附属设备

电收尘器常配有一些附属设施，为防止绝缘子受到粉尘污染引起的漏电，有时通常用干净的空气清理绝缘子，使其维持较好的绝缘性能。

11.3.3.5 电除尘器的分类

（1）按集尘极形式分为管式和板式。

（2）按气流流动方式分为立式和卧式。

（3）按清灰方式分为干式和湿式。

11.3.3.6 主要的参数和性能指标

（1）电场有效的截面积。气体通过电场的有效截面积，处理气量不同时截面积不同，通常有 $6 \sim 220 m^2$。

（2）气体在电场中的流速。气体通过电场时的流动速度，一般为 $0.5 \sim 1.0 m/s$。

（3）气体在电场中的停留时间。气流通过电场的时间，实际使用 $8 \sim 18s$，特殊工况，特殊设计。

（4）板间距。相邻两排阳极（或阴极）之间的距离，也可称为统极间距，常规除尘器在 $350 \sim 400mm$。

（5）通道数。一个电场中，相邻两排阳极之间称为通道，通道数与阴极框架的排数相等。

（6）电场数。气体流通方向化成单独送电区域的数量，一般为 $2 \sim 4$ 个电场。

（7）除尘效率。工况不同，除尘效率不同，保证除尘效率可为：$\geqslant 95\%$、$\geqslant 98\%$、$\geqslant 99\%$，有时采用出口含尘量表示：$\leqslant 0.5 g/m^3$（标态）、$\leqslant 0.2 g/m^3$（标态）、$\leqslant 0.1 g/m^3$（标态）。

（8）进出口温差为 $20 \sim 40℃$。

（9）进出口压降不大于 $300Pa$。

（10）漏风率不大于 3%。

11.3.3.7 影响除尘器性能的主要因素

(1) 粉尘比电阻为 $10^4 \sim 10^{10}\,\Omega \cdot cm$；高比电阻大于 $10^{10}\,\Omega \cdot cm$；低比电阻小于 10^4 $\Omega \cdot cm$。

(2) 粉尘粒径。

(3) 烟气温度和压力。

(4) 烟气含尘量。

(5) 烟气成分。

11.3.3.8 电收尘器的专业术语

(1) 电晕放电。在放电极和收尘极之间通过高压直流电建立起不均匀的电场，当外加电压升到某一临界值时，在放电极附近的很小范围内会出现蓝白辉光并伴有嘶嘶的响声，这种想象称作电晕放电。

(2) 电晕闭锁。当电晕电极上的粉尘层达到一定的厚度时，阻碍电荷放电，产生电晕闭锁现象，会影响除尘效率。

(3) 反电晕。高比电阻粉尘荷电后移至集尘极难以放出电荷，积聚在电极上的粉尘达到一定值时，粉尘层被击穿，这种现象称为反电晕。

(4) 电晕电流。发生电晕放电时，在电极之间流过的电流称为电晕电流。

(5) 火花放电。在产生火花放点之后，当电极之间的电压继续升高到某一点时，电晕极产生一个接一个的瞬时通过整个间隙的火花闪络，闪络是沿着各个弯曲的或多或少的呈枝状的窄路到达收尘极这种现象称为火花放电。

(6) 电弧放电。在火花放电之后，在提高外加电压就会使气体间隙击穿，它的特点就是电流密度很大，而电压降落很小，出现持续的放电，爆发出强光并伴有高温，这种现象称为电弧放电。

(7) 一次电压。施加在整流变压器，一次绕组上的交流电压。

(8) 一次电流。通过整流变压器，一次绕组上的交流电流。

(9) 二次电压。整流变压器输出的直流电压。

(10) 二次电流。整流变压器输出的直流电流。

(11) 击穿电压。在电极之间，刚开始出现火花放电时的电压。

11.3.3.9 影响电收尘器收尘效率的因素

电收尘器在运行中，主要对温度、负压、电流和电压进行监控。其中二次电流和二次电压是反映收尘效率好坏的主要参数，同时电场内部或高压硅整流系统的故障信息会反馈给二次电流与二次电压，因此通过二次电压和电流的数值也能初步判断电收尘器的一些基本故障。

(1) 温度。温度是电收尘器运行的关键参数，电收尘器一般处于负压操作，易从外部漏入冷空气，这将导致烟气露点变化，粉尘比电阻增高，收尘效率下降；如果电收尘器进口温度过高，会使电场内部结构在高温下变形，极板、极线间距缩短，影响收尘效率，因此电收尘器的进口温度应控制在合适的范围之内。

（2）振打清灰。振打装置可以及时清除积灰，提高收尘性能，若阴极线积灰严重会造成电晕闭锁现象，阴极芒刺线不能正常放电；阳极板积灰过多，会造成反电晕现象。

（3）极板、极线间距。阳极板和阴极线的极间距均匀正确，是电收尘器正常运行的重要保证。因为同一电场内的阳极板和阴极线均为并联供电，任何一块阳极板与阴极线的间距缩短，必将导致各电场的电压降低，影响收尘效率。故必须确保电场所有的阳极板和阴极线的极间距正确，其偏差可控制在5mm以内。

（4）分布板堵塞。当气体从电收尘器入口管道进入电收尘器后，通风面积突然扩大，这将导致气体沿电场断面分布不均，气流速度分布也不均匀，会加大粉尘的二次飞扬，气体分布板则起到气流均布作用，如果由于气流分布板堵塞，不但会影响收尘效率，同时会增加后续风机的符合。

（5）供电装置。电收尘器基本上有两部分组成：一部分是收尘器本体，一部分是高压直流供电装置，供电装置性能也将直接影响到收尘效率。

1）高压控制柜。其控制为火花跟踪自动调压方式，它能自动跟踪电场的火花放电，控制整流输出的高压电压，使其保持在电场火花放电电压附近（具有富能特性，即在电压升至火花放电点后，仅将电压降至原电压的50%左右）。这样，可以供给电场较高的平均电压，以获得较高的收尘效率。

2）整流变压器。检查整流变压器箱盖上出线瓷瓶是否积灰，有否裂纹、渗油；密封胶圈有否龟裂、漏油；油位指示是否正常等。

3）高压电缆。电收尘器所需直流负高压，从高压室由电缆送至电场。由于此电缆长期在直流高压下工作，电收尘在运行时又频繁地火花放电，不时产生过电压，故电缆头和电缆都容易发生闪络或击穿。要检查高压电缆头终端是否有绝缘油渗漏，有否对地闪络痕迹。

11.4 熔铸车间电收尘器参数

本节主要介绍车间两台电收尘器参数，即：$45m^2$ 反射炉电收尘器见表11-1、$50m^2$ 电收尘器，见表11-2。

表 11-1 $45m^2$ 反射炉电收尘器技术性能

项 目	参 数	项 目	参 数
规格型号	LD42m²-4-6	允许烟气温度/℃	350±30
形 式	卧式、单室、四电场C形板—改进型RS线	漏风率/%	≤3
电场有效截面积/m²	42	设备阻力/Pa	150～350
总收尘面积/m²	2599	操作电压/kV	>60
同极间距/mm	400	阳极形式	C-480 型极板
电场总长度/m	23.8	极板规格/mm×mm×mm	7445×480×1.5
处理烟气量(标态)/m³·h⁻¹	约99192	每电场排数/排	16
烟气流速/m·s⁻¹	0.66	每排极板数/块	6
烟气通过电场时间/s	约18.2	极板总数/块	384

项 目	参 数	项 目	参 数
振打形式	底部挠臂锤单面旋转振打	每根阴极线长度/m	3.5
振打频率/次·min⁻¹	0.4	阴极线总有效长度/m	2520
阴极形式	改进型 RS 线（整体式）	振打形式	双面挠臂锤侧向旋转振打
每电场阴极线排数/排	15	振打频率/次·min⁻¹	0.4
每排阴极线根数/根	12	硅整流器型号	GGAJ02-0.5/72YTCM
每电场阴极线根数/根	180	额定电压/kV	72
阴极线总根数/根	720	额定电流/A	0.5

表 11-2 50m² 反射炉电收尘器技术性能

项 目	参 数
规格型号	LD42m²-3-6
形 式	卧式、单室、三电场，C 形板—改进型 RS 线
电场有效截面积/m²	42
总收尘面积/m²	1890
同极间距/mm	400
电场总长度/m	19.8
处理烟气量(标态)/m³·h⁻¹	≤35884
烟气流速/m·s⁻¹	0.65
烟气通过电场时间/s	约13.8
允许烟气温度/℃	350±30
漏风率/%	≤3
设备阻力/Pa	150~350
操作电压/kV	>50
阳极形式	C-480 型极板
极板规格/mm×mm×mm	7445×480×1.5
每电场排数/排	16
每排极板数/块	6
极板总数/块	288
振打形式	底部挠臂锤单面旋转振打
振打频率/次·min⁻¹	0.4
阴极形式	改进型 RS 线（整体式）
每电场阴极线排数/排	15
每排阴极线根数/根	12
每电场阴极线根数/根	180
阴极线总根数/根	540
每根阴极线长度/m	3.5
阴极线总有效长度/m	1890
振打形式	双面挠臂锤侧向旋转振打
振打频率/次·min⁻¹	0.4
阳极机械振打用减速器和电动机型号	1. 摆线针轮减速器：XWED2215-3481-0.55kW； 2. 电动机 Y801-40.55kW 1390r·min⁻¹

项 目	参 数
阴极机械振打用减速器和电动机型号	1. 摆线针轮减速器：BLED2215-3481-0.55kW； 2. 电动机 Y801-40.55kW 1390r·min⁻¹
硅整流器型号	GGAJ02-0.5A/72kV
额定电压/kV	72
额定电流/A	0.5

11.5 反射炉烟气脱硫系统

11.5.1 工艺基本概况

活性焦烟气脱硫工艺是利用活性焦对烟气中的 SO_2 进行吸附如图 11-6 所示，使烟气

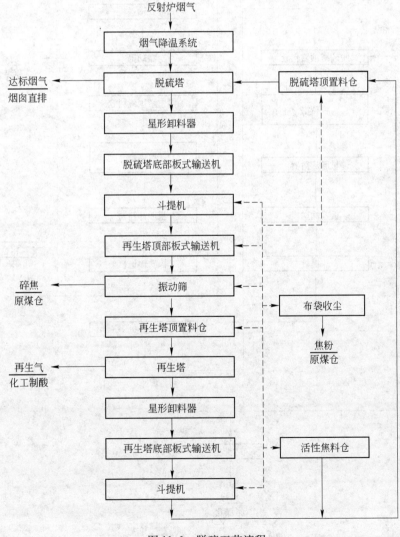

图 11-6 脱硫工艺流程

得到净化，吸附 SO_2 后的活性焦在加热条件下通过解析得到富含 SO_2 的高浓度烟气，可用于制酸，从而实现了硫的资源化利用，同时活性焦在脱硫系统中可循环利用，产生的部分焦粉可以作为燃料供给反射炉生产。

11.5.2 各系统简介及流程

11.5.2.1 物料输送系统

物料输送系统的作用：一方面在于将脱硫和再生过程连接起来，使脱硫剂活性焦实现循环，重复使用；另一方面，补充脱硫过程中消耗的活性焦。要求整个过程物料破碎损耗小，环境整洁，系统由斗提机、板式输送机、料仓、收尘风机、仓式泵、布料溜管等构成。物料输送系统工艺流程如图 11-7 所示。

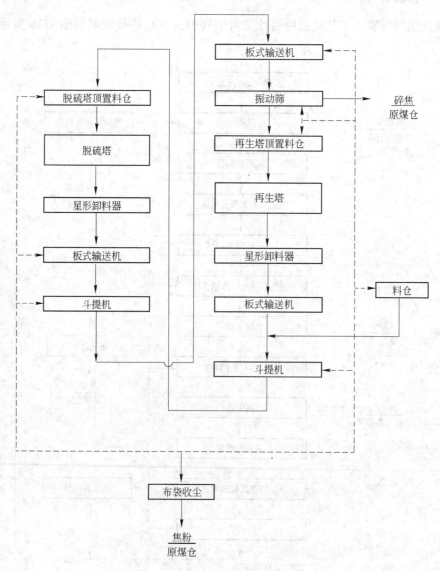

图 11-7 物料输送系统工艺流程

11.5.2.2 烟气吸附系统

烟气吸附系统是利用装填于脱硫塔吸附层内的活性焦，将烟气中 SO_2 吸附并脱除。脱硫塔内填充活性焦颗粒，从上至下流动，经冷却降温后的烟气穿过活性焦层，将 SO_2 吸附在活性焦内，吸附饱和后的活性焦送至再生塔进行解析，净化后干净的烟气由脱硫塔顶部出气室排出，冷却系统没有完全蒸发的水会排至污水罐内，通过污水泵送入酸性污水槽罐车，由槽车送至酸水处理设备。吸附系统工艺流程如图 11-8 所示。

11.5.2.3 再生系统

活性焦再生系统是将经脱硫塔吸附饱和的活性焦中的二氧化硫解析出来，由再生风机送往化工厂制酸系统，如图 11-9 所示。再生塔自上至下分为进料段、加热段、抽气段、冷却段和排料段。再生塔内的活性焦靠重力依次、连续由上段流向下一段。再生塔加热段和冷却段的换热介质均为氮气，其中冷却段分为一级冷却段和二级冷却段，氮气在加热段、换热高温风机、一级冷却段、电加热器内闭路循环；氮气在二级冷却段、换热低温风机、水冷换热器内闭路循环。

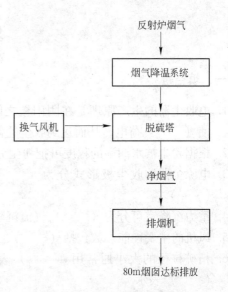

图 11-8　吸附系统工艺流程

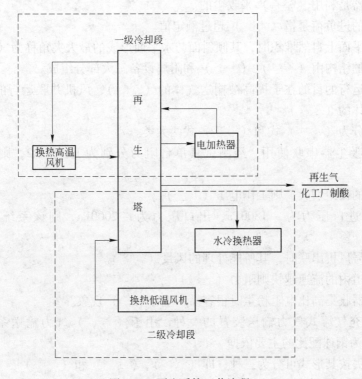

图 11-9　再生系统工艺流程

复 习 题

一、填空题

1. 电收尘器的生产原理是在阴阳极之间接上（ ）电，产出的离子和（ ）碰撞，使（ ）荷电，从而达到收尘的作用。

2. 根据粉尘被水润湿的程度可把粉尘分为亲水性粉尘和（ ）。

3. 电除尘器按收尘极形式分为（ ）和（ ），按气流流动方向分为（ ）和（ ）。

4. 重力沉降室可分为（ ）气流沉降室和（ ）气流沉降室。

5. 风机的主要性能参数包括（ ）、（ ）、（ ）、（ ）。

6. 精矿粒径的大小通常用（ ）表示，筛上物用符号（ ）表示，筛下物用符号（ ）表示。

7. 精矿粒度 – 200 目大于 80% 表示筛网上每英寸长度内有（ ）个孔，筛孔尺寸为 0.074mm，有（ ）可通过此筛网。

8. 镍、铜、钴属于（ ）色金属，铁、锰属于（ ）色金属。

9. 电收尘器可收集的粉尘最佳范围为（ ）。

10. 石英石的化学成分是（ ），石英石在冶金过程中与铁发生（ ）反应。

11. 皮带安装电磁铁的目的是（ ）。

12. 旋风收尘器是利用（ ）来收尘的。

13. 电气设备的过负荷是指（ ）超过额定值。

14. 物料在水平面上自然堆积时，其倾斜面与水平面形成的最大夹角称为（ ）。

15. 电除尘器的结构由（ ）、（ ）和附属设备三大部分组成。

16. 风机串联运行的目的在于提高被输送气体的（ ），风机并联运行的目的在于增加被输送气体的（ ）。

17. 气力输送分为（ ）式和（ ）式两大类。

18. 两台旋风吸尘器串联使用，经测试其单台阻力分别为 R1 和 R2，则两台的阻力为（ ）。

19. 电收尘器的极距增大，则工作电压（ ）。

20. 收尘系统进口压力为 – 1800Pa，出口压力为 – 2000Pa，则该系统压力的损失为（ ）。

21. 两台同型号风机串联时，其所能处理的风量（ ）。

22. 烟气在烟道内的流速越快则阻力（ ）。

23. 用电除尘器收集高比电阻粉尘时很容易产生（ ）现象。

24. 仓式泵是充气罐式气力输送装置的一种，用于（ ）气力输送系统；生产中把（ ）作为钢球配比的主要依据。

25. 风机的损失按其形式可分为三种，即（ ）、（ ）和（ ）。

26. 布袋收尘器喷吹气源采用来自厂区综合管网的（ ）或（ ）。

27. NCD10.0型仓式泵主要由（　　）、（　　）、（　　）、（　　）组成。

28. 由于蒸汽干燥尾气中 SO_2 的体积含量在（　　）左右，且尾气中含有大量（　　）因此滤布必须具有一定的（　　）并经过抗结露处理。

29. 布袋收尘器主要由（　　）、（　　）、（　　）、（　　）等部分组成，为了除尘器的运行维护方便，蒸汽干燥布袋除尘器采用（　　）设计。

30. 混合物料粒度的表示方法有两种：（　　）和（　　）。

31. 离心风机一般分为（　　）、（　　）、（　　）三种。

32. 标准状态指温度（　　）℃，压力（　　）Pa，1个大气压等于（　　）mm汞柱。

33. 沉灰筒的收尘效率为（　　），电收尘器的收尘效率为（　　）。

二、单项选择题

1. 粉尘比电阻过低，会出现下列（　　）现象。
　　A. 电晕闭锁　　　B. 反电晕　　　C. 电场击穿　　　D. 粉尘跳跃

2. 电除尘器振打不良，极线粘灰过多会出现下列（　　）现象。
　　A. 电晕闭锁　　　B. 反电晕　　　C. 电场击穿　　　D. 粉尘跳跃

3. 增加烟气湿度可使烟尘比电阻（　　）。
　　A. 降低　　　　　B. 提高　　　　C. 不变化

4. 板式电除尘器多用于（　　）。
　　A. 干法收尘　　　B. 湿法收尘　　C. 旋风收尘

5. 电除尘器是含尘气体通过（　　）电场将气体净化的。
　　A. 高压直流电　　B. 高压交流　　C. 高压交直流

6. 电除尘器阴阳极间距减少，电场电压会（　　）。
　　A. 增高　　　　　B. 降低　　　　C. 不变

7. 电除尘器漏风，除尘效率会（　　）。
　　A. 增高　　　　　B. 降低　　　　C. 不变

8. 烟气通过电除尘器的流速快会使除尘效率（　　）。
　　A. 增高　　　　　B. 降低　　　　C. 不变

9. 烟道及电除尘器漏风增大则除尘效率会（　　）。
　　A. 增高　　　　　B. 降低　　　　C. 不变

10. 电除尘器极间距加宽，电场的击穿电压会（　　）。
　　A. 增高　　　　　B. 降低　　　　C. 不变

11. 焙烧过程中烟气温度越高，焙烧速度（　　）。
　　A. 越快　　　　　B. 越慢　　　　C. 不变

12. 自然界分布最广的铜矿是（　　）。
　　A. 自然铜　　　　B. 硫化矿　　　C. 氧化矿　　　D. 硫酸盐

13. 单位体积物料的质量称之为（　　）。
　　A. 密度　　　　　B. 堆密度　　　C. 真比重　　　D. 假比重

14. 提高气流干燥大风机的风流量，产品的粒度（　　）。
　　A. 增大　　　　　B. 减小　　　　C. 不变

15. 检修中（　　）m 以上属于高空作业，必须系好安全带。
　　A. 2　　　　　　　B. 3　　　　　　　C. 4　　　　　　　D. 5

16. 焦粉规格 <10mm，技术要求含碳量大于（　　）。
　　A. 75%　　　　　B. 80%　　　　　C. 82%　　　　　D. 85%

17. 石英石的主要化学成分是（　　）。
　　A. Si　　　　　　B. MgO　　　　　C. SiO_2　　　　D. $CaSiO_3$

18. 旋风收尘器的收尘效率为（　　）。
　　A. 30%　　　　　B. 60%　　　　　C. 90%　　　　　D. 99%

19. 硫化镍精矿焙烧的目的是（　　）。
　　A. 预热　　　　　B. 脱硫　　　　　C. 氧化　　　　　D. 预热脱硫

20. 板式电收尘器多用于（　　）。
　　A. 干法收尘　　　B. 湿法收尘　　　C. 旋涡收尘

21. 两台旋风除尘器并联时，其所能处理的烟气量（　　）。
　　A. 等于一台的　　B. 等于两台之和　C. 等于两台之差

22. 电收尘器阳极为（　　）。
　　A. 电晕电极　　　B. 收尘电极　　　C. 都不是

23. 金川富氧顶吹系统精矿的年处理量为（　　）吨。
　　A. 70 万　　　　B. 120 万　　　　C. 103 万　　　　D. 90 万

24. 电收尘器石英套管所起的作用是（　　）。
　　A. 绝缘　　　　　B. 支撑阴极框架　C. 既绝缘又支撑阴极框架

25. 液力偶合器的作用是（　　）。
　　A. 可有级调速　　B. 可无级调速　　C. 增加电能

26. 电收尘器的阴阳极间距减小，电场电压会（　　）。
　　A. 增高　　　　　B. 降低　　　　　C. 不变

27. 烟尘黏度增大时，电收尘器的收尘效率将会（　　）。
　　A. 降低　　　　　B. 升高　　　　　C. 不变

28. 事故开关用于（　　）停车。
　　A. 处理事故　　　B. 正常　　　　　C. 紧急

29. 燃烧温度的高低取决于燃烧产物中所放出（　　）的多少。
　　A. 灰分　　　　　B. 水分　　　　　C. 热量

30. 一台收尘器的收尘效率 η 为 95%，则透过率为（　　）。
　　A. 5%　　　　　B. 3%　　　　　　C. 10%

31. 旋涡收尘可以捕集粒度比较（　　）的烟尘颗粒。
　　A. 大　　　　　　B. 小　　　　　　C. 超细粉尘

32. 电收尘器的生产原理是在阴阳极之间接上高压直流电产出的（　　）和烟尘碰撞，使烟尘荷电。
　　A. 原子　　　　　B. 中子　　　　　C. 离子

33. 电除尘器能捕集粉尘的最佳比电阻（　　）。
　　A. $10^4 \sim 10^{10}\Omega \cdot cm$　　B. 小于 $10^4\Omega \cdot cm$　　C. 大于 $10^{10}\Omega \cdot cm$

34. 在整个工作区间内进行空气替换称之为 （　　）。
   A. 自然通风 　　　　　　 B. 全面通风 　　　　　 C. 局部通风

35. 某台整流车的型号是 GGAJ02—0.4/72，可知该整流车的额定输出电流为 （　　）。
   A. 720mA 　　　　　　　　 B. 400mA 　　　　　　 C. 无法确定

36. 下列有关金川回转干燥窑的叙述不正确的是 （　　）。
   A. 金川回转干燥窑处理的是含水为 13%～15% 的精矿
   B. 为了增加窑体的刚度，在回转窑内筒体焊接了扬料板
   C. 由于自身有 5% 的斜度，物料在随筒体转动的过程中逐渐下落
   D. 为了防止干燥窑头部和尾部漏风，采用的是鱼鳞片的密封装置

37. 荷电烟尘在电场力作用下向收尘极板表面运动的速度为 （　　）。
   A. 电场风速 　　　　　　 B. 驱进速度 　　　　　 C. 烟气流速

38. 烟气含尘浓度的方法常用表示单位是 （　　）（标态）。
   A. g/m^3 　　　　　　　　 B. kg/m^3 　　　　　　 C. %

39. 以液体与粉尘直接接触，利用液滴或液膜黏附粉尘而净化气体的方式是 （　　）。
   A. 湿式收尘 　　　　　　 B. 干法收尘 　　　　　 C. 液膜收尘

40. 电场高度与电场宽度的乘积称为 （　　）。
   A. 收尘面积 　　　　　　 B. 电场截面 　　　　　 C. 比收尘极面积

41. 收尘系统进口压力为 -1000Pa，出口压力为 -1500Pa，则该系统压力的损失为 （　　）。
   A. -500Pa 　　　　　　　 B. 500Pa 　　　　　　 C. -2500Pa

42. 通风机风压在 $(1～3)×10^3Pa$，则该风机为 （　　）。
   A. 高压通风机 　　　　 B. 低压通风机 　　　 C. 中压通风机

43. 埋刮板输送机当输送物料的密度很大，或输送物料含水分较高时会出现 （　　）。
   A. 浮链 　　　　　　　　 B. 负荷过大 　　　　　 C. 跑偏

44. 仓式泵输送烟灰属于 （　　）。
   A. 正压密相 　　　　 B. 负压密相 　　　 C. 正压稀相 　　　 D. 负压稀相

45. 烟气在烟道内的流速越快则 （　　）。
   A. 系统阻力越大 　　 B. 系统阻力越小 　 C. 系统阻力不变

46. 低温电除尘器操作温度一般为 （　　）。
   A. 摄氏 50 度左右 　　 B. 摄氏 80 度左右 　 C. 摄氏 120 度左右

47. 风机有效功率与轴功率之比为风机的 （　　）。
   A. 全效率 　　　　　　 B. 内部效率 　　　　 C. 有效功率

48. 物体所含物质的多少称为 （　　）。
   A. 质量 　　　　　　　 B. 质量 　　　　　　 C. 密度

49. 电气设备的过负荷是指 （　　）超过额定值。
   A. 电流 　　　　　　　　 B. 电压

50. 某烟道直径 2m，测得烟气流速为 10m/秒，则烟气流量是 （　　）。
   A. 31.4 立方米/秒 　　 B. 10 立方米/秒 　 C. 5 立方米/秒

51. 已知 8 月份共生产粉煤 750 吨，球磨机的生产能力为 10.5 吨/时，若按生产日历 26 天

计算，则粉煤系统的作业率是（　　）%。

    A. 10.5　　　　　　　　B. 11.4　　　　　　　　C. 12.5

52. 已知一旋入口烟气量 35000m^3/h，烟气含尘浓度是 500g/m^3，而球磨机的生产能力是 25 吨/时，问每小时通过斗式提升机的料量有（　　）吨（设选粉效率100%）。

    A.7.5　　　　　　　　B.8　　　　　　　　C.8.5

53. 转炉吹炼过程中，二氧化硅与（　　）造渣。

    A. 氧化亚铁　　　　　B. 氧化铜　　　　　C. 氧化镍

54. 火法冶炼过程中产生的（　　）可用于制酸。

    A. 烟尘　　　　　　　B. 二氧化碳　　　　C. 二氧化硫　　　D. 二氧化锌

55. 熔铸车间反射炉生产的最终产品为（　　）。

    A. 高镍锍　　　　　　B. 富钴冰铜　　　　C. 阳极板　　　　D. 低镍锍

56. 游离二氧化硅粉尘能引起接触粉尘的职工得（　　）职业病。

    A. 矽肺　　　　　　　B. 尘肺　　　　　　C. 哮喘　　　　　D. 气管炎

57. 火法冶炼常用的燃料是（　　）。

    A. 汽油　　　　　　　B. 柴油　　　　　　C. 硫　　　　　　D. 煤、重油、煤气

58. 硫化物在焙烧过程中将（　　）。

    A. 吸入热量　　　　　B. 放出大量热量　　C. 不吸热也不放热

59. 石英粉会对人体的（　　）功能造成损坏。

    A. 呼吸系统　　　　　B. 肺　　　　　　　C. 胃

60. 物料在静止不动的水平面上堆积时而形成的堆积角称为（　　）。

    A. 堆积角　　　　　　B. 静堆积角　　　　C. 真密度

61. 熔剂在熔炼过程中主要起（　　）作用。

    A. 造锍　　　　　　　B. 造渣

62. 使用二氧化碳灭火器时，人应站在（　　）。

    A. 上风位　　　　　　B. 下风位　　　　　C. 无一定位置

63. 富氧顶吹技术属于（　　）技术。

    A. 悬浮熔炼　　　　　B. 熔池熔炼　　　　C. 喷枪熔炼

64. 金川自产精矿含水（　　）。

    A. 5%　　　　　　　　B. 8%～10%　　　　C. 30%　　　　　D. 13%～15%

三、多项选择题

1. 鼠笼压死的主要原因是（　　）。

    A. 鼠笼抽力小　　　　B. 短窑人口温度低　　　C. 精矿水分大

    D. 粒度大　　　　　　E. 鼠笼磨损严重

2. 刮板压死的原因有（　　）。

    A. 刮板负压小　　　　B. 料量大　　　　　　C. 精矿水分大

    D. 粒度大　　　　　　E. 链条被卡

3. 沉降室温度过高原因有（　　）。

    A. 精矿给料量小　　　B. 抽力过大　　　　　C. 燃烧室温度过高

    D. 粒度小   E. 精矿含硫高

4. 石英管的作用是（　　　）。

    A. 支撑阴极柜架   B. 高压绝缘   C. 固定电场顶板

5. 电收尘器灰斗内阻流板的作用是（　　　）。

    A. 防止气流短路   B. 防止阳极下落   C. 防止灰斗内积灰飞扬

6. 电收尘器内的优点有（　　　）。

    A. 处理高温气体   B. 处理气量大   C. 阻力小

    D. 效率高   E. 钢材消耗小   F. 制造简单

7. 电场进口分布板有（　　　）。

    A. 单层多孔板   B. 双层多孔板   C. 槽形板   D. 三层多孔板

8. 可引起风机振动的原因（　　　）。

    A. 转子不平衡   B. 冷却水过大   C. 电机轴与风机轴不同心

9. 风机可紧急停车的原因有（　　　）。

    A. 剧烈运动   B. 风机负荷过大

    C. 转子磨机壳   D. 电机温度超过额定值并继续上升

10. 电机难以带上负荷是因为（　　　）。

    A. 风机进风口可能堵塞   B. 进口阀门故障

    C. 电机故障   D. 风机出口堵塞

11. 电场二次电压偏低是由于（　　　）。

    A. 绝缘子黏结   B. 阴极线黏结

    C. 极间距变小   D. 阴极轴积灰严重

12. 袋式除尘器的机理是（　　　）。

    A. 扩散效应   B. 离心力作用   C. 惯性效应

    D. 重力沉降   E. 静电吸引

13. 电场的电晕极是由（　　　）组成。

    A. 电晕线   B. 阻流极   C. 支撑绝缘管

    D. 灰斗   E. 电晕框架   F. 悬吊杆

14. 烟气露点温度主要取决于烟气中所含的（　　　）。

    A. H_2O B. CO   C. SO_2

    D. SO_3 E. O_2 F. CO_2

15. 电场内阴阳极的排数是（　　　）。

    A. 相等   B. 阴极多于阳极   C. 阴极少于阳极

    D. 阳极比阴极多一排   E. 阴极比阳极多一排

16. 电收尘器的漏风率主要取决于（　　　）。

    A. 壳体的密封   B. 灰斗下灰口的密封   C. 人孔门的密封

    D. 烟气的温度   E. 负压   F. 壳体的保温

    G. 收尘效率

17. 电收尘器收尘效率低的原因有（　　　）。

    A. 烟气温度高   B. 进口含尘浓度高   C. 进口含尘浓度低

   D. 漏风率低   E. 漏风率高   F. 二次电压低

   G. 振打频率不合适   H. 烟气流速低

18. 电收尘器振打力太大将会（   ）。

   A. 损坏阴、阳板   B. 可将振打加速度传的更远   C. 使高压系统损坏

19. 板式给矿机的最大优点是（   ）。

   A. 给矿均匀   B. 工作可靠   C. 事故率低   D. 破碎时间短

20. 旋涡收尘器原理主要通过（   ）来实现。

   A. 烟尘的粒径   B. 烟尘的惯性   C. 烟尘的流动方向

   D. 烟气进入旋涡收尘器的切向速度

   E. 烟尘的离心力

21. 收尘器进口流速提高则（   ）。

   A. 旋涡阻力增大   B. 旋涡效率增大   C. 筒体磨损增大

22. 电场发生爆炸的原因有（   ）。

   A. 气量过大   B. 可燃气体达到一定程度   C. 有明火

   D. 有足够的氧气   E. 电压低

23. 除尘器一般可分为（   ）。

   A. 机械式除尘器   B. 电收尘器   C. 旋风收尘器

   D. 洗涤式除尘器   E. 过滤式除尘器   F. 声波除尘器

24. 重力沉降室可分为（   ）。

   A. 垂直气流沉降室   B. 侧室沉降室   C. 水平气流沉降室

25. 影响旋风除尘器性能的因素为（   ）。

   A. 进出口速度   B. 筒体直径和排出管直径

   C. 筒体和锥体高度   D. 除尘器下部的严密性

26. 电收尘器的优点有（   ）。

   A. 处理高温气体   B. 处理气量大   C. 阻力小

   D. 效率高   E. 钢材消耗小   F. 制造简单

27. 我国的镍矿主要是（   ）。

   A. 硫化矿   B. 氧化矿   C. 磁铁矿   D. 红土矿

28. 风机并联和串联的目的分别是在于提高被输送气体的（   ）和（   ）。

   A. 流量   B. 阻力   C. 压力

29. 粉尘的基本性质是（   ）。

   A. 重度和粒径   B. 分散度   C. 休止角   D. 湿润性

30. 皮带接头开裂的原因有（   ）。

   A. 胶接质量差   B. 拉紧力太大

   C. 经常重负荷启动   D. 清扫器刮板磨损

31. 下列属于精矿特征的是（   ）。

   A. 水分   B. 粒度   C. 堆密度   D. 安息角

32. 按照热能给湿物料传递的方式，干燥过程可分为（   ）。

   A. 传导干燥   B. 对流干燥   C. 辐射干燥   D. 介电干燥

33. 回转干燥窑所采用的干燥介质是热烟气，其作用是（　　　）。

    A. 作为载热体，提供过程所需的热能。

    B. 加热设备，是设备升温预热。

    C. 作为载湿体，将汽化后的水分带走。

    D. 以上说法均不正确。

四、判断题

1. 皮带运输机跑偏时，应用钢钎调整。（　　）

2. 设备发生故障时，应该边停车边处理。（　　）

3. 粉煤制备系统中，圆盘给料机属于封闭式。（　　）

4. 石英粉会对人体的呼吸系统功能造成损坏。（　　）

5. 物料在静止不动的水平面上堆积时而形成的堆积角称为静堆积角。（　　）

6. 熔剂在熔炼过程中主要起造硫作用。（　　）

7. 旋涡收尘器是利用离心力作用进行收尘的。（　　）

8. 磨机短时停车时，应每隔4h将筒体转动90°，以防护轴瓦和防止筒体变形。（　　）

9. 工作现场常用安全电压是24V。（　　）

10. 凡是新砌或大、小修后的炉子必须按升温曲线进行烘烤。（　　）

11. 闪速炉要求处理高品位的原料，即低硫高镁原料。（　　）

12. 在松散状态下单位体积粉尘的质量称为粉尘的真密度。（　　）

13. 收尘器收下的粉尘量与进入收尘器的粉尘量之比称为收尘器的收尘效率。（　　）

14. 重力沉降室收尘效率一般较低，只能除去较大颗粒的粉尘。（　　）

15. 生产能力是指单位时间内产出合格产品的数量。（　　）

16. 风机全压是指风机出口与进口压力之差。（　　）

17. 熔剂制备用的石英石对水分没有要求。（　　）

18. 含尘浓度是指单位体积气体中粉尘的含量。（　　）

19. 皮带运输机不能倾斜输送物料。（　　）

20. 皮带运输机是由托辊带动胶带来完成运输物料的。（　　）

21. 反射炉大烟囱的高度是150m。（　　）

22. 石英在冶金过程中发生还原反应。（　　）

23. 一般情况下皮带运输机可以带料停车。（　　）

24. 电场内部阻流板的作用是为了防止烟气短路。（　　）

25. 粉尘的安息角是指粉尘在平面上自由堆积时，自由表面与水平面形成的最小夹角。（　　）

26. 过滤速度越大，布袋除尘器的阻力越大，收尘效率越高。（　　）

27. 烟尘的黏度增大时，电除尘器的收尘效率将会下降。（　　）

28. 电场内阴阳极的排数是阳极比阴极少一排。（　　）

29. 并联组合后的旋风收尘器收尘效率将降低。（　　）

30. 电场发生爆炸的原因是可燃气体浓度过大、有足够的氧及明火。（　　）

31. 电收尘器出口气流分布板采用槽型板的作用是均布气流。（　　）

32. 铜精矿采用氮气输送可以避免精矿自燃。（　　）

33. 皮带可以经常带负荷停车。（　　　）

34. 设备发生突然性事故时，应立即关闭事故开关，切断电源，再检查处理。（　　　）

35. 蒸汽干燥机是采用直接换热方式进行干燥的。（　　　）

36. 从干燥要出来的烟气含 SO_2 较低，不需制酸，可直接排空。（　　　）

五、计算题

1. 已知一旋入口烟气含尘浓度是 $750g/m^3$，一旋的收尘效率是 95%，二旋的收尘效率是 80%，三旋的收尘效率是 75%，布袋收尘器的收尘效率是 90%，求熔剂系统的排放浓度是多少？

2. 已知某布袋收尘面积为 $680m^2$，其过滤风量为 $44000m^3/h$，试计算其过滤风速。

3. 已知某布袋收尘器共有 120 条布袋，每条滤袋的长为 1.2m，直径为 400mm，试计算该布袋收尘器的过滤面积（滤袋的两底面没有过滤作用）。

4. 已知布袋收尘器的入口烟气含尘浓度是 $3.5g/m^3$，出口烟气含尘浓度是 $20mg/m^3$，则布袋收尘器的收尘效率是多少？

5. 已知沉尘室入口烟气量是 $96000m^3/h$，入口烟气含尘浓度是 $800g/m^3$，二旋出口烟气量是 $108000m^3/h$，出口烟气含尘浓度是 $15g/m^3$，求沉尘室和两级旋涡收尘器的漏风率和收尘效率。

6. 已知某班 5 月份生产日历为 30 天，由于各种因素影响停产 60h，求其作业率是多少？

7. 已知某台电除尘器的进口含尘（标态）浓度为 $50g/m^3$，出口含尘（标态）浓度为 $0.5g/m^3$，假定漏风率为零，计算其除尘效率和透过率。

8. 某布袋除尘器共有布袋 75 条，布袋直径为 $\phi320mm$，长度为 3m，过滤速度为 0.5 m/min，试计算该布袋收尘器的过滤面积为多少，可处理的烟气量为多少？

9. 已知某台电收尘器（标态）的进口浓度为 $15g/m^3$，出口浓度（标态）为 $0.1g/m^3$，漏风率为 10%，问这台电收尘器的收尘效率为多少？

10. 有一皮带运输机的长度为 104.5m，该皮带的物料运输时间为 41.8s，试计算该皮带的运行速度。

11. 某板式给矿机的输送能力为 60t/h，现有 180t 物料需该设备完成输送，试问给矿机需多长时间可完成任务？

12. 已知某台电除尘器的除尘效率为 95%，进口含尘（标态）浓度为 $10g/m^3$，试计算出口含尘浓度。

13. 某月份熔炼计划要熔剂 8000t，已知颚式破碎机的处理能力是 30t/h，其作业率是 80%，问能否完成任务？

14. 熔剂球磨机的处理能力是 80t/h，现有 300t 石英，某班用 5h 才处理完，请问该球磨机的作业率是多少？

15. 某台电除尘器进口烟道的直径为 2m，烟道内烟气流速为 15m/s，计算该除尘器处理的烟气量是多少？

16. 已知某台仓式泵的体积为 $10m^3$，输送物料时的气料比为 $32m^3/t$，物料的密度为 $2.1 \times 10^3 kg/m^3$，按正常工作时每泵装料为 75% 计算，单泵装料时间为 4min，吹送时间为 5min，计算：

（1）吹送一泵料需消耗多少立方米气体？

（2）1h 最多能输送多少吨物料？

17. 已知某台干燥铜精矿的蒸汽干燥机湿精矿含水 10%，产出干精矿含水 0.3%，干燥机进料量为 100t/h。消耗蒸汽为 20t/h。计算：

（1）每小时产出干精矿多少吨。

（2）每小时蒸发水多少吨。

（3）该干燥机蒸汽单耗。

18. 处理风量为 50000m³，布袋入口含尘浓度为 100g/m³，出口含尘浓度为 10mg/m³，假设该布袋除尘器的漏风率为零。计算：

（1）该布袋的除尘效率。

（2）该布袋的过滤速度。

（3）布袋入口管道烟气流速。

12 循　环　水

<<<<<<<<<<<<<<<<<<<<<<<<<<<<<<<<<<<<<<<<<<<<<<<<<<<<<<<<<

12.1　概　述

　　循环水作为一种强制冷却介质，在大型冶金工业企业已得到广泛应用。一直以来，金川公司镍反射炉的炉寿命受限于炉体耐火材料的寿命，为了延长反射炉耐火材料的寿命和稳定反射炉的生产，反射炉采用了强制冷却系统，强制冷却系统由冷却水系统管网和水冷元件组成。

12.2　循环水冷却原理及冷却流程

12.2.1　水冷却原理

　　冷却塔内热水从上向下喷淋成小水滴，在填料表面形成水膜向下流动，空气由下而上在塔内流动，在两种介质流动的过程中热水表面与空气直接接触，通过蒸发热量，传导散热及辐射散热而使水温降低。

12.2.1.1　冷却流程概述

　　冷却塔冷却后的冷水进入集水池，由循环水泵吸入加压后送往各用水设备的水冷元件与被冷却的物料进行热交换。热交换后的水温度升高称为热水（也称循环水回水）。循环水系统一般采用余压回水即经过热交换后的冷却水利用循环水泵的余压直接被送入冷却塔的布水系统中，在冷却塔内通过与空气的热交换，水的热量被空气带走，从而使水温降低称为冷水并流入冷水池，水就这样循环地使用。

　　当冷却后的水温太高，达不到工艺指标要求时可开启塔上轴流风机使水温符合工艺指标要求。

　　在循环过程中，由于设备，管线的渗漏，风吹，蒸发及为保证水质而进行的排污等，会损失一部分水量。为保证集水池一定的液位，需不断补充一部分新鲜水称为补充水，这部分水一般占循环水量的 3% ~5% 左右。

　　循环水设备运行状况，数据采集、显示、记录均采用计算机 DCS 系统进行实时监控，水泵，冷却塔风机均为计算机 DCS 系统及现场两地开停。

12.2.1.2　软化水冷却系统

A　各泵房供水简介

软化水冷却系统主要用于反射炉炉体及部分设备的冷却，它是一个闭路循环冷却系统。熔铸车间现有 5 个循环水泵房，分别为 1 号泵房、2 号泵房（50m² 泵房）、新 2 号泵房（45m² 泵房）、3 号泵房、软化水泵房。其中 1 号泵房供水主要用于两台反射炉的铸型系统；2 号泵房软化循环水由软化水泵房供给，主要用于 50m² 反射炉的炉体水冷元件；新 2 号泵房循环水由软化水泵房供给，主要用于 45m² 反射炉的炉体水冷元件；3 号泵房的循环水专供给水淬镍系统，包括水淬池工业循环水和炉体水冷元件软化水，软化水泵房主要负责生产软化水，所生产软化水主要供给 50m² 余热炉，并提供 2 号泵房和新 2 号泵房的循环软化水。

B　45m² 反射炉循环水系统简介

45m² 反射炉软化水由 45m² 泵房通过主管道直接供入 45m² 反射炉炉台分水器，供给 45m² 反射炉的软化水通过分水器分配后分别供给炉顶、炉墙及加料管水套各水点。冷却水经炉体水冷元件循环后流回炉台回水箱，热水自回水箱通过自流直接返回 45m² 泵房水池，热水通过热水循环水泵打入封闭式冷却塔，经冷却塔冷却后再送至 45m² 反射炉炉台分水器，在循环过程中通过直接往热水池中补充少量新软化水以弥补冷却过程中冷却水的损失。

C　50m² 反射炉循环水系统简介

50m² 反射炉软化水由 50m² 泵房通过主管道直接供入 50m² 反射炉炉台分水器，供给 50m² 反射炉的软化水通过分水器分配后分别供给炉顶、炉墙及加料管水套各水点。冷却水经炉体水冷元件循环后流回炉台回水箱，热水自回水箱通过自流返回 50m² 泵房热水池，热水通过热水泵打入冷却塔，经冷却后再返回冷水池，冷水通过冷水泵再送至 50m² 反射炉炉台分水器，在循环过程中通过直接往冷水池中补充少量新软化水以弥补冷却过程中冷却水的损失。

D　附属设备循环水简介

a　排烟机循环水

镍熔铸车间两台反射炉现共用 3 台排烟机，1 号排烟机所用软化水由 45m² 泵房供给，循环后返回 45m² 泵房水池，2 号、3 号排烟机所用软化水可同时由 45m² 泵房，50m² 泵房供给，并分别返回 45m² 泵房水池和 50m² 泵房水池，再经过冷却塔冷却后供给排烟机。

b　钢球磨机循环水

2011 年粉煤制备经过技术改造后，从外网接入一路循环水管道，粉煤制备钢球磨机用水为工业循环水，经钢球磨机循环后返回外网。

c　余热锅炉

45m² 反射炉配套余热锅炉所用软化水由外网供给并返回外网，50m² 反射炉配套余热炉所用循环水由 50m² 泵房供给，蒸汽并入外网蒸汽管道。

余热锅炉循环水泵所用软化水分别由 45m² 泵房和 50m² 泵房供给。

12.2.2　镍熔铸车间主体循环水供给管线

12.2.2.1　45m² 反射炉供水管线

（1）45m² 泵房→DN300 供水干管→45m² 反射炉→45m² 反射炉炉台分水器、45m² 反射炉配套余热炉循环水泵房。

（2）1 号泵房→DN108 供水干管→直线铸型机供水管网。

12.2.2.2 50m² 反射炉供水管线

（1）50m² 泵房→DN300 供水干管→炉台分水包→炉顶水套、炉墙水套、加料管水套。

（2）1 号泵房→DN200 供水干管→环形铸型机供水管网。

12.2.2.3 附属设备供水管线

软化水泵房→DN108 供水干管→50m² 反射炉配套余热锅炉。

12.2.2.4 反射炉各循环水点相应编号

A 45m² 反射炉各循环水点及相应编号

45m² 反射炉各循环水点及相应编号见表 12-1。

表 12-1 各配水区、配水点相应编号

供水区名称	配水点编号		配水点数
	北 侧	南 侧	
炉墙水套	TE80218	TE80224	12
	TE80219	TE80225	
	TE80220	TE80226	
	TE80221	TE80227	
	TE80222	TE80228	
	TE80223	TE80229	
炉顶水套	TE80235	TE80249	28
	TE80236	TE80250	
	TE80237	TE80251	
	TE80238	TE80252	
	TE80239	TE80253	
	TE80240	TE80254	
	TE80241	TE80255	
	TE80242	TE80256	
	TE80243	TE80257	
	TE80244	TE80258	
	TE80245	TE80259	
	TE80246	TE80260	
	TE80247	TE80261	
	TE80248	TE80262	

供水区名称	配水点编号		配水点数
	北 侧	南 侧	
加料管水套	TE80208	TE80213	10
	TE80209	TE80214	
	TE80210	TE80215	
	TE80211	TE80216	
	TE80212	TE80217	
水冷梁	TE80230		1
合 计			51

B 50m² 反射炉各循环水点及相应编号

50m² 反射炉各循环水点及相应编号见表 12-2。

表 12-2 各配水区、配水点相应编号

供水区名称	配水点编号		配水点数
	北 侧	南 侧	
炉墙水套	外侧 TE036	外侧 TE028	12
	内侧 TE037	内侧 TE029	
	外侧 TE038	外侧 TE030	
	内侧 TE039	内侧 TE031	
	外侧 TE040	外侧 TE032	
	内侧 TE041	内侧 TE033	
炉顶水套	TE055a	TE047a	16
	TE056a	TE048a	
	TE057a	TE049a	
	TE058a	TE050a	
	TE059a	TE051a	
	TE060a	TE052a	
	TE061a	TE053a	
	TE062a	TE054a	
加料管水套	TF022	TE016	12
	TE023	TE017	
	TE024	TE018	
	TE025	TE019	
	TE026	TE020	
	TE027	TE021	
水冷梁	TE043		1
合 计			41

软化水进水平均温度不高于 35℃，出水平均温度不高于 45℃，进出水温差为
10℃。

12.2.3 循环水管理与操作

12.2.3.1 水温、水量的管理

每班岗位人员应认真检查各配水点水温、水量是否正常，并做好记录。各水冷元件的
给回水水量及水温均在中控室显示，中控室人员一旦发现异常应立即汇报处理。

12.2.3.2 水套、管路、阀门操作

认真检查配水管、管接头、阀门是否漏水、排水槽是否堵塞及排水是否飞溅或外溢，
炉体四周铜水套是否出现潮湿及蒸汽现象。每次炉内点检时，观察炉墙砖体是否有侵蚀现
象。若发现有漏水迹象可采用水压试验来确认是否漏水。

12.2.4 配水点配置与水冷元件

12.2.4.1 45m² 反射炉水冷元件配水点配置

为了提高反射炉炉墙及炉顶砖体寿命，延长反射炉炉生产周期，稳定反射炉生产过
程，45m² 反射炉炉墙共配置 14 块立水套，南北炉墙各 7 块。炉顶配置立水套 20 块，共 4
层，每层 5 块，每层水套的定位根据炉顶加料管位置来确定。45m² 反射炉有 10 个加料管，
每个加料管配置一块铜水套，南北各 5 个。上升烟道部分配置一根水套梁。其配水点配置
如图 12-1～图 12-4 所示。

12.2.4.2 50m² 反射炉水冷元件配水点配置

50m² 反射炉炉墙共配置 18 块平水套，南北炉墙各 3 层，每层 3 块。炉顶配置立水套
20 块，共 4 层，每层 5 块，每层水套的定位根据炉顶加料管位置来确定。50m² 反射炉有
12 个加料管，每个加料管配置一块铜水套，南北各 6 个。上升烟道部分配置一根水套梁。
其配水点配置如图 12-5～图 12-7 所示。

12.2.5 水冷元件漏水处理

12.2.5.1 水冷件漏水迹象

一般情况下，出现漏水现象的部位为水冷元件的连接部位，当漏水比较严重时，一般
可以从炉内观察到漏水点，并会出现炉内局部化料不好、烟道黏结严重、炉内放炮、炉渣
结壳等具体表现，炉墙水套漏水则出现围板渗水、冒蒸气等现象。

出现炉内漏水迹象，必须严格进行确认排除工作，避免由于漏水引起爆炸或耐火材
料粉化事故。对漏水比较大的漏点通过逐个关闭阀门、吹扫干净管道和水套内存水的方
法进行排查确认；漏水比较轻微的，需要进行打压确认或继续投料观察，直到原因查明
为止。

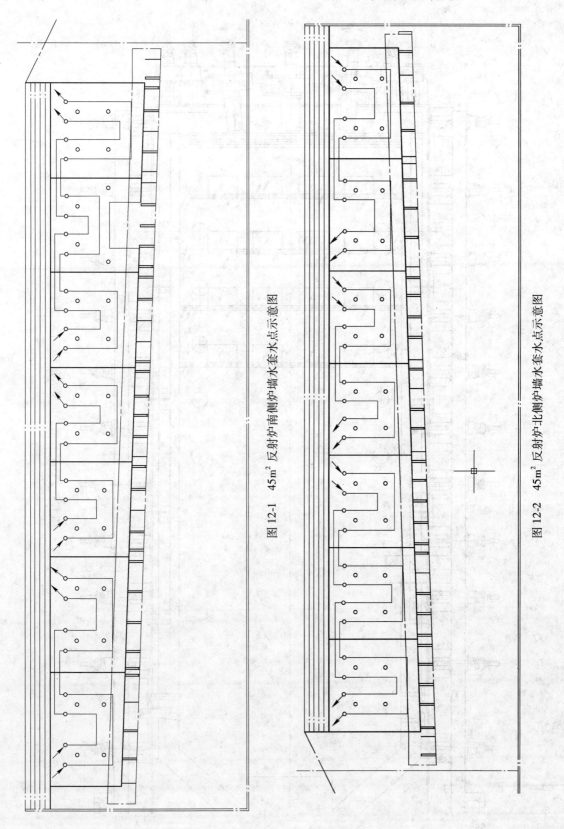

图 12-1　45m² 反射炉南侧炉墙炉墙水套水点示意图

图 12-2　45m² 反射炉北侧炉墙水套水点示意图

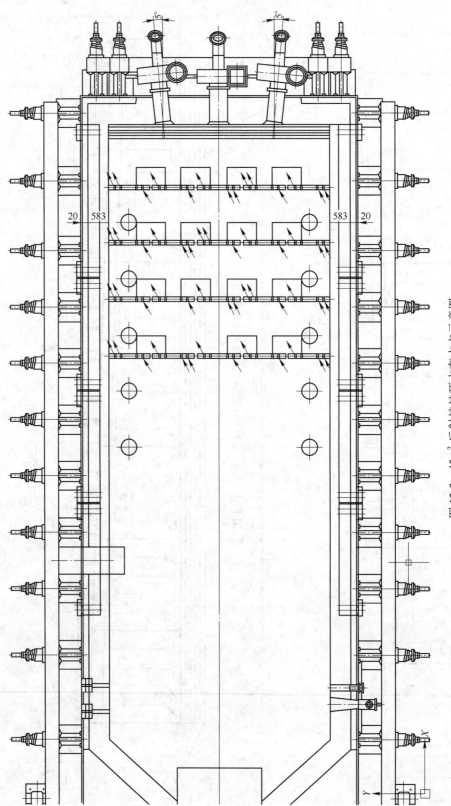

图 12-3　45m² 反射炉炉顶水套水点示意图

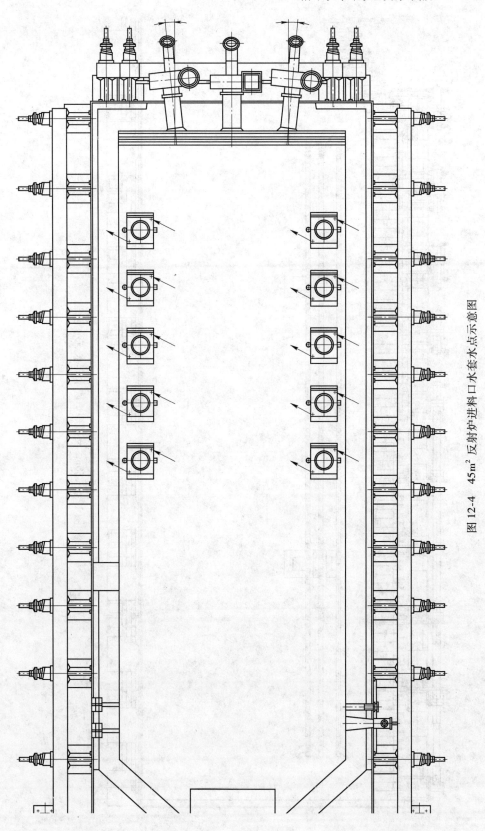

图 12-4 45m² 反射炉进料口水套水点示意图

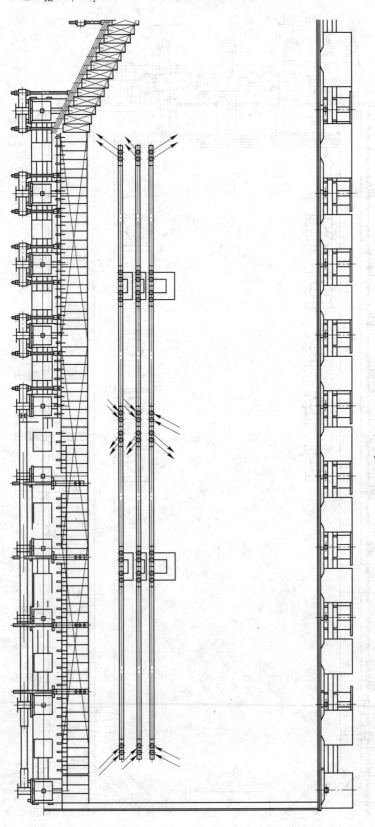

图 12-5 50m² 反射炉炉墙水套水点示意图

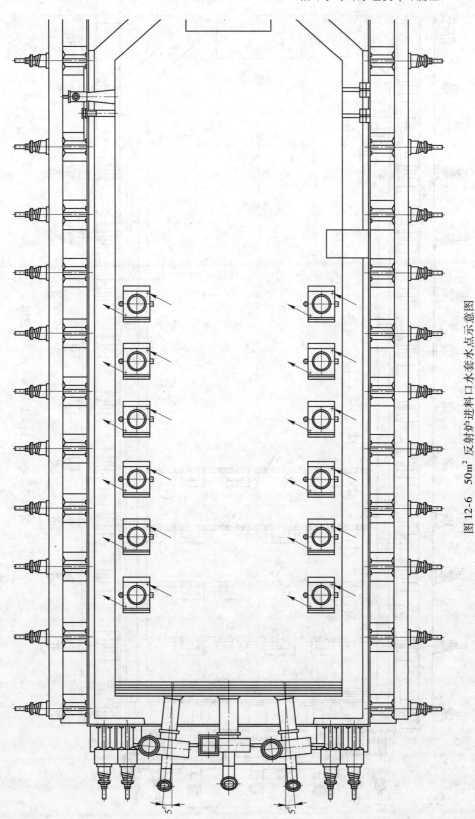

图 12-6 50m² 反射炉进料口水套水点示意图

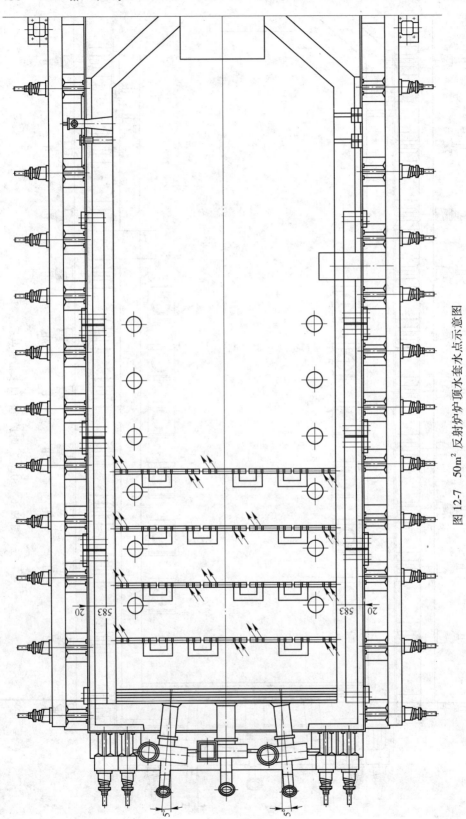

图 12-7 50m² 反射炉炉顶水套水点示意图

12.2.5.2　水冷件漏水原因分析

（1）铜水套工艺孔渗漏，加工质量差，打压验收不认真，没有按规定执行。

（2）水冷件长时间断水没有及时发现，在水套温度很高的情况下，突然送水，水套遭急冷急热冲击后造成漏水。

（3）水套被烧蚀而漏水。

（4）水冷梁烧损，埋铜管漏水。

12.2.5.3　水冷件漏水处理措施

（1）从炉体外部发现有漏水现象，必须查清漏水部位，在没有确认漏水部位时应停产；在能够确认漏水不会漏到炉内的情况下，可以一边生产一边处理，并且一定要彻底处理好。

（2）发现炉内漏水应立即停止加料，降低炉子负荷，立即组织查找漏水点，找到漏水点后关闭进水，漏水点处理好后，待炉内积水蒸发干，再恢复正常生产。

复 习 题

1. 简述水冷却原理。
2. 车间冷却水供给包括哪几个泵房，分别向哪个系统供水？
3. $45m^2$ 反射炉供水管线？
4. $50m^2$ 反射炉供水管线？
5. $45m^2$ 反射炉配水点有哪些？
6. $50m^2$ 反射炉配水点有哪些？
7. 反射炉水套漏水如何处理？

13 主要经济技术指标

<<<<<<<<<<<<<<<<<<<<<<<<<<<<<<<<<<<<<<<<<<<<<<<<<<<<<<<<

反射炉生产过程技术经济指标主要有镍回收率、镍直收率、粉煤单耗、铜线单耗、床能率、渣率、渣含镍、单位加工费等。

13.1 反射炉主要经济技术指标

13.1.1 镍回收率

镍熔铸生产工序的镍回收率指合格高锍阳极板和炉渣及烟尘的含镍量占炉料中含镍量的百分比。

13.1.2 镍直收率

镍熔铸生产工序的镍直收率指合格高锍阳极板的含镍量占炉料含镍量的百分比。影响镍直收率的主要因素是炉料中的渣含镍。

13.1.3 粉煤单耗

镍熔铸反射炉工序粉煤单耗指生产1t高锍阳极板所消耗的粉煤数量，单位为 kg/t。

13.1.4 铜线单耗

铜线作为阳极板铜耳，其单耗指生产1t阳极板消耗的铜线数量，单位为 kg/t。

13.1.5 床能率

镍熔铸反射炉的床能率指每平方米炉床面积平均每天处理含镍炉料量。

13.1.6 渣率

渣率是指炉渣产出量占处理炉料量的百分比。镍熔铸反射炉的渣率在6%～10%。

13.1.7 渣含镍

渣含镍是指炉渣中含镍量占炉渣量的百分率。

13.1.8 单位加工费

单位产品加工费指单位产品消耗的燃料、材料、动力及其他费用对镍熔铸反射炉而言，单位高锍阳极的加工费指1t高锍阳极板消耗的动力、燃料、材料等其他费用。

13.2　合金硫化炉主要经济技术指标

合金硫化转炉吹炼特征的技术经济指标主要有：镍直收率、合格率、熔剂率、重油单耗、渣率、渣含镍、单位加工费、回收率等。

13.2.1　镍直收率

在吹炼过程中，镍分配于高冰镍、转炉渣、烟尘及喷溅物之中。转炉渣、烟尘虽然还要进一步处理，以回收其中的镍、铜及有价金属，但就吹炼而言，是没有进入高冰镍中，所以在计算直收率时，作为损失部分考虑。

镍直收率＝二次高镍锍中含镍量/入炉物料含镍量×100%

因此，镍的直收率与鼓风量、鼓风压力、转炉渣成分及操作技术等因素有关。

13.2.2　合格率

在合金硫化转炉产品中，合格产品占产品总量的百分数。

13.2.3　熔剂率

熔剂率是指合金硫化转炉冶炼中加入炉内的熔剂量与入炉混合物料量（包括一次合金、热滤渣、熔剂等）的百分数。

13.2.4　重油单耗

合金硫化转炉工序重油单耗指生产1t二次高镍锍所消耗的重油数量，单位为 kg/t。

13.2.5　渣率

渣率是指产出炉渣量占入炉物料总质量的百分比。

13.2.6　渣含镍

渣含镍是指炉渣中含镍量占炉渣量的百分率。

13.2.7　单位加工费

单位产品加工费指单位产品消耗的燃料、材料、动力及其他费用。对合金硫化转炉而言，单位加工费是指1t二次高镍锍所消耗的动力、燃料、材料等其他费用。

13.2.8　镍回收率

镍回收率＝［二次高镍锍中的金属量/（入炉物料中的金属总量－半成品中的金属量）］×100%

复 习 题

1. 镍回收率如何计算？
2. 镍直收率如何计算？
3. 什么叫反射炉床能率？
4. 粉煤单耗指的是什么？

附 录

附录1 设备润滑制度

一、润滑原则

（1）凡具有轴和孔，属于有相对运动的配合、接触表面及有摩擦的机械部分，必须根据设备运行情况、润滑油的油位、油质等情况，及时进行润滑作业。

（2）五定原则：定人、定时、定点、定量、定质。

二、润滑注意事项

（1）润滑油、脂必须清洁，不允许混有杂质。

（2）经常检查设备润滑系统密封情况，发现漏点及时处理。

（3）技术组及点检组定期检查润滑状况，发现润滑状况恶化，及时通知设备所属班组进行润滑作业。

（4）若设备运转部位无注油点，用稀油滴入转动缝隙中润滑。

（5）润滑作业必须在停车或断电的情况下进行。

（6）进行高空润滑作业时，必须采取相应的安全措施，现场有专人监护。

三、润滑方式

（1）减速器、电动滚筒、液压抱闸、变压器、轴承箱直接从加油孔注入。

（2）齿轮联轴器、轴承座等部位用油枪注入。

（3）接触面较大的运转部位直接在表面涂抹润滑脂。

（4）电动机润滑应在检修时或润滑不良时进行，车间30kW以上电机每半年必须打开前后轴承端盖进行彻底清洗加油。

（5）使用中的钢丝绳表面应定期涂抹润滑油脂。

四、润滑标准

（1）减速器内油位不得低于油标下端1/4处，不得高于油标2/3处，或者不高于窥视孔的1/2处，过低时立即补充。

（2）齿轮联轴器、轴承座定期补充润滑脂。

（3）轴承箱内油位不得高于窥视孔平面1/2处。

（4）液压推动器应每月检查一次，油位不得低于油标下端的1/4处，不得高于油标3/4处。

（5）变压器润滑应在春检或秋检时与动力厂同步进行，油位不得低于油标下端1/4处，不得高于油标3/4处，并同时检查漏油情况，有问题应立即设法处理。

选定润滑油牌号见附表1。

五、抗磨液压油（HM液压油）

（一）规格

抗磨液压油（HM液压油）是从防锈、抗氧液压油基础上发展而来的，它有碱性高锌、碱性低锌、中性高锌型及无灰型等系列产品，它们均按 40℃ 运动黏度分为 22、32、46、68 四个牌号。

附表1　全损耗系统用油的新、旧牌号及运动站度范围对照表

名　称		牌　号		运动黏度范围（cSt）	
新	旧	新	旧	40℃	50℃
全损耗系统用油	机械油	L-AN5	4 号	4.14 ~ 5.06	3.32 ~ 3.99
		L-AN7	6 号	6.12 ~ 7.48	4.76 ~ 5.72
		L-AN10	7 号	9.00 ~ 11.0	6.78 ~ 8.14
		L-AN15	10 号	13.5 ~ 16.5	9.80 ~ 11.8
		L-AN22	—	19.8 ~ 24.2	13.9 ~ 16.6
		L-AN32	20 号	28.8 ~ 35.2	19.4 ~ 23.3
		L-AN46	30 号	41.4 ~ 50.6	27.0 ~ 32.5
		L-AN68	40 号	61.2 ~ 74.8	38.7 ~ 46.6
		L-AN100	60 号	90.0 ~ 110	55.3 ~ 66.6
		L-AN150	90 号	135 ~ 165	80.6 ~ 97.1

注：L-AN220、L-AN320、L-AN460、L-AN680、L-AN1000、L-AN1500 未列入。

（二）用途

（1）抗磨液压油主要用于重负荷、中压、高压的叶片泵、柱塞泵和齿轮泵的液压系统J 目 YB—D25 叶片泵、PF15 柱塞泵、CBN—E306 齿轮泵、YB—E80/40 双联泵等液压系统。

（2）用于中压、高压工程机械、引进设备和车辆的液压系统。如电脑数控机床、隧道掘进机、履带式起重机、液压反铲挖掘机和采煤机等的液压系统。

（3）除适用于各种液压泵的中高压液压系统外，也可用于中等负荷工业齿轮（蜗轮、双曲线齿轮除外）的润滑。其应用的环境温度为 10℃ ~ 40℃。该产品与丁腈橡胶具有良好的适应性。

（三）质量要求

（1）合适的黏度和良好的黏温性能，以保证液压元件在工作压力和工作温度发生变化的条件下得到良好润滑、冷却和密封。

（2）良好的极压抗磨性，以保证油泵、液压马达、控制阀和油缸中的摩擦副在高压、高速苛刻条件下得到正常的润滑，减少磨损。

（3）优良的抗氧化安定性、水解安定性和热稳定性，以抵抗空气、水分和高温、高压等因素的影响或作用，使其不易老化变质，延长使用寿命。

（4）良好的抗泡性和空气释放值，以保证在运转中受到机械剧烈搅拌的条件下产生的泡沫能迅速消失；并能将混入油中的空气在较短时间内释放出来，以实现准确、灵敏、平稳地传递静压。

（5）良好的抗乳化性，能与混入油中的水分迅速分离，以免形成乳化液，引起液压系统的金属材质锈蚀和降低使用性能。

（6）良好的防锈性，以防止金属表面锈蚀。

（四）注意事项

（1）要保持液压系统的清洁，及时清除油箱内的油泥和金属屑。

（2）按换油参考指标进行换油，换油时应将设备各部件清洗干净，以免杂质等混入油中，影响使用效果。

（3）储存和使用时，容器和加油工具必须清洁，防止油品被污染。

（4）该油品主要适用于钢-钢摩擦副的液压油泵。用于其他材质摩擦副的液压油泵时，必须要有油泵制造厂或供油单位推荐本产品所适用的油泵负荷限值。

附录 2　设备主要性能及参数

一、进料系统

进料系统主要是完成 45m² 、50m² 镍反射炉入炉物料的输送。主要有 1 号圆盘给料机、2 号圆盘给料机（备用）、1 号皮带、2 号皮带、3 号皮带、4 号皮带、1 号加料小车、2 号加料小车等设备构成。

圆盘给料机主要是完成有抓斗进入小料仓的物料通过圆盘输送到 1 号皮带。主要有料斗、圆盘、电机、减速机等组成。其主要性能及参数如下。

（一）设备名称 1 号圆盘给料机

（1）规格型号，Y103-6，BR-2000。

（2）制造厂家，沈阳矿山机械减速器公司，2004 年 11 月，04598 号。

（3）使用时间，2005 年 10 月。

（4）安装地点，精矿仓。

（5）技术参数：

1）生产能力，80m³/h。

2）转速，4.73r/min。

3）传动方式，右传动。

4）圆盘直径，2000mm。

（6）附属件：

1）电机，Y160L-6，380V，24.6A，Zp44，970n/m，11kW。

2）制造厂家，衡水电机股份有限公司，2004 年 7 月，137kg。

3）减速机，ZS825-6-I　$I=90$。

4）质量，5.154t。

（二）设备名称 2 号圆盘给料机

（1）规格型号，Y103-6。

（2）制造厂家，沈阳矿山机械减速器公司，2004 年 11 月，04597 号。

（3）使用时间，2005 年 10 月。

（4）安装地点，精矿仓。

（5）技术参数：

1）生产能力，80m³/h。

2）转速，4.73r/min。

3）传动方式，右传动。

（6）附属件：

1）电机，Y160L-6，380V，24.6A，Zp44，970r/m，11kW。

2）制造厂家，衡水电机股份有限公司，2004 年 7 月，137kg。

（三）1 号皮带

1 号皮带主要是完成 45m²、50m² 镍反射炉入炉物料的输送。主要采用 DTⅡ（A）型带式输送机结构形式，电动滚筒、改向滚筒、机架、皮带、托辊及其支架等组成，总重：约 7.2t，电机功率 12.5kW。

（四）设备编号 779250604061

（1）设备名称，电子皮带秤。

（2）规格型号，ICS10-20-I-650，2004 年 9 月生产。

（3）制造厂家，江苏赛拉姆齐技术有限公司，P0040425。

（4）安装地点，1 号皮带运输机。

（5）技术参数：

1）精度，1.0。

2）最大工作量，80t/h。

3）量计分度值，250～9363kg。

4）附 XR2001 计算器。

（五）设备名称皮带运输机 TD75

（1）规格型号，$B = 650$，$L = 24.75m$。

（2）制造厂家，唐山矿山机械厂，2004 年 6 月，091 号。

（3）使用时间，2004 年 10 月。

（4）安装地点，精矿厂房。

（5）技术参数：

1）带宽，650mm。

2）皮带速度，1.25m/s。

3）前后中心距，24.75m。

4）配用功率，7.5kW。

5）附①油冷式电动滚筒。

（六）2 号皮带

（1）规格型号，TDY75，$B = 650$，$L = 81.96m$。

（2）制造厂家，沈阳环保设备厂。

（3）使用时间，1995 年 12 月。

（4）安装地点，精矿仓。

（5）技术参数：

1）带宽，650mm。

2）皮带速度，1.0m/s。

3）安装倾角，30°。

4）配用功率，15kW。

5）附①三相异步电动机。Y180M-4，15kW，北京电机厂。

6）附②减速器。

（七）3 号皮带

（1）规格型号，$B = 650$，$L = 67.14m$。

（2）制造厂家，沈阳环保设备厂。

（3）使用时间，1995 年 12 月。

（4）安装地点，精矿仓。

（5）技术参数：

1）带宽，650mm。

2）皮带速度，1.0m/s。

3）安装倾角，45°。

4）皮带中心距，67.14m。

5）配用功率，15kW。

6）附①三相异步电动机。Y160M-4，11kW，北京电机厂。

7）附②减速器。jQ650-2-2，i = 40.17，江苏减速机厂。

（八）设备名称皮带输送机（4 号）

（1）规格型号，TDY75，B = 650，L = 32.7m。

（2）制造厂家，吉林集安佳信通用机械有限公司，2004 年 8 月，092 号。

（3）使用时间，2005 年 10 月。

（4）安装地点，10.5m 平台。

（5）技术参数：

1）带宽，650mm。

2）皮带速度，1.0m/s。

3）安装倾角，14°。

4）配用功率，7.5kW。

5）附①三相异步电动机。Y_2-132M-4，15.56A，1400r/min，7.2kW，安徽皖南电机股份有限公司，2002 年 12 月，77007 号。

6）附②减速器。ZQ500-1，i = 31.3，沈阳武进机械厂，2004 年 7 月，77007 号。

（九）设备名称 1 号加料车

（1）规格型号，B = 500，L = 10m。

（2）制造厂家，中石油二建公司。

（3）使用时间，2004 年 10 月。

（4）安装地点，9.0m 平台。

（5）技术参数：

1）带宽，500mm。

2）机长，10m。

3）运行速度，0.28m/s。

4）皮带速度，0.8m/s。

5）轨距，1480mm。

6）下料口间距，3100mm。

7）附①油冷式电动滚筒。TDY-80-5050，4kW，吉林集安佳信通用机械有限公司。

8）附②驱动电机。DH100LS4/BMG/HF，1410r/min，制动扭矩 40N/M，$\cos\varphi$ = 0.82。

9）安装位置 H1A，序号 2501059000.04.01.0001，2.2kW，SEW 传动设备天津有限公司。

（十）加料机

1. 设备构成

加料小车主要是完成 $45m^2$ 镍反射炉入炉物料的输送。主要采用 DTⅡ（A）型带式输送机结构形式，由小车驱动装置（电动机、摆线针轮减速器、联轴器及传动链条和链轮组成）、电动滚筒、改向滚筒、电液推杆、小链轮、大链轮、机架、皮带、托辊及其支架等组成，总重：约 7.2t，电机功率 12.5kW。本加料机利用原有轨道进行改进，将机架加高并将上部皮带由 500mm 改为 650mm，对传动机构也进行了相应改造，在头部同样安装了电液推杆翻板阀，以便为 $50m^2$ 反射炉进料。

2. 主要技术参数

（1）加料量，约 50t/h。

（2）加料车长度，10m。

（3）轨距，1480mm。

（4）运行速度，0.24m/s。

（5）带宽，650mm。

（6）带速，1.0m/s。

（7）电液推杆行程，235mm。

二、运转系统

（一）设备名称离心风机

（1）规格型号，9-19No12.5P，右 90°。

（2）制造厂家，重庆嘉陵风机厂，2004 年 12 月，34 号。

（3）使用时间，2005 年 10 月。

（4）安装地点，一次风机房。

（5）技术参数：

1）流量，$12213m^3/h$。

2）全压，4009Pa。

3）转速，960r/min。

4）输入功率：22kW。

5）附①三相异步电动机。$Y200L_2$-6，380V，44.5A，970r/min，S_1 制，B 级，22kW，重庆川江电机厂，2003 年 12 月，10 号，250kg。

（二）设备名称离心风机

（1）规格型号，9-19No12.5D，右 90°。

（2）制造厂家，重庆嘉陵风机厂，2004 年 12 月，340 号。

（3）使用时间，2005 年 10 月。

（4）安装地点，一次风机房。

（5）技术参数：

1）流量，$12213m^3/h$。

2）全压，4009Pa。

3）转速，960r/min。

4）输入功率：22kW。

5）附①三相异步电动机。Y200L$_2$-6，380V，44.5A，970r/min，S$_1$ 制，B 级，22kW，重庆川江电机厂，2003 年 12 月 250kg。

（三）设备名称离心风机

（1）规格型号，9-19No14D，右 90°。

（2）制造厂家，重庆嘉陵风机厂，2004 年 12 月，146 号。

（3）使用时间，2005 年 10 月。

（4）安装地点，二次风机房。

（5）技术参数：

1）流量，25916m^3/h。

2）全压，11771Pa。

3）转速，1450r/min。

4）配用功率，132kW。

（四）设备名称离心风机

（1）规格型号，9-19No14D，右 90°。

（2）制造厂家，重庆嘉陵风机厂，2004 年 12 月，339 号。

（3）使用时间，2005 年 10 月。

（4）安装地点，二次风机房。

（5）技术参数：

1）流量，25916m^3/h。

2）全压，11771Pa。

3）转速，1450r/min。

4）配用功率，132kW。

5）附①三相异步电动机。Y315M-4，239.7A。1485rpm，$\cos\varphi = 0.89$，132kW，重庆赛力温电机股份公司，2004 年 12 月，0461715803 号，1070kg。

（五）设备名称离心风机

（1）规格型号，9-26No8D，右 90°。

（2）制造厂家，重庆两江风机厂，1995 年 12 月。

（3）使用时间，1995 年 12 月。

（4）安装地点，45m^2 风机房。

（5）技术参数：

1）流量，24180m^3/h。

2）全压，14906Pa。

3）转速，2900r/min。

4）输入功率，127.4kW。

5）控制方式，变频调速。

6）附①三相异步电动机。Y315L$_2$-2，380V，200kW，西安电机厂。

（六）设备名称离心风机

（1）规格型号，9-26No8D，右 90°。

（2）制造厂家，重庆两江风机厂，1995 年 12 月。

（3）使用时间，1995 年 12 月。

（4）安装地点，45m² 风机房。

（5）技术参数：

1）流量，24180m³/h。

2）全压，14906Pa。

3）转速，2900r/min。

4）输入功率，127.4kW。

5）控制方式，变频调速。

6）附①三相异步电动机。Y315L₂-2，380V，200kW，西安电机厂。

三、水泵

（一）设备名称离心清水泵

（1）规格型号，KCP80×65-160；出厂编号：04—9—027。

（2）制造厂家，广东佛山水泵厂。

（3）使用时间，2005 年 10 月。

（4）安装地点，1 号水泵房。

（5）技术参数：

1）流量，70m³/h。

2）扬程，40m。

3）气蚀余量，2m。

4）叶轮直径，182mm。

5）转速，2900r/min。

6）配用功率，15kW。

7）单重，46kg。

8）附①三相异步电动机。Y106M₂-2，29.4A，2930r/min，一件，15kW，广东东莞电机有限公司，040652 号。

（二）设备名称离心清水泵

（1）规格型号，KCP80×65-160；出厂编号：04—9—023。

（2）制造厂家，广东佛山水泵厂。

（3）使用时间，2004 年 10 月。

（4）安装地点，1 号水泵房。

（5）技术参数：

1）流量，70m³/h。

2）扬程，40m。

3）气蚀余量，2m。

4）叶轮直径，182mm。

5）转速，2900r/min。

6）配用功率，15kW。

7）单重，46kg。

8）附①三相异步电动机。Y106M₂-2，29.4A，2930r/min，一件，15kW，广东东莞电

机有限公司，040345 号。

（三）设备名称离心清水泵

（1）规格型号，KCP80×65-160；出厂编号：04—9—022。

（2）制造厂家，广东佛山水泵厂。

（3）使用时间，2004 年 10 月。

（4）安装地点，1 号水泵房。

（5）技术参数：

1）流量，70m^3/h。

2）扬程，40m。

3）气蚀余量，2m。

4）叶轮直径，182mm。

5）转速，2900r/min。

6）配用功率，15kW。

7）单重，46kg。

8）附①三相异步电动机。Y106M$_2$-2，29.4A，2930r/min，一件，15kW，广东东莞电机有限公司，040630 号。

（四）设备名称管道离心泵

（1）规格型号，FLG250-300W。

（2）制造厂家，上海山川泵业有限公司，出厂编号：04080571。

（3）使用时间，2005 年 10 月。

（4）安装地点，2 号水泵房。

（5）技术参数：

1）流量，300m^3/h。

2）扬程，22m。

3）转速，1480r/min。

4）配用功率，37kW。

5）附①三相异步电动机。Y225S-4，70A，1480r/min，一件，37kW，上海上力防爆电机有限公司，221 号，284kg。

（五）设备名称管道离心泵

（1）规格型号，FLG250-300W。

（2）制造厂家，上海山川泵业有限公司，出厂编号：04080572。

（3）使用时间，2005 年 10 月。

（4）安装地点，2 号水泵房。

（5）技术参数：

1）流量，300m^3/h。

2）扬程，22m。

3）转速，1480r/min。

4）配用功率，37kW。

5）附①三相异步电动机。Y225S-4，70A，1480r/min，一件，37kW，上海上力防爆电机有限公司，224 号，284kg。

（六）设备名称管道离心泵

（1）规格型号，FLG250-400W。

（2）制造厂家，上海山川泵业有限公司，出厂编号：04090603。

（3）使用时间，2005 年 10 月。

（4）安装地点，2 号水泵房。

（5）技术参数：

1）流量，300m³/h。

2）扬程，54.3m。

3）转速，1480r/min。

4）配用功率，110kW。

5）附①三相异步电动机。Y315S-4，201A，1480r/min，$\cos\varphi=0.88$，110kW，上海上力防爆电机有限公司，322 号，1000kg。

（七）设备名称管道离心泵

（1）规格型号，FLG250-400W。

（2）制造厂家，上海山川泵业有限公司，出厂编号：04090602。

（3）使用时间，2005 年 10 月。

（4）安装地点，2 号水泵房。

（5）技术参数：

1）流量，300m³/h。

2）扬程，54.3m。

3）转速，1480r/min。

4）配用功率，110kW。

5）附①三相异步电动机。Y315S-4，201A，1480r/min，$\cos\varphi=0.88$，110kW，上海上力防爆电机有限公司，321 号，1000kg。

（八）设备名称离心水泵

（1）规格型号，KCP80×50-200C；出厂编号：0535971。

（2）制造厂家，广东佛山水泵厂。

（3）安装地点，软化水泵房。

（4）技术参数：

1）叶轮直径，194mm。

2）流量，60m³/h。

3）扬程，48m。

4）转速，2900r/min。

5）气蚀余量，1.5m。

6）附①三相异步电动机。Y106M₂-2，380V，29.4A，50Hz，2930r/min，15kW，广东顺德信源电机有限公司，出厂编号：70231，131kg，2005 年 3 月。

（九）设备名称离心水泵

（1）规格型号，KCP80×50-200C；出厂编号：0515971。

（2）制造厂家，广东佛山水泵厂。

（3）安装地点，软化水泵房。

（4）技术参数：

1）叶轮直径，194mm。

2）流量，60m³/h。

3）扬程，48m。

4）转速，2900r/min。

5）气蚀余量，1.5m。

6）附①三相异步电动机。Y106M₂-2，380V，50Hz，29.4A，2930r/min，15kW，广东顺德信源电机有限公司，出厂编号：0633，131kg，2004年8月。

（十）设备名称离心水泵

（1）规格型号，KCP80×50-200C；出厂编号：0505971。

（2）制造厂家，广东佛山水泵厂。

（3）安装地点，软化水泵房。

（4）技术参数：

1）叶轮直径，194mm。

2）流量，60m³/h。

3）扬程，48m。

4）转速，2900r/min。

5）气蚀余量，1.5m。

6）附①三相异步电动机。Y106M₂-2，380V，50Hz，29.4A，2930r/min，15kW，广东顺德信源电机有限公司，出厂编号：0106，131kg，2005年3月。

（十一）设备名称离心水泵

（1）规格型号，KCP80×50-200C；出厂编号：0515971。

（2）制造厂家，广东佛山水泵厂，出厂日期：2005年3月。

（3）安装地点，软化水泵房。

（4）质量，52kg。

（5）技术参数：

1）叶轮直径，194mm。

2）流量，60m³/h。

3）扬程，48m。

4）转速，2900r/min。

5）气蚀余量，1.5m。

6）附①三相异步电动机。Y106M₂-2，380V，50Hz，29.4A，2930r/min，15kW，广东顺德信源电机有限公司，出厂编号：0100，131kg，2005年3月。

（十二）设备名称离心水泵

（1）规格型号，IS65-50-125。

（2）制造厂家，兰州水泵厂，出厂日期：2005年3月。

（3）安装地点，3号泵房。

（4）技术参数：

1）流量，25m³/h。

2）扬程，20m。

3）转速，2900r/min。

4）气蚀余量，25m。

5）附①三相异步电动机。Y100L-2，380V，50Hz，3kW，北京电机厂。

（十三）设备名称双吸离心水泵

（1）规格型号，200S-63。

（2）制造厂家，兰州水泵厂，出厂日期：1997年2月。

（3）安装地点，3号泵房。

（4）技术参数：

1）流量，25~300m³/h。

2）扬程，60~66m。

3）转速，2950r/min。

4）气蚀余量，5.5m。

5）附①三相异步电动机。Y280S-2，380V，50Hz，75kW，北京电机厂。

（十四）设备名称玻璃钢冷却塔

（1）规格型号，SRC-AS-200L/T；出厂编号：040741-9。

（2）制造厂家，保定市北方工业炉设备厂制造，2004年9月5日。

（3）安装地点，2号水泵房。

（4）质量1830kg，运行质量4480kg。

（5）技术参数：

1）流量，200m³/h。

2）风扇直径，2370mm。

3）转速，252r/min。

4）进出水温，36℃/28℃。

5）外形尺寸，3100mm×4700mm×3430mm。

6）配用功率，7.5kW。

7）附①Y₂160M-6，380V，16.8A，2台，7.5×2，970r/min，单重108kg，F级，IP55，出厂编号：040204014/0404260045。

8）附②防爆异步电动机Y₂280M-6，380V，50Hz，105A，1台，出厂编号：2062，出厂日期：2004年7月，$\cos\varphi = 0.89$，F级，S₁制，单重：560kg，合格证：CNEX03390，上海品星防爆电机股份公司。

四、收尘系统

（一）设备名称静电除尘器

（1）规格型号LD42m²-3。

（2）性能参数：

1）电场有效截面积42m²。

2）电场数3个。

3）阳极形式 C-480 型极板。

4）阴极形式框架式，改进型不锈钢 RS 芒刺线（BS 线）。

5）同极间距 400mm。

6）每个电场通道数 15 个。

7）烟气在电场内流速 0.65m/s。

8）烟气在电场内停留时间约 13.8s。

9）总集尘面积 1890m²。

10）收尘效率 99%。

11）收集烟尘量 710.5kg/h。

12）电晕线总长 1890m。

13）阳极振打形式底部挠臂锤振打。

14）阴极振打形式侧部双面侧向旋转振打。

15）高压供电装置 72kV/500mA，3 台，户外式。

16）出口烟气含尘量（标态）：＜150mg/m³。

17）本体漏风率：＜3%。

18）进出口温降：＜40℃。

19）本体耐压：-4000Pa。

20）进出口压差：＜300Pa。

（二）设备名称筒式钢球磨煤机

性能参数：

（1）设备型号 250/390。

（2）筒体直径 2500mm。

（3）筒体长度 3900mm。

（4）有效容积 19.14m³。

（5）介质填充率 45%。

（6）最大装球量 22t。

（7）最大给料粒度 0～30mm。

（8）筒体转速 20.63/20.77r/min。

（9）生产能力 10t/h。

（10）电机型号 YTM450-8。

（11）功率 315kW。

（12）转速 750r/min。

（13）电压 6000V。

（14）外形尺寸（$L \times B \times H$）：10428mm×5450mm×4194mm。

（15）减速机 KH276，传动比 4.5。

（16）润滑油站型号 XYZ-40，40L/min。

（17）设备总重 54.24t（不含电机）。

（三）设备名称 LDMQ—64KL 低压气箱脉冲座舱式收尘器

性能参数：

（1）过滤面积 $52m^2$ 。

（2）设计气箱数 4 个。

（3）滤袋数量 12 条/气箱，总数量 $12 \times 4 = 48$ 条。

（4）滤袋规格 $\phi130mm \times 2550mm$ 。

（5）骨架规格 $\phi130mm \times 2530mm$ 。

（6）滤袋材质防油、防水、防静电涤纶针刺毡滤袋。

（7）脉冲喷吹机构 YM-60 淹没式低阻力脉冲阀及配套喷吹管 4 位。

（8）过滤效率 $\geq 98\%$ 。

（四）设备名称 LDMG-520KL 型低压长袋脉冲除尘器

性能参数：

（1）过滤面积 $520m^2$ 。

（2）处理风量 $36800m^3/h$ 。

（3）入口烟气含尘浓度 $272g/m^3$ 。

（4）粒度 180 目。

（5）过滤速度 1.18m/min。

（6）滤袋数量 196 条。

（7）滤袋规格 $\phi130mm \times 6520mm$ 。

（8）骨架规格 $\phi130mm \times 6500mm$ 。

（9）滤袋材质防油、防水、防静电涤纶针刺毡滤袋。

（10）过滤效率 $\geq 98\%$ 。

五、粉煤系统

（一）设备名称 M 形螺旋泵

性能参数：

（1）设备型号 F-KM250P。

（2）螺距 140mm×90mm。

（3）表面处理堆焊铬化硼化合物。

（4）输送物料煤粉。

（5）输送物料细度约 –200 目。

（6）水分含量 <1%。

（7）温度 <80℃。

（8）要求能力 30t/h。

（9）工作频率 330d/a。

（10）质量 2308kg。

（11）电动机 YB280M-6，55kW。

（二）设备名称 HG-XBY-1850 细粉分离器（右旋）

性能参数：

（1）处理风量 $38000m^3/h$ 。

（2）气体温度 90℃。

（3）进口含尘率 $250g/m^3$ 。

（4）分离效率 > 80%。

（5）总重 2.8t。

（6）外形尺寸高 11170mm，ϕ1850mm。

（三）设备名称 HG-CB-2850 粗粉分离器

性能参数：

（1）处理风量 39000m³/h。

（2）气体温度 95℃。

（3）挡风板调节范围（度）60°。

（4）上升风速 1.9m/s。

（5）设备质量 4.3t。

（6）外形尺寸高 5200mm，ϕ2850mm。

（四）设备名称 CCTA—6×650 旋风除尘器

性能参数：

（1）处理风量 38000m³/h。

（2）除尘效率 80% ~98%。

（3）进风风速 12~18m/s。

（4）设备阻力 740~1740Pa。

（5）总重 4.2t。

（6）外形尺寸（高）6340mm×（宽）2646mm×（长）2519mm。

（五）设备名称 X-15-2X 旋风除尘器

性能参数：

（1）处理风量 7260~10880m³/h。

（2）除尘效率 80% ~98%。

（3）进风风速 12~18m/s。

（4）设备阻力 740~1740Pa。

（5）总重 2.14t。

（6）外形尺寸 4897mm×1830mm×1050mm。

（六）设备名称煤粉离心通风机

性能参数：

（1）规格 M7-29-11No16D。

（2）风量 $Q = 36800$m³/h，压力 $H = 10415$Pa。

（3）电机 YB400-S，220kW，6000V，防爆。

（4）带风门、开尘门及电动执行器等。

（七）设备名称煤粉成品仓

性能参数：

（1）规格长×宽×高 = 5600mm×5600mm×6400mm。

（2）形状方形双锥底结构。

（3）结构用 Q235-B 钢材焊接而成，仓壁厚度 $\delta = 8$mm。

（八）设备名称粉煤接受仓

性能参数：

（1）规格 $\phi2400mm \times 5730mm$。

（2）形状圆形单锥底结构。

（3）结构用 Q235-B 和 16MnR 钢材焊接而成。

（4）有效容积 $20m^3$。

（5）工作压力 0.1MPa，属于压力容器。

（6）工作温度 40℃。

（7）封头上有粉煤入口、安全卸压口、压力表接口、接布袋收尘器的排气管、灭火用的蒸汽入口、人孔门和接布袋收尘器的排尘管等 7 个孔。

（8）筒体上有料位计接口和温度计接口。

（9）下部有压缩空气入口，用两层各 3 个喷嘴对粉煤进行松动，避免结死，采用厂区管网压缩风。

（九）设备名称加热炉粉煤仓

性能参数：

（1）规格 $\phi2000mm \times 4850mm$。

（2）形状圆形单锥底结构。

（3）结构用 Q235-B 钢材焊接而成，内衬 $\delta = 3mm$ 的 0Cr13 衬板。

（4）有效容积 $10m^3$。

（5）工作压力 0.3MPa，属于压力容器。

（6）工作温度 90℃。

（7）封头上有粉煤入口、安全卸压口、压力表接口、接布袋收尘器的排气管、灭火用的蒸汽入口、人孔门、料位计接口和接布待袋收尘器的排尘管等 7 个孔。

（8）筒体上有温度计接口。

（9）下部有压缩空气入口，用两层各三个喷嘴对粉煤进行松动，避免结死，采用厂区管网压缩风。

（十）设备名称燃烧室

性能参数：

（1）有效容积 $10m^3$。

（2）燃煤量 200 ~ 400kg/h。

（3）一次风量 450 ~ 850m^3/h。

（4）一次风压 980Pa。

（5）二次风量 1000 ~ 2000m^3/h。

（6）二次风压 ≥1960Pa。

（7）出烟温度 ≥500℃。

（8）出烟量 6000 ~ 12000m^3/h。

（9）设备总重 99t，其中：金属结构 7t，耐火材料 92t。

六、设备名称余热锅炉

性能参数：

（1）蒸汽压力 1.27MPa。

（2）蒸汽温度 194℃。

（3）给水温度 104℃。

（4）额定蒸发量 13t/h。

（5）烟气阻力≤200Pa。

（6）设备总重 91602kg。

（7）单件最大质量（水冷壁）约 1.3t。

（8）单件最大外形尺寸 2400mm×7000mm×2000mm。

七、反射炉系统

（一）设备名称 1 号加料机

性能参数：

（1）机头设液压推杆控制的换向阀门机构，分别给 $50m^2$ 反射炉和 $45m^2$ 反射炉送料。

（2）加料机可以双向来回走动，其上面皮带只能单方向运转。

（3）下料溜槽间距与 $45m^2$ 反射炉加料管中心距相同，为 3100mm。

（4）输送能力 50t/h。

（5）皮带宽度 500mm。

（6）皮带速度 1m/s。

（二）设备名称 2 号加料机

性能特点：

（1）由于空间有限，加料机两头各有一对下料溜槽，溜槽头部给一、二、三加料管进料，尾部溜槽给四、五、六加料管进料。

（2）加料机和上面皮带可以双向来回走动。

（3）下料溜槽间距与 $50m^2$ 反射炉加料管中心距相同，为 3780mm。

（4）输送能力 50t/h。

（5）皮带宽度 500mm。

（6）皮带速度 1m/s。

（三）设备名称空气换热器

性能参数：

（1）预热空气量 15000m³/h。

（2）预热空气温度 350℃。

（3）入口烟气温度 600℃。

（4）出口烟气温度≤400℃。

（5）烟气阻力损失<150Pa。

（6）空气阻力损失<150Pa。

（7）型号为列管式高效旋流空气换热器，换热件为双层套管，在两套光管之间的缝隙设有旋流片，换热系数高，空气阻力小。

八、合金硫化炉系统

（一）合金硫化炉

规格型号 $\phi2580mm×7000mm$。

（二）高温风机

（1）规格型号 200SLBB24。

（2）旋向逆。

（3）角度 45°。

（4）流量 7400m³/h。

（5）全压 6100Pa。

（6）工作温度 400℃。

（7）最高瞬间温度 450℃，密度 1.43kg/m³。

（8）风机转速 1480r/min。

（9）所需功率 180kW。

（10）电机功率 200kW。

参 考 文 献

[1] 黄其兴，等. 镍冶金学[M]. 北京：中国科学技术出版社，1990.

[2] 董若璟. 冶金原理[M]. 北京：机械工业出版社，1980.

[3] 何焕华，蔡乔方. 中国镍钴冶金[M]. 北京：冶金工业出版社，2000.

[4] 梅炽，等. 有色冶金炉设计手册[M]. 北京：冶金工业出版社，2000.

冶金工业出版社部分图书推荐

书　名	作　者	定价（元）
基于新竞争力视角的企业规模经济性研究	刘　明　等著	20.00
中学英汉—汉英双向分科词典	王治江　主编	29.00
计算几何若干方法及其在空间数据挖掘中的应用	樊广佺　著	25.00
生产者责任延伸制度下企业环境成本控制	刘丽敏　著	25.00
现代有色金属冶金科学技术丛书——镓冶金	翟秀静　等编著	45.00
德国固体废弃物处置技术	赫英臣　等编著	65.00
室内声场脉冲响应的测量	杨春花　著	25.00
典型排土场边坡稳定性控制技术	孙世国　等著	62.00
旅游地质系列丛书　旅游地质景观空间信息与可视化	庞淑英　等著	25.00
旅游地质系列丛书　旅游地质景观类型与区划	李　波　等著	22.00
旅游地质系列丛书　旅游地生态地质环境	范　弢　等著	25.00
创业投资引导基金的理论与实践	李吉栋　著	25.00
河北环渤海经济区科学发展探索	张大维　等著	39.00
论数学真理	李浙生　著	25.00
有色金属冶金科学技术丛书——碱介质湿法冶金技术	赵由才　等编著	38.00
股权配置改革后的上市公司治理	封文丽　著	26.00
复杂开采条件下冲击地压及其防治技术	孙学会　主编	35.00
深井硬岩大规模开采理论与技术——冬瓜山铜矿开采研究与实践	李冬青　等著	139.00
抚顺煤矿瓦斯综合防治与利用	孙学会　著	50.00
中厚板生产实用技术	王生朝　编著	58.00
矿山岩石力学若干测试技术及其分析方法	赵　奎　著	26.00
氧化铜矿浮选技术	刘殿文　等编著	24.50
数字图书馆工程项目研究	赵　鹏　等编著	30.00
有限元简明教程	赵　奎　等编著	28.00
冶金分析与实验方法	刘淑萍　等著	30.00
粉末金属成形过程的计算机仿真与成形中的缺陷预测	董林峰　著	20.00
矿山注浆堵水帷幕稳定性及监测方法	张省军　等编著	20.00
有色金属冶金科学技术丛书——锑冶金	雷　霆　等编著	88.00
从亚洲金融危机到国际金融危机	封文丽　著	18.00
物理功能复合材料及其性能	赵浩峰　等编著	68.00
机械工程基础	韩淑敏　主编	29.00
地下开采边界品位动态优化研究及其应用	初道忠　著	22.00
物理科学与认识论	李浙生　著	26.00
走入异国他乡	王治江　主编	30.00
城市循环经济系统构建及评价方法	史宝娟　著	22.00
冶金熔体结构和性质的计算机模拟计算	谢　刚　等编著	20.00
冶金物理化学教程（第2版）	郭汉杰　编著	45.00
湿法提锌工艺与技术	杨大锦　等编著	26.00
现代锗冶金	王吉坤　等编著	48.00
铟冶金	王树楷　编著	45.00
超细粉碎设备及其利用	张国旺　编著	45.00